U0181138

## 内 容 简 介

随着不可再生化石能源的日益短缺和环境污染的日益严重,开发各类可再生的绿色能源和建设生态环境工程越来越受到重视。本书根据可再生能源发电系统中电力电子装置的构成、电能变换及控制技术的非线性模型特点,采用最具鲁棒性的滑模对其进行控制,并将其应用于新能源发电系统中,如光伏发电、风力发电和分布式发电系统中的电能变换及其控制技术。

本书从滑模控制的历史及发展现状入手,讲述目前主流的滑模控制在可再生能源系统中的应用,可使读者系统地了解可再生能源利用中电力变换及其控制技术的最新发展与动态,了解并掌握可再生能源利用中有关电力电子的先进的、非线性控制的专业知识,可供从事可再生新能源发电的读者和从事相关研究和工程设计的人员学习和参考。

**图书在版编目(CIP)数据**

滑模控制理论在新能源系统中的应用/郑雪梅著
.—哈尔滨:哈尔滨工业大学出版社,2022.5
(新能源先进技术研究与应用系列)
ISBN 978 - 7 - 5603 - 9324 - 7

Ⅰ.①滑⋯ Ⅱ.①郑⋯ Ⅲ.①新能源-控制系统-研究 Ⅳ.①TK01

中国版本图书馆 CIP 数据核字(2021)第 017401 号

策划编辑 王桂芝 甄淼淼
责任编辑 王会丽 张 荣 庞亭亭
出版发行 哈尔滨工业大学出版社
社　　址 哈尔滨市南岗区复华四道街 10 号 邮编 150006
传　　真 0451 - 86414749
网　　址 http://hitpress.hit.edu.cn
印　　刷 辽宁新华印务有限公司
开　　本 720 mm×1 000 mm 1/16 印张 18.5 字数 352 千字
版　　次 2022 年 5 月第 1 版 2022 年 5 月第 1 次印刷
书　　号 ISBN 978 - 7 - 5603 - 9324 - 7
定　　价 108.00 元

国家出版基金资助项目
"十四五"时期国家重点出版物出版专项规划项目

国家出版基金项目
NATIONAL PUBLICATION FOUNDATION

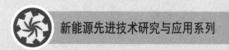

新能源先进技术研究与应用系列

# 滑模控制理论在新能源系统中的应用

## The Application of Sliding-Mode Control Theory in New Energy System

郑雪梅 著

冯 勇 主审

哈尔滨工业大学出版社
HITP　HARBIN INSTITUTE OF TECHNOLOGY PRESS

# 国家出版基金资助项目

## 新能源先进技术研究与应用系列

# 编 审 委 员 会

# 总　序

　　能源是人类社会生存发展的重要物质基础,攸关国计民生和国家安全。当前,全球能源结构加快调整,新一轮能源革命蓬勃兴起,应对全球气候变化刻不容缓。作为世界能源消费大国,牢固树立和贯彻落实创新、协调、绿色、开放、共享的发展理念,遵循能源发展"四个革命、一个合作"战略思想,推动能源生产利用方式变革,构建清洁低碳、安全高效的现代能源体系,是我国能源发展的重大使命。

　　由于煤、石油、天然气等常规能源储量有限,且其利用过程会带来气候变化和环境污染,因此以可再生和绿色清洁为特质的新能源和核能越来越受到重视,成为满足人类社会可持续发展需求的重要能源选择。特别是在"双碳"目标下,构建清洁低碳、安全高效的能源体系,实施可再生能源替代行动,构建以新能源为主体的新型电力系统,是推进能源革命,实现碳达峰、碳中和的重要途径。

　　"新能源先进技术研究与应用系列"图书立足新时代我国能源转型发展的核心战略目标,涉及新能源利用系统中的"源、网、荷、储"等方面:

　　(1) 在新能源的"源"侧,围绕新能源的开发和能量转换,介绍了二氧化碳的能源化利用,太阳能高温热化学合成燃料技术,海域天然气水合物渗流特性,生物质燃料的化学㶲,能源微藻的光谱辐射特性及应用,以及先进核能系统热控技术、核动力直流蒸汽发生器中的汽液两相流动与传热等。

　　(2) 在新能源的"网"侧,围绕新能源电力的输送,介绍了大容量新能源变流器并联控制技术,交直流微电网的运行与控制,能量成型控制及滑模控制理论在新能源系统中的应用,面向新能源发电的高频隔离变流技术等。

(3)在新能源的"荷"侧,围绕新能源电力的使用,介绍了燃料电池电催化剂的电催化原理、设计与制备,Z源变换器及其在新能源汽车领域中的应用,容性能量转移型高压大容量DC/DC变换器,新能源供电系统中高增益电力变换器理论及应用技术等。此外,还介绍了特色小镇建设中的新能源规划与应用等。

(4)在新能源的"储"侧,针对风能、太阳能等可再生能源固有的随机性、间歇性、波动性等特性,围绕新能源电力的存储,介绍了大型抽水蓄能机组水力的不稳定性,锂离子电池状态的监测与状态估计,以及储能型风电机组惯性响应控制技术等。

"新能源先进技术研究与应用系列"图书是哈尔滨工业大学等高校多年来在太阳能、风能、水能、生物质能、核能、储能、智慧电网等方向最新研究成果及先进技术的凝练。其研究瞄准技术前沿,立足实际应用,具有前瞻性和引领性,可为新能源的理论研究和高效利用提供理论及实践指导。

相信本系列图书的出版,将对我国新能源领域研发人才的培养和新能源技术的快速发展起到积极的推动作用。

**2022 年 1 月**

# 前 言

　　随着经济的快速发展,煤、石油、天然气等不可再生能源面临枯竭,且这些能源的开发和利用一直以来都存在着环境污染问题。因此,基于太阳能、风能、生物质能、海洋能等分布式新能源发电技术得到了快速发展。这些分布式发电单元和储能装置构成微网系统,可以将不同种类的分布式电源及负荷接入小型电力系统中,实现智能化的分配与管理,是目前解决大规模分布式电源接入电网的有效途径,这对于能源结构的优化以及生态环境的治理具有重大意义。但为了保证新能源发电单元及由其组成的微网系统实现分布式电源的友好接入,提高电力系统的稳定性控制非常必要。

　　滑模控制理论最早起源于 20 世纪 60 年代,是一种鲁棒性强,控制简单、有效的特殊非线性控制方法。其基本工作过程是根据系统当前的状态,按照预先设定的滑动模态轨迹运动,不受系统固定结构的限制。因此,滑动模态的设计与系统的对象参数和扰动无关,这使得滑模变结构控制拥有响应速度快、对参数变化不敏感、无须在线辨识等优点,在机械臂、电机控制、电力电子等领域得到了广泛的应用。

　　本书作者多年来一直致力于新能源发电和滑模控制理论及应用的研究工作。根据可再生能源发电系统中电力电子装置的构成、电能变换及控制技术的非线性模型特点,将最新发展的滑模控制理论,如全阶无抖振滑模控制、终端滑模控制等理论应用于新能源发电控制系统中。

全书共 9 章,从滑模变结构的基本概念及原理出发,以新能源发电中的电力电子变流器及其控制为主,深入浅出地对双馈风力发电系统和永磁直驱风力发电系统中全风速下的全阶无抖振滑模控制、最大风能追踪全阶无抖振滑模控制、理想条件下和电网非对称故障下的滑模变结构并网逆变器设计、低电压穿越的全阶无抖振滑模控制、网压畸变下谐振滑模控制、机侧和网侧协调滑模控制进行了详细的介绍;对光伏发电及其储能系统进行了 SoC 状态估计的全阶滑模观测器设计;对微网系统的能量管理和逆变器进行了滑模虚拟同步机控制设计,为滑模控制在新能源发电系统中的应用与研究提供了一定的理论研究方法。

在本书即将出版之际,要衷心地感谢我的导师哈尔滨工业大学冯勇教授对书稿内容的审阅和订正,感谢华北电力大学翟永杰教授百忙之中的审阅,同时感谢研究生李琳、李朋、何金梅、丁丹枚、李贺、庞松楠、宋瑞、陈若博等为本书的撰写所做的前期工作。另外,本书在撰写过程中参阅了大量的文献和论著,主要部分已列入参考文献中,在此也对所有文献的作者表示衷心的感谢。

由于作者水平和经验有限,书中难免有疏漏之处,敬请广大读者批评指正。

哈尔滨工业大学　　郑雪梅

2022 年 3 月

# 目　录

第 1 章　绪论 ……………………………………………………… 001

1.1　可再生能源的利用与发展 ……………………………… 003

1.2　滑模变结构理论及发展现状 …………………………… 007

本章小结 …………………………………………………… 019

本章参考文献 ……………………………………………… 020

第 2 章　变速恒频风力发电系统的滑模运行控制 …………… 023

2.1　变速恒频风力发电系统的运行基础 …………………… 025

2.2　额定风速以下全阶无抖振最大风能追踪滑模控制 …… 032

2.3　额定风速以上风力发电机恒功率变桨距控制 ………… 041

2.4　全风速下 D－PMSG 风力发电系统功率优化控制 …… 051

本章小结 …………………………………………………… 056

本章参考文献 ……………………………………………… 056

第 3 章　滑模控制在风力发电系统理想电网条件下的应用研究 … 059

3.1　双馈风力发电系统逆变器的特点 ……………………… 061

3.2　网侧逆变器滑模变结构控制器的设计 ………………… 069

3.3　LCL 型网侧逆变器的高阶滑模控制 …………………… 080

本章小结 …………………………………………………… 091

本章参考文献 ⋯⋯⋯⋯⋯⋯⋯⋯⋯⋯⋯⋯⋯⋯⋯⋯⋯⋯⋯⋯⋯⋯ 092

**第 4 章　电网故障下滑模控制理论在风力发电系统中的运行控制** ⋯⋯⋯ 095
　4.1　电网故障类型 ⋯⋯⋯⋯⋯⋯⋯⋯⋯⋯⋯⋯⋯⋯⋯⋯⋯⋯⋯ 097
　4.2　三相电网电压对称跌落对风力发电系统的影响 ⋯⋯⋯⋯⋯⋯ 100
　4.3　三相电网电压不对称跌落故障对风力发电系统的影响 ⋯⋯⋯ 106
　4.4　三相电网电压不平衡故障下风力发电系统的模型 ⋯⋯⋯⋯⋯ 108
　4.5　不平衡故障下风力发电系统的控制 ⋯⋯⋯⋯⋯⋯⋯⋯⋯⋯ 120
　4.6　仿真分析 ⋯⋯⋯⋯⋯⋯⋯⋯⋯⋯⋯⋯⋯⋯⋯⋯⋯⋯⋯⋯ 131
　本章小结 ⋯⋯⋯⋯⋯⋯⋯⋯⋯⋯⋯⋯⋯⋯⋯⋯⋯⋯⋯⋯⋯⋯ 137
　本章参考文献 ⋯⋯⋯⋯⋯⋯⋯⋯⋯⋯⋯⋯⋯⋯⋯⋯⋯⋯⋯⋯⋯ 138

**第 5 章　网压畸变下 DFIG 的谐振滑模控制** ⋯⋯⋯⋯⋯⋯⋯⋯⋯⋯ 141
　5.1　网压畸变下网侧逆变器的建模分析 ⋯⋯⋯⋯⋯⋯⋯⋯⋯⋯ 143
　5.2　网压谐波畸变下 DFIG 网侧逆变器的 PIR 控制 ⋯⋯⋯⋯⋯ 155
　5.3　网压畸变下 DFIG 并网逆变器谐振滑模控制研究 ⋯⋯⋯⋯⋯ 160
　5.4　仿真分析 ⋯⋯⋯⋯⋯⋯⋯⋯⋯⋯⋯⋯⋯⋯⋯⋯⋯⋯⋯⋯ 163
　本章小结 ⋯⋯⋯⋯⋯⋯⋯⋯⋯⋯⋯⋯⋯⋯⋯⋯⋯⋯⋯⋯⋯⋯ 166
　本章参考文献 ⋯⋯⋯⋯⋯⋯⋯⋯⋯⋯⋯⋯⋯⋯⋯⋯⋯⋯⋯⋯⋯ 166

**第 6 章　不平衡故障下风力发电系统的协调控制** ⋯⋯⋯⋯⋯⋯⋯⋯ 169
　6.1　不对称跌落故障下 DFIG 网侧与机侧协调控制 ⋯⋯⋯⋯⋯⋯ 171
　6.2　电网电压跌落时 D－PMSG 的功率协调控制策略 ⋯⋯⋯⋯⋯ 174
　6.3　电网电压不平衡故障下逆变器的协调控制 ⋯⋯⋯⋯⋯⋯⋯ 179
　6.4　功率协调控制仿真分析 ⋯⋯⋯⋯⋯⋯⋯⋯⋯⋯⋯⋯⋯⋯⋯ 187
　本章小结 ⋯⋯⋯⋯⋯⋯⋯⋯⋯⋯⋯⋯⋯⋯⋯⋯⋯⋯⋯⋯⋯⋯ 194
　本章参考文献 ⋯⋯⋯⋯⋯⋯⋯⋯⋯⋯⋯⋯⋯⋯⋯⋯⋯⋯⋯⋯⋯ 195

**第 7 章　光伏发电、储能系统的建模及滑模观测的控制** ⋯⋯⋯⋯⋯⋯ 197
　7.1　光伏发电单元建模 ⋯⋯⋯⋯⋯⋯⋯⋯⋯⋯⋯⋯⋯⋯⋯⋯⋯ 199
　7.2　储能单元建模 ⋯⋯⋯⋯⋯⋯⋯⋯⋯⋯⋯⋯⋯⋯⋯⋯⋯⋯⋯ 205
　7.3　基于滑模观测器方法的锂离子电池荷电状态估算法 ⋯⋯⋯⋯ 212
　7.4　电池 SoC 仿真 ⋯⋯⋯⋯⋯⋯⋯⋯⋯⋯⋯⋯⋯⋯⋯⋯⋯⋯⋯ 219
　本章小结 ⋯⋯⋯⋯⋯⋯⋯⋯⋯⋯⋯⋯⋯⋯⋯⋯⋯⋯⋯⋯⋯⋯ 228
　本章参考文献 ⋯⋯⋯⋯⋯⋯⋯⋯⋯⋯⋯⋯⋯⋯⋯⋯⋯⋯⋯⋯⋯ 228

**第 8 章　微网逆变器虚拟同步发电机滑模控制** ················· 231

　8.1　微网逆变器并联控制技术的发展现状 ················· 233

　8.2　虚拟同步发电机模型的建立 ················· 239

　8.3　虚拟同步发电机控制器设计 ················· 243

　8.4　虚拟同步发电机滑模控制设计 ················· 245

　8.5　仿真分析 ················· 248

　本章小结 ················· 255

　本章参考文献 ················· 256

**第 9 章　能量路由器的能量管理控制策略** ················· 259

　9.1　能量路由器拓扑选择与接口逆变器设计 ················· 261

　9.2　光伏发电及风力发电的分布式发电单元控制策略 ················· 264

　9.3　能量管理控制策略设计 ················· 268

　9.4　仿真分析 ················· 273

　本章小结 ················· 279

　本章参考文献 ················· 279

**名词索引** ················· 281

# 第 1 章

# 绪 论

本章在简要介绍滑模控制理论在新能源系统中的应用背景及研究意义的基础上，重点梳理了目前能源危机、环境危机和绿色能源开发的意义及其常见的控制方法。通过对比现有控制方法的优劣，引出具有鲁棒性的滑模变结构在新能源系统中的重要性，从而对目前几种典型的滑模控制的方法进行阐述，从滑模变结构控制的基础理论入手，引出滑模面和控制率的设计原理。综述了常见的线性滑模、终端滑模、非奇异终端滑模、快速终端滑模、积分滑模和全局滑模等控制器的设计，并对其性能优劣进行对比。同时就滑模控制中所特有的抖振现象及其抑制方案进行了剖析和概括整理，包括常见的准滑模控制、高阶滑模控制和无抖振全阶终端滑模控制等。最后通过典型的二阶系统，从收敛速度、收敛时间、抖振大小等方面对上述方法进行了仿真对比研究。

# 1.1　可再生能源的利用与发展

## 1.1.1　能源、环境危机和绿色能源的开发

21世纪以来,以清洁能源为基础的新一轮能源变革蓬勃兴起,风电、光伏、核能、潮汐能等越来越多的清洁能源并入大电网。新能源对能源结构调整具有积极的优势,在技术开采及利用方面的潜力也逐渐显现。不过,分布式发电的高渗透率特性会影响大电网的运行稳定性。因此,在分布式电源的并网过程中,削弱其对电网的冲击,保证电力系统的稳定运行,是研究中的一大难点与挑战。

微网是分布式电源与大电网之间的桥梁,是一种分散式、模块化的自治系统,是分布式电源得到利用的有效方式。微网通过将分布式发电单元、负载和储能系统有效结合,采用一定的控制策略实现自主调节、自我保护、自我管理,最终达到源荷协调的稳定状态,满足用户对电能质量及功率的需求。截至目前,微网的研究在全世界范围都得到了大量的关注。

在美国,过去十多年以来,分布式能源在电力系统中的占比越来越高,而作为其并网方式的微网也得到了广泛支持。很多微网的示范项目被建立,一些模拟微网运行的软件工具也随之被开发。在美国联邦政府的大力支持下,美国于2008年建立了RDSI项目,前后投入共计一亿美元。2010年SPIDERS项目得到了能源部与国防部的支持,可以在偏远地区提供可靠与稳定的电力,并为军事基地提供了电力保障。美国还制定了相关法律以支持微网的发展,如在2005年通过的《美国能源政策法案》。此外,各州政府也相继实施或制定了可再生能源标准,旨在推进新能源与微网的发展。微网的一些试点项目(如Prize项目)在纽约州得到推广,微网研究与示范项目在加利福尼亚州也有突破。

我国科技部分别于1997年和1986年通过了"973""863"计划,近十个新能源与微网的研究项目被设立。此后,"十二五"到"十三五"规划期间,微网和新能

源的研究在我国得到了进一步的发展。2016 年底,我国的新能源并网总容量已经达到了 1 032 kW,微网试点项目近百个。这些微网项目包括了偏远农村、海岛微网、校园与社区、军事基地,具备实用性与指导意义,为微网未来的规划和发展指明了方向。微网和分布式发电的技术有待进一步提高,国家相关部门以及相关单位和相关企业均对微网技术的发展越来越重视,并开展大量研究,推动了分布式电源和微电网技术的不断发展与革新。

微网具有并网与离网两种控制模式,可通过控制策略自主切换。在并网模式下,微网采用公共母线(Point of Common Coupling,PCC)与大电网相连接。此时,频率与电压的调节主要由电网来完成,但微网也需要一定的调频与调压能力,当大电网发生故障使各控制指标偏离所设定的额定值时,微网以尽力平衡为原则参与大电网的调节。在孤岛模式下,微网可以独自实现频率与电压的调节,为用户提供所需要的电能,此时可采用下垂控制、多主或单主控制、多代理控制等进行微网的整体控制。

### 1.1.2 可再生能源的控制策略

#### 1.并网逆变器的控制

并网逆变器在微电网中起着实现分布式微电源与交流母线之间能量交换的重要作用。针对并网逆变器的控制目标主要有以下几点:稳定输出的有功功率与无功功率,稳定直流侧电压在指令值,稳定 PCC 点的频率与电压;维持并改善 PCC 点的电能质量。因此对逆变器一般采用电压电流双闭环控制,电压环可以和功率环相结合,维持直流电压或交流母线电压频率,电流内环的控制保证输出良好的电能质量。而在控制过程中,唯有通过高效且可靠的控制算法,才能达到相应的控制目标。逆变器常用的控制算法包括以下几种。

(1) 比例积分(Proportional Integral,PI) 控制。

PI 控制是一种成熟的控制算法,是一种线性控制,其控制参数设计简单,使用方便,应用也十分广泛。但 PI 控制只能作用于理想条件下信号的无静差输出,而在实际应用中,往往会出现许多不确定的情况,如电网电压跌落、电网电能质量较差、负载不平衡、并网电流受到谐波干扰等。此时控制的精度与稳定性都会受到影响,从而无法满足系统的控制需求。

(2) 比例谐振(Proportional Resonance,PR) 控制。

PR 控制是针对 PI 控制对各次谐波无法实现无静差输出,从而提出的更有效的控制算法。PR 控制采用谐振环节代替了 PI 控制的积分环节,对各次谐波频率处的正弦信号采取积分控制,可以抑制特定次谐波的含量。在采用电感电容电感(LCL)滤波的并网逆变器中,滤波器会在固定频率处进行谐振,网侧会出现相应的高频谐波,对此 PR 控制具有良好的控制效果。但 PR 控制无法在实际应用中满足一定的控制精度需求,当电网频率发生波动且偏离所设定的基波频率时,PR 控制无法抑制产生的波动。对此可采用非理想积分控制改进 PR 控制,保持基频处高增益并排除电网波动造成的影响。

(3) 重复控制。

重复控制是一种基于内模原理的控制算法。内模是指闭环系统中给反馈回路所设计的内部模型,可以准确地描述系统外特性。被控对象输入信号为本周期误差与上一周期误差之和。这样,通过对输出误差值的反复利用,可以减弱外界重复所造成的影响,提高控制精度。重复控制适用于对周期信号(如电网电流)进行跟踪并控制。

(4) 滑模变结构控制(Sliding Mode Control,SMC)。

SMC 也称为滑模控制,是一种非线性控制,其表现为控制的不连续性。通过所设计预定的滑模面(Sliding Manifold,SM),使控制目标按照滑模面运动,从而可以排除外部其他扰动所造成的影响。SMC 具有很强的鲁棒性,对系统各参数的变化不灵敏,不需要对系统设计相应的辨识算法。

**2.微网逆变器的控制**

(1) 虚拟同步机(Virtual Synchronous Generator,VSG) 控制策略。

随着对新能源的不断开发利用,分布式电源在电网中所占比重逐渐增大,同步发电机的并网比重也在持续降低,电力系统中输入转动惯量的容量随之减少,电力系统的稳定良好运行受到了严重威胁。作为一种电力电子并网逆变器的控制方式,VSG 控制技术被提出,并成为近年内的研究热点。VSG 控制可广泛应用于新能源并网的电力系统中。对于并网逆变器的控制系统,VSG 控制借鉴了同步发电机的转动惯量与阻尼的特性,灵活地将虚拟阻尼和虚拟惯量作为控制结构的一部分。

目前 VSG 控制有电压源型与电流源型两种控制拓扑,但控制思路皆为模拟同步发电机的外特性,通过算法引入虚拟转动惯量,以提高并网逆变器应对电网电压与频率扰动的能力。国内外很多研究人员提出了 VSG 控制策略。电流源型虚拟同步机(Current－Controlled VSG,CVSG) 控制策略首先由克劳斯塔尔工业大学和比利时鲁汶大学提出,该方案以欧洲的 VSG 控制工程试点项目为依托。微网需要根据实时条件,在并网与孤岛两种模式下切换运行,而 CVSG 控制在微电网孤岛运行模式下无法提供电压与频率的支持。为弥补该缺陷,国内外的各研究人员又提出了电压源型虚拟同步机(Voltage － Controlled VSG,

VVSG)控制策略,可以为离网运行时的微网提供稳定的电压与频率,这些研究团队有日本的大阪大学、英国的利物浦大学以及我国的合肥工业大学等,它们在VSG 控制的建模、分析、仿真以及实验等各方面都获得了丰富的研究结果,为微网及 VSG 控制技术的发展提供了明晰的指导。

（2）有功／无功功率控制（P/Q 控制）。

P/Q 控制可以实现在逆变器并网时向电网输送所设定的有功功率与无功功率,不参与对电网电压与频率的调节,电压控制和频率控制由电力系统自身或者其他控制器件负责。通过设定有功／无功参考值,利用电压外环,可得到并网的电流参考值,再通过电流内环向电网馈送功率,这样可实现并网逆变器对输出功率的无静差跟踪。风电、光伏等分布式微源因具有随机性与间接性,唯有采用P/Q 算法才能实现最大功率跟踪（Maximum Power Point Tracking,MPPT）控制。

（3）电压／频率控制（V/F 控制）。

V/F 控制可作为微网离网运行时的控制策略。微网独立稳定运行时,V/F 控制可以提供电压与频率,从而支撑其他微源稳定高效运行。首先设定电压与频率参考值,再对频率进行积分,得到输出的相位,最后通过电压电流的双闭环控制,可实现 V/F 控制逆变器的并网。对于蓄电池、柴油机等功率输出持续且稳定的发电单元,适用 V/F 控制来实现并网。

（4）下垂控制。

下垂控制是在 V/F 控制的基础上,利用了有功调频与无功调压的思想,通过对电网实时电压与频率的检测实现了功率的有效分配。下垂控制实现了在负载扰动时系统的稳定运行,可以离网运行,也可以并网运行。下垂控制首先根据系统输出的电压电流计算出实时的输出功率,再通过有功频率与无功电压下垂特性得到参考电压与频率,其中相位可通过频率积分得到。此外,还可以引入同步发电机的输出阻抗使线路呈感性,从而减少输出电流的过冲,并避免无功分配在阻性线路中受到影响。

**3.微网逆变器的协调控制**

微网多台接口逆变器之间的协调控制策略也一直是研究的热点。对微网的控制有主从控制、分散控制、集中控制、分层控制等。基于分层控制理论的微网是目前研究的重点和热点。与传统的主从控制不同,分层控制的微网中各逆变器的关系为"多主多从",其中,主逆变器向微网提供频率与电压支持,从逆变器馈入有功／无功功率。第一层控制为各逆变器的底层控制,再通过中央控制器进行第二层与第三层的集中控制,不同控制层之间有通信线路相连。微网分层控制集合了主从、分散、集中控制的优点,可靠性与稳定性都较好。

## 1.2　滑模变结构理论及发展现状

作为一类非线性变结构控制(Variable Structure Control,VSC),SMC 能迫使系统的轨迹沿着预先设定的滑模面进行滑动,进而收敛至平衡点或其附近邻域,这使得 SMC 的性能明显优于一般固定结构的控制方法,现已广泛用于电气工程、机械工程、化工工业、民用、军事、航空和航天工程等实际应用领域。

### 1.2.1　滑模变结构理论基础

VSC 的基本思想起源于对继电系统中结构不固定的控制策略,由苏联学者 Utkin 和 Emelyanov 于 20 世纪 50 年代首次提出,已逐步成为非线性控制理论的一个重要分支。20 世纪 70 年代以后,随着 Itkis 的《变结构控制系统》和 Utkin 的《带有滑模模态的变结构控制》著名综述论文的发表,至 20 世纪 80 年代传统的 SMC 理论已趋完整,高为炳教授撰写了我国最早的 SMC 理论专著。VSC 可以根据是否具有滑动模态运动过程而分为两大类:一类是不具有滑动模态的 VSC,如 Bang－Bang 控制、变结构比例积分微分(PID)控制、多输入继电控制等;另一类是具有滑动模态的 VSC,即 SMC。SMC 系统的运动过程分为两个阶段,即到达模态和滑动模态,如图 1.1 所示。

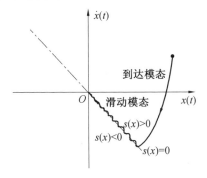

图 1.1　SMC 系统中的到达模态和滑动模态

根据滑模面的种类,SMC 大致可以分为传统的具有指数渐进收敛特性的线性滑模(Linear Sliding－Mode,LSM)和具备有限时间收敛特性的终端滑模(Terminal Sliding－Mode,TSM)。传统的滑模变结构控制采用 LSM 控制,即滑模为系统状态的线性组合。LSM 控制决定了系统状态与给定轨迹之间的偏差以指数形式渐近收敛,即意味着系统状态不断趋近,但永远无法到达给定轨迹。新出现的 TSM 控制引起了研究人员的关注。它是一种有限时间收敛的滑模控制策略,通过在滑模中有目的地引入非线性项,使得系统状态在有限时间内收敛到给定轨迹。但由于引入非线性项,TSM 控制会发生奇异现象,这在系统设计中是不利的。首次直接从滑模面的设计上解决奇异性问题的方法,是冯勇等人提出的非奇异终端滑模(Nonsingular Terminal Sliding—Mode,NTSM)。

LSM、TSM 和 NTSM 都是针对滑动模态阶段的收敛特性而设计的,并未考虑到达模态阶段的收敛性能。为了缩小甚至消除到达模态阶段的运动时间,有学者提出了快速终端滑模(Fast Terminal Sliding—Mode,FTSM),更直接的处理方法则是彻底消除到达模态阶段,将系统状态在初始时刻就置于 SM 上,即全局鲁棒滑模(Global Sliding—Mode,GSM)。为了解决当系统存在外部扰动时,普通 SMC 存在稳态误差的问题,提出在 LSM 中增加状态变量的积分项的积分滑模(Integral Sliding—Mode,ISM),但积分也会带来累加效应,较大的初始状态将引起较大的超调。

### 1.2.2　滑模面和控制律的设计

与 SMC 系统的两个运动阶段相对应,SMC 的设计包括两个步骤,即滑模面的设计和控制律的设计。滑模面的设计可以有 LSM、TSM、NTSM 及其他的若干设计。滑模面的设计是为了保证系统在滑动模态满足所需的收敛特性,而控制律的设计则是以实现滑模到达条件为目的,即使得系统的相轨迹在有限时间内不断穿越滑模面直至到达滑模面 $s=0$,并保持在滑模面上稳定地向着平衡点运动。整个运动过程如图 1.1 所示。常用的趋近率有等速趋近率、指数趋近率和幂次趋近率。

(1)等速趋近律。滑模函数以常值趋近速度到达 SM,有

$$\dot{s} = -k\,\mathrm{sgn}(s) \tag{1.1}$$

式中,$\mathrm{sgn}(\cdot)$ 为符号函数;常数 $k$ 为趋近速率,也称为滑模切换控制增益,$k>0$。

趋近速度取决于切换增益 $k$,若 $k$ 较小,则趋近速度慢;若 $k$ 较大,则系统到达滑模面 $s=0$ 时也将具有较大的速度,会导致抖振也较大。

(2)指数趋近律。滑模函数距离 SM 越远,具有越快的趋近速度,有

$$\dot{s} = -\varepsilon s - k\,\mathrm{sgn}(s) \tag{1.2}$$

式中增加了指数趋近项 $s=-\varepsilon s$，加速了趋近过程，减小了系统到达滑模面时的速度，因此成了减小抖振的方法之一。适当地减小 $k$ 可以减小抖振，但过小的 $k$ 将削弱系统的鲁棒性。

（3）幂次趋近律。滑模函数以幂次规律到达 SM，彻底消除抖振，有

$$\dot{s}=-k\mid s\mid^{a}\mathrm{sgn}(s) \tag{1.3}$$

式中，$k>0$；$0<\alpha<1$。

下面以二阶非线性系统为例，对以上几种类型的滑模面和趋近律进行分析和设计。考虑如下的二阶系统：

$$\begin{cases} \dot{x}_1(t)=x_2(t) \\ \dot{x}_2(t)=u(t)+d[\boldsymbol{x}(t),t] \end{cases} \tag{1.4}$$

式中，$x_1$ 和 $x_2$ 为系统的状态变量；$\boldsymbol{x}=[x_1,x_2]^{\mathrm{T}}$；$u(t)$ 为系统的控制输入；$d[\boldsymbol{x}(t),t]$ 为外部扰动。

（1）LSM 控制。

LSM 为最常见的一种滑模面，具有渐进收敛特性。一般 LSM 的滑模面设计为

$$s(t)=x_2(t)+cx_1(t) \tag{1.5}$$

式中，$c$ 为设计参数，$c>0$。

（2）TSM 控制。

TSM 具备有限时间收敛特性和更高的控制精度，滑模面的设计为

$$s(t)=x_2(t)+cx_1^{q/p}(t) \tag{1.6}$$

式中，$c>0$；$p$ 和 $q$ 为正奇数，且 $p>q>0$。

系统在有限时间 $t_s$ 内收敛到平衡点，即

$$t_s=\frac{p}{c(p-q)}x_1^{p-q/p}(t_r) \tag{1.7}$$

式中，$t_r$ 为系统的到达时间，且 $x_1(t_r)\neq 0$。

（3）NTSM 控制。

NTSM 解决了 TSM 的奇异问题，设计的滑模面如下：

$$s(t)=x_2(t)+cx_1^{p/q}(t) \tag{1.8}$$

式中，$c>0$；$p$ 和 $q$ 为正奇数，且 $1<p/q<2$，有限收敛时间为

$$t_s=\frac{p}{c^{-q/p}(p-q)}x_1^{p-q/p}(t_r) \tag{1.9}$$

(4)FTSM 控制。

FTSM 加速了 TSM 的到达运动,设计的滑模面如下:

$$s(t) = x_2(t) + c_1 x_1(t) + c_2 x_1^{q/p}(t) \tag{1.10}$$

式中,$c_1$ 和 $c_2$ 为正数;$q$ 和 $p$ 为正奇数,且 $1 < p/q < 2$。

可见,FTSM 的收敛特性相当于 LSM 和 TSM 的叠加。从 $x_1(t_r) \neq 0$ 到 $x_1(t_s) = 0$ 所需要的时间为

$$t_s = \frac{p}{c_1(p-q)} \ln\left(\frac{c_1}{c_2}|x_1^{p-q/p}(t_r)| + 1\right) \tag{1.11}$$

(5)ISM 控制。

ISM 减小了常规 SMC 系统的稳态误差,设计的滑模面如下:

$$s(t) = x_2(t) + c_1 x_1(t) + c_2 \int_0^t x_1(t) \mathrm{d}t \tag{1.12}$$

式中,$c_1$ 和 $c_2$ 为正数,且满足多项式 $p^2 + c_1 p + c_2$ 和 $p + c_2$ 的特征值实部为负。

(6)GSM 控制。

GSM 消除了滑模到达阶段,增强了全局鲁棒性,设计的滑模面如下:

$$s(t, x) = s^*(t, x) - I(t) \tag{1.13}$$

式中,$s^*(t, x)$ 可以选取任意一类滑模面;$I(t)$ 为设计的滑动因子。$I(t)$ 需要满足:

① $I(0) = s^*[0, x(0)]$;

② 当 $t \to \infty$ 时,$I(t) \to 0$;

③ $I(t)$ 存在且有界。

对上述 6 种 SM 的收敛特性,趋近律都选择等速趋近律,进行了仿真比较。初始条件及扰动设为:$x_1(0) = 1$,$x_2(0) = -0.5$,$d(t) = 0.1\sin 20t$。各 SM 的设计参数比较选择为:LSM 的 $c = 5$,$k = 10$;FTSM 的 $c_1 = 1$,$c_2 = 5$,$p = 5$,$q = 3$,$k = 10$;TSM 的 $c = 5$,$p = 5$,$q = 3$,$k = 10$;ISM 的 $c_1 = 12$,$c_2 = 35$,$k = 10$;NTSM 的 $c = 1/5$,$p = 5$,$q = 3$,$k = 10$;GSM 的 $c = 5$,$k = 10$,$s^*(0) = 4.5$。

各类 SM 的仿真结果如图 1.2 所示。图 1.2(a)所示为系统状态变量的收敛特性。可见,LSM、ISM 和 GSM 的系统状态为渐近收敛,而 GSM 相比于 LSM 消除了到达阶段;TSM、NTSM 和 FTSM 的状态均为有限时间收敛,具有更快的收敛速度,其中 FTSM 的状态收敛速度最快。图 1.2(b)所示为系统的相轨迹图,在相平面上,LSM 和 GSM 均为直线,而其余 4 种 SM 则均为非线性轨迹。

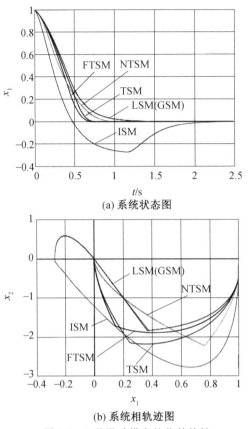

(a) 系统状态图

(b) 系统相轨迹图

图 1.2　6 种滑动模态的收敛特性

### 1.2.3　抖振的抑制

不论是 LSM 还是 TSM，都存在着一个 SMC 的固有缺陷，即抖振现象（chattering）。抖振是阻碍 SMC 理论实际应用的重要问题之一，主要是由控制信号中的高频切换部分所导致。高频抖振不仅会影响系统的控制精度，增加能耗，甚至还有可能激发系统的未建模动态，损坏控制部件。因此，削弱或者消除抖振的研究工作一直都是研究和完善 SMC 理论的重中之重。

从各种抖振抑制策略的本质出发，将众多具有代表性的抑制 SMC 抖振的策略系统地归纳为三类：① 减小切换增益，如趋近律法控制、扰动观测器设计；② 降低切换频率，如准滑模控制、分数阶滑模控制；③ 平滑切换控制，如滤波器法、动态滑模法、高阶滑模（Higher Order Sliding Mode，HOSM）控制。下面对常见的算法进行介绍。

**1.准滑模控制**

这是一种常用的抑制 SMC 抖振的思路,是通过降低滑模切换频率来抑制抖振的一类方法,即减少系统状态轨迹穿越滑模面的次数,具体包括准滑模和分数阶滑模等方法。准滑模法是以牺牲一定的稳态精度来换取平滑控制信号的一类方法,其中最主流的方法是边界层法。边界层法通常采用饱和函数来替代符号函数,以消除 SMC 的抖振,即

$$\mathrm{sat}(t)=\begin{cases}\mathrm{sgn}(s),&|s|>\delta\\\dfrac{s}{\delta},&|s|\leqslant\delta\end{cases}\tag{1.14}$$

式中,$\delta$ 为边界层的厚度,$\delta>0$。

为了便于对比抖振的抑制效果,仍取前面二阶系统式(1.4)的 LSM:$s(t,x)=x_2+cx_1$ 并设计控制律如下:

$$u=-c_2(x)-k\mathrm{sat}(s)\tag{1.15}$$

则二阶非线性仿射系统式(1.4)将在有限时间内到达边界层 $|s(t,x)|\leqslant\delta$。但当系统到达边界层之后,系统的输出将不再收敛到零,而是收敛到零附近的一个邻域 $x_1(t)<\delta/c$,当 $t\to\infty$ 时。能够用来替换符号函数以抑制抖振的连续函数还包括 Sigmoid 函数等。

**2.HOSM 控制**

Aire Levant 提出的 HOSM 控制是目前应用最为广泛的连续 SMC 方法之一。

(1)Twising 控制算法。

为了便于与其他抑制抖振方法的特性进行对比,依然考虑二阶不确定非线性系统。取常规 LSM:$s(t,x)=x_1$ 并设计如下 Twisting 控制律:

$$\dot{s}=-k_1\mathrm{sgn}(s)-k_2\mathrm{sgn}(\dot{s})\tag{1.16}$$

式中,切换增益满足 $k_2>|d(x,t)|$,$k_1-k_2>|d(x,t)|$。Twisting 控制律需要已知 $s$ 及其导数。在 Twisting 控制律作用下,系统在相平面上的相轨迹围绕着原点旋转,在有限时间内无限次地螺旋环绕收敛至平衡点。

(2)Super－Twisting 控制算法。

Super－Twisting 控制方法是在 Twisting 之后提出的一种目前应用最广的 HOSM 控制方法。依然考虑二阶非线性系统式(1.4),取常规的 LSM:$s(t,x)=x_2+cx_1$,选取 Super－Twisting 控制律如下:

$$\begin{cases}u=-k_1|s|^{1/2}\mathrm{sgn}(s)+v\\\dot{v}=-k_2\mathrm{sgn}(s)\end{cases}\tag{1.17}$$

式中,切换控制增益满足 $k_1 > \sqrt{2(k_2 + D_2)}$,$k_2 > D_2$,以保证有限时间收敛性。

(3)非奇异终端高阶滑模(Nonsingular Higher Order Terminal Sliding — Mode,NHOTSM)控制算法。

为了解决滑模系统的抖振问题,NHOTSM 的二阶终端滑模超曲面结构如下:

$$s(t) = x_n(t) + \sum_{i=1}^{n-1} c_i x_i(t) \tag{1.18}$$

$$l(t) = \dot{s} + \alpha s^{q/p} \tag{1.19}$$

式中,$\alpha$ 为常数;$p$、$q$ 为奇数,且 $p > q > 0$。

引入 $s(t)$ 是为了对系统进行滑模控制,而引入 $l(t)$ 是为了实现二阶滑模控制,消除滑模系统的抖振。因此,将二阶滑模设计成终端滑模形式,使线性滑模 $s(t)$ 到达平衡点的时间是有限的。而从控制的可实现性角度考虑,将 $s(t)$ 设计成线性滑模,这样当二阶滑模 $l(t)$ 到达平衡点后,可保证状态变量渐近收敛至平衡点。得到 $s(t)$ 到达平衡点即 $s(t) = 0$ 的时间为

$$t_s = \frac{p}{\beta(p-q)} s^{\frac{p}{p-q}}(0) \tag{1.20}$$

这样,通过设计合适的控制策略,保证 $s(t)$ 和 $\dot{s}(t)$ 吸引到二阶滑模 $l(t) = 0$,并实现滑模运动,而二阶滑模 $l(t) = 0$ 上的 $s(t)$ 在有限时间 $t_s(1 \sim 20)$ 到达平衡点。再通过设计合适的控制策略,可实现线性滑模运动。

**3.全阶无抖振终端滑模控制**

鉴于 $r$ 阶滑模控制问题实际上可以转化为 $r$ 重积分链系统的有限时间镇定问题,因而有学者提出一种新的全阶无抖振终端滑模(Full — Order Terminal Sliding—Mode,FOTSM)控制方法。所设计的全阶终端滑模面及其相应的无抖振控制律能够在保留 SMC 鲁棒性的同时,彻底地消除抖振,获得平滑连续的控制信号,避免了等效控制中对指数函数求微分的处理,规避了常规终端滑模的奇异性问题,具备有限时间收敛的特性,同时考虑了控制增益的摄动项并设计时变的控制增益。

对如下带有不确定性的高阶非线性动态系统:

$$\begin{cases} \dot{x}_1(t) = x_2(t) \\ \dot{x}_2(t) = x_3(t) \\ \vdots \\ \dot{x}_n(t) = u + d[x(t), t] \end{cases} \tag{1.21}$$

设计的全阶滑模控制器如下：

$$s = x_1^{(n)} + c_n \, \text{sgn} \, (x_1^{(n-1)}) \, |x_1^{(n-1)}|^{\alpha_n} + \cdots + c_1 \, \text{sgn} \, (e_1) \, |e_1|^{\alpha_1} \quad (1.22)$$

式中，$c_i$ 和 $\alpha_i (i=1,2,\cdots,n)$ 为全阶终端滑模面设计参数，参数 $c_i > 0$ 使得多项式 $p^n + c_n p^{n-1} + \cdots + c_2 p + c_1$ 满足 Hurwitz 稳定，参数 $\alpha_i$ 可以根据如下规律设计：

$$\begin{cases} \alpha_1 = \alpha, & i = 1 \\ \alpha_{i-1} = \dfrac{\alpha_i \alpha_{i+1}}{2\alpha_{i+1} - \alpha_i}, & i = 3, \cdots, n \end{cases} \quad (1.23)$$

式中，$\alpha_{n+1} = 1, \alpha_n = \alpha \in (0,1)$ 且为常数。

此种控制的最终控制策略中不再包含此高频成分。系统中引起高频抖振的原因主要是控制系统中存在高频成分，所以该控制策略可以达到去抖振的效果。

### 1.2.4 仿真研究

为了对比说明准滑模、Twisting、Super－Twisting、高阶滑模、全阶无抖振滑模的特性，考虑如下的二阶非线性系统进行仿真验证：

$$\begin{cases} \dot{x}_1(t) = x_2(t) \\ \dot{x}_2(t) = \theta x_1^2(t) + d(t) + u(t) \end{cases} \quad (1.24)$$

式中，未知参数 $\theta = 4.36$。假设只知其上限 $\theta_{\max} = 10$，下限 $\theta_{\min} = -10$，及估计值 $\hat{\theta} = 5$，外部干扰为 $d(t) = \sin \pi t - 0.5\cos 5\pi t + 0.5\sin 10\pi t$。$|d(t)| \leqslant D = 2$。系统的初始值为 $x_2(0) = 0, x_1(0) = 1$。

(1) 采用 NHOTSM 的方案。

选取参数为 $\beta = 1, q = 3, p = 5$。设计 NTSM 为

$$s(t) = x_1(t) + x_2^{5/3}(t)$$

设计如下控制策略：

$$u = -5x_1^2 - 0.6x_2^{1/3} + (5x_1^2 + 2 + \eta)\text{sgn}(s) \quad (1.25)$$

设计参数 $\eta = 0.01$，结果如图 1.3 所示，其中图 1.3(a) 为采用开关函数系统相图；图 1.3(b) 为采用开关函数系统状态图；图 1.3(c) 为采用开关函数的系统控制信号，存在抖振现象。为了克服抖振现象，用饱和函数取代上述控制策略中的开关函数，仿真结果如图 1.3(d) ～ (f) 所示。图 1.3(d) 为采用饱和函数的系统相图，可见，系统仍然实现了 NTSM 控制；图 1.3(e) 为采用饱和函数的系统状态图；图 1.3(f) 为采用饱和函数的系统控制信号，可见抖振现象已消除。从上面的仿真结果

可见,计算机仿真结果和理论分析的结果是吻合的,即采用饱和函数的方法可以消除抖振。

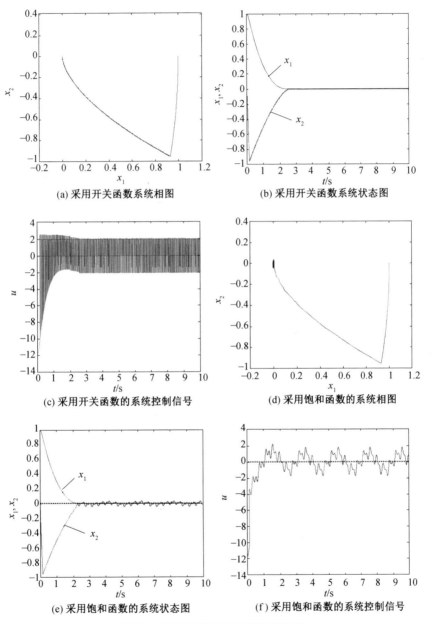

图 1.3　NTSM 控制下系统的收敛图

（2）采用 Twisting 及 Super－Twisting 的控制方法。

取 LSM：$s(t,x)=x_2+x_1$，控制律参数为：$k_1=30,k_2=15$，及 $k_1=50,k_2=100$，则仿真结果如图 1.4 所示。图 1.4(a)、图 1.4(b) 和图 1.4(c) 所示分别为 Twisting 控制下系统的状态、相图及输入 $u$；图 1.4(d)、图 1.4(e) 和图 1.4(f) 所示分别为 Super－Twisting 控制下系统的状态、相图及输入 $u$。

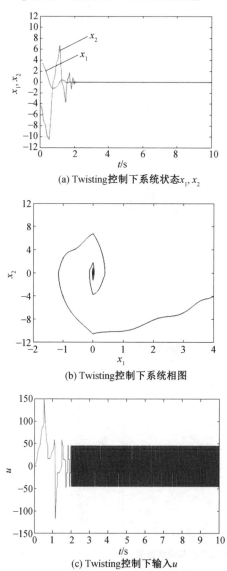

(a) Twisting 控制下系统状态 $x_1, x_2$

(b) Twisting 控制下系统相图

(c) Twisting 控制下输入 $u$

图 1.4　Twisting 及 Super－Twisting 控制算法

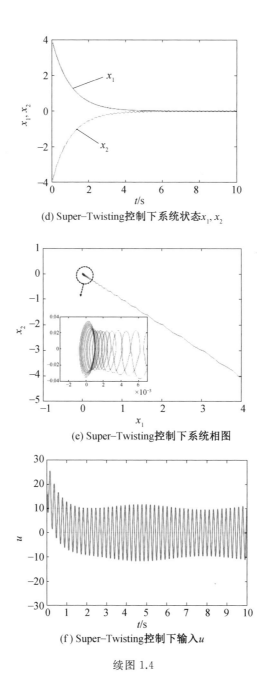

(d) Super–Twisting控制下系统状态$x_1$, $x_2$

(e) Super–Twisting控制下系统相图

(f) Super–Twisting控制下输入$u$

续图 1.4

可见,Twisting 及 Super － Twisting 控制信号能够迫使系统的状态变量 $x_1$

和 $x_2$ 螺旋环绕收敛到 0，相轨迹无限次地螺旋环绕收敛至平衡点。虽然 Super－Twisting 控制能够迫使系统的状态变量 $x_1$ 和 $x_2$ 在有限时间收到到 0，但其稳态精度相比于常规滑模已经略有下降，而与准滑模的控制效果相近，这是由超螺旋的收敛特性导致的。虽然系统轨迹能够在有限时间到达 LSM，但是由于 LSM 的渐进收敛性和 Super－Twisting 的超螺旋控制特性，因而需要更长的收敛时间。可见，Super－Twisting 控制方法能够通过积分器隐藏高频切换控制信号，彻底地消除抖振。

（3）FOTSM 控制。

取全阶滑模面如下：

$$s = \dot{e}_2 + 25\,\mathrm{sgn}\,(e_2)\,|e_2|^{17/19} + 150\,\mathrm{sgn}\,(e_1)\,|e_1|^{17/21} \tag{1.26}$$

取 $(p+10)(p+15)=p^2+25p+150$，因此多项式系数分别为 25 和 150，而指数 17/19 和 17/21 是根据式（1.23）计算得到的。设状态初始值为 $x_1(0)=-1$，$x_2(0)=2$，其仿真结果如图 1.5 所示。

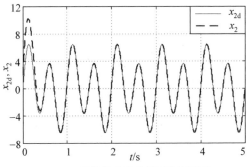

(a) 系统给定信号以及实际信号

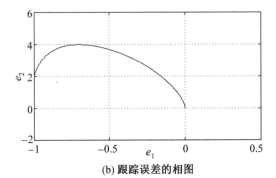

(b) 跟踪误差的相图

图 1.5　FOTSM 控制

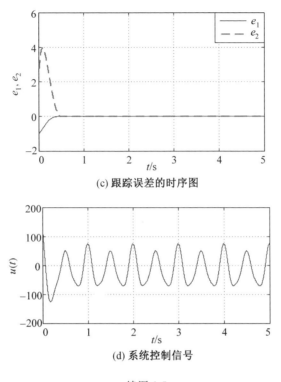

(c) 跟踪误差的时序图

(d) 系统控制信号

续图 1.5

图 1.5(a) 所示为系统的给定信号以及实际信号,可见,系统状态能很快跟踪上给定信号。图 1.5(b) 所示及图 1.5(c) 所示分别为跟踪误差的相图以及时序图,可以明显地看到提出的控制策略下跟踪误差迅速趋近于零,能够达到快速、准确跟踪目标的目的。图 1.5(d) 所示为系统的控制信号,可以看出,系统的高频不连续控制量没有体现在最终的实际控制信号中,控制量是光滑连续的,可见系统的抖振问题得到了很好的解决,同时控制量中没有出现某些区域为无穷大的情况,即控制奇异性得到很好的解决,无奇异现象出现。

# 本 章 小 结

本章介绍了可再生能源的利用与发展现状。通过对环境危机的讨论,引发了对能源及可再生能源开发和利用的讨论,并对基于可再生能源的微网系统组成及其目前主要的控制方法进行了简要的介绍。对鲁棒性较好的滑模控制从起源一直到目前较为流行的控制算法进行了介绍和仿真验证。为后续章节中滑模控制下的风力发电系统、微网逆变器等的实现提供有力的理论支撑。

# 本章参考文献

[1] 王文静，王斯成. 我国分布式光伏发电的现状与展望[J]. 中国科学院院刊，2016,31(2):165-172.

[2] 杜偲偲. 国外分布式能源发展对我国的启示[J]. 中国工程科学,2015，17(3):84-87,11.

[3] 洪峰，陈金富，段献忠. 微网发展现状研究及展望[C]// 中国高等学校电力系统及其自动化专业第二十四届学术年会,北京,2008:6.

[4] 毛福斌. 微网逆变器的虚拟同步发电机控制策略研究[D]. 合肥:合肥工业大学，2016.

[5] 季阳，艾芊，解大. 分布式发电技术与智能电网技术的协同发展趋势[J]. 电网技术，2010,34(12):15-23.

[6] 凌文青. 光伏逆变器并联系统控制策略的研究[D]. 合肥:安徽理工大学，2016.

[7] 张兴，朱德斌，徐海珍. 分布式发电中的虚拟同步发电机技术[J]. 电源学报，2012(3):1-6,12.

[8] 谢少军，吴云亚. 无互联线并联逆变器的功率解耦控制策略[J]. 中国电机工程学报,2008,28(21):40-45.

[9] EL-KHATTAM W, SALAMA M M A. Distributed generation technologies, definitions and benefits [J]. Electric power systems research，2004，71(2):119-128.

[10] PEPERMANS G, DRIESEN J, HAESELDONCKX D,et al. Distributed generation: definition, benefits and issues[J].Energy policy, 2005, 33(6): 787-798.

[11] 颜湘武，王月茹，王星海. 逆变器并联功率解耦及鲁棒下垂控制方法研究[J]. 电力科学与技术学报，2016, 31(1): 11-16.

[12] YAO W, CHEN M, MATAS J, et al. Design and analysis of the droop control method for parallel inverters considering the impact of the complex impedance on the power sharing [J]. IEEE Transactions on

Industrial Electronics，2011,58(2)：576-588.

[13] ZHANG Y，MA H. Theoretical and experimental investigation of networked control for parallel operation of inverters [J]. IEEE Transactions on Industrial Electronics，2012，59(4)：1961-1970.

[14] 罗曼.多虚拟同步发电机并联运行时的环流抑制和功率分配问题研究[D].成都:电子科技大学，2016.

[15] 牟晓春，毕大强，任先文.低压微网综合控制策略设计[J].电力系统自动化，2010,34(19):91-96.

[16] ZHONG Q C. Robust droop controller for accurate proportional load sharing among inverters operated in parallel [J]. IEEE Transactions on Industrial Electronics，2011，60(99)：1-1.

[17] BEVARANI H，ISE T，MIURA Y. Virtual synchronous generators：a survey and new perspectives [J]. International Journal of Electrical Power&Energy Systems，2014，54:244-254.

[18] ALONGE F，CIRRINCIONE M，DIPPOLITO F，et al. Robust active disturbance rejection control of induction motor systems based on additional sliding-mode component [J]. IEEE Transactions on Industrial Electronics，2017，64(7)：5608-5621.

[19] KONG X，ZHANG X，CHEN X，et al. Phase and speed synchronization control of four eccentric rotors driven by induction motors in a linear vibratory feeder with unknown time-varying load torques using adaptive sliding mode control algorithm [J]. Journal of Sound and Vibration，2016，370：23-42.

[20] 张庆海.光伏分布式发电中多逆变器并联技术研究与实现[D].长沙:湖南大学，2013.

[21] 徐湘楚.基于虚拟同步发电机的光伏并网发电控制策略研究[D].北京:华北电力大学，2015.

[22] 孟建辉.分布式电源的虚拟同步发电机控制技术研究[D].北京:华北电力大学，2015.

[23] 张尧，马皓，雷彪，等.基于下垂特性控制的无互联线逆变器并联动态性能分析[J].中国电机工程学报,2009,29(3)：42-48.

[24] 房玲.基于下垂控制的三相逆变器并联技术研究[D].南京:南京航空航天大学，2014.

［25］李聪.基于下垂控制的微电网运行仿真及小信号稳定性分析［D］.成都：西南交通大学，2013.

［26］D'ARCO S，SUUL J A. Equivalence of virtual synchronous machine and frequency-droops for converter-based microgrids ［J］. IEEE Transactions on Smart Grid，2014，5(1)：394-395.

［27］程军照，李澍森，吴在军，等.微电网下垂控制中虚拟电抗的功率解耦机理分析［J］.电力系统自动化，2012，36(7)：27-32.

［28］周贤正，荣飞，吕志鹏，等.低压微电网采用坐标旋转的虚拟功率V/F下垂控制策略［J］.电力系统自动化，2012，36(2)：47-51.

［29］王成山，肖朝霞，王守相.微网中分布式电源逆变器的多环反馈控制策略［J］.电工技术学报，2009，24(2)：100-107.

［30］杨淑英，张兴，张崇巍.基于下垂特性的逆变器并联技术研究［J］.电工电能新技术，2006，25(2)：7-10.

［31］UTKIN V I. Sliding modes in control and optimization［M］. Berlin：Springer Science & Business Media，2013.

［32］FENG Y，YU X，HAN F. On nonsingular terminal sliding-mode control of nonlinear systems ［J］. Automatica，2013，49(6)：1715-1722.

［33］FENG Y，HAN F，YU X. Chattering free full-order sliding-mode control ［J］. Automatica，2014，50(4)：1310-1314.

# 第 2 章

# 变速恒频风力发电系统的滑模运行控制

在能源危机和环境危机的双重压力下,开发新的清洁能源、实现能源的可持续发展是必然趋势。其中,风能作为一种可再生、无污染、能量大、前景广的新能源得到大量关注。可再生能源的开发利用中,风力发电技术最为成熟,规模化、商业化的风力发电产业迅猛发展。我国在风力发电领域取得了长足进步,但是仍存在一些问题,其中最大的问题就是风力发电输出质量不高、并网难。造成这些问题的一部分原因是,在实际应用中,由于风力发电资源分布特点,风力发电机组大多处于电网较薄弱的偏远地区,周边用电设备情况相对复杂;此外,较长的输电线路很容易出现破损、绝缘老化、各相阻抗不对称等问题,影响系统的正常运行。为了对风力发电系统进行更好的研究,需要对风力发电系统的运行特性进行了解和深入研究。

# 2.1　变速恒频风力发电系统的运行基础

### 2.1.1　风力发电机的数学模型

风力发电机是风力发电系统中能量转换的首要部件,它用来截获流动空气所具有的动能,并将风力发电机叶片迎风扫掠面积的一部分动能转换为机械能。它不仅决定了整个风力发电系统的有效输出功率,而且直接影响机组的安全、稳定、可靠运行,是风力发电系统的关键部件之一。常见的风力发电机组如图 2.1 所示。

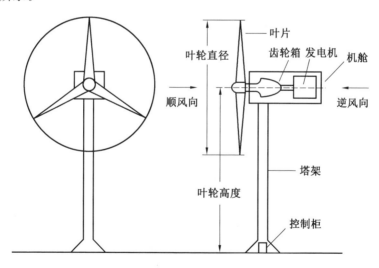

图 2.1　风力发电机组示意图

根据空气动力学原理,风力发电机捕获的气动功率 $P_\omega$ 可以表达成如下形式:

$$P_\omega = \frac{1}{2}\rho\pi R^2 C_p(\beta,\lambda)v^3 \tag{2.1}$$

式中,$\rho$ 为空气密度;$R$ 为风力发电机桨叶半径;$v$ 为风速;$C_p(\beta,\lambda)$ 为风能利用系数;$\beta$ 为风力发电机桨叶的桨距角;$\lambda$ 为叶尖速比。

风力发电机产生的机械转矩 $T_\omega$ 为

$$T_\omega = \frac{1}{2}\rho\pi R^2 C_p(\beta,\lambda)v^3/\omega \tag{2.2}$$

式中,$\omega$ 为风力发电机的角速度。

叶尖速比 $\lambda$ 表示风力发电机叶片末梢线速度和风速的比值,表达式为

$$\lambda = \frac{\omega R}{v} \tag{2.3}$$

风能利用系数 $C_p(\beta,\lambda)$ 与叶尖速比 $\lambda$ 和桨距角 $\beta$ 有关,理论上最大值能够达到 0.59,实际的最大值在 0.4 左右。根据经验,$C_p(\beta,\lambda)$ 可以近似地表示为

$$C_p(\beta,\lambda) = 0.517\,6 \times \left(116 \times \frac{1}{\lambda_i} - 0.4\beta - 5\right) \times e^{-21\frac{1}{\lambda_i}} \tag{2.4}$$

式中,$\dfrac{1}{\lambda_i} = \dfrac{1}{\lambda + 0.08\beta} - \dfrac{0.035}{\beta^3 + 1}$。

根据 $C_p$ 的表达式(2.4),可以得到风力发电机 $C_p$ 特性曲线,如图 2.2 所示。

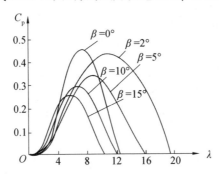

图 2.2　风力发电机 $C_p$ 特性曲线

由风力发电机 $C_p$ 特性曲线可以看出,如果保持桨距角 $\beta$ 不变,风能利用系数 $C_p$ 只与叶尖速比 $\lambda$ 有关系,则可用一条曲线描述 $C_p(\lambda)$ 特性,这就是定桨距时风力发电机的性能曲线,如图 2.3 所示。在低风速段,为了进行最大风能追踪,没必要调节桨距角,此时 $\beta = 0°$。这种情况下,只有叶尖速比 $\lambda$ 影响风能利用系数 $C_p$ 的大小。对于一个特定的风力发电机,具有唯一一个使得 $C_p$ 最大的叶尖速比,称之为最佳叶尖速比,用 $\lambda_{opt}$ 表示,相应的 $C_p$ 为最大风能利用系数,用 $C_{pmax}$ 表

示。从图 2.3 可以看出,当叶尖速比 $\lambda$ 大于或小于最佳叶尖速比 $\lambda_{opt}$ 时,风能利用系数 $C_p$ 都会偏离最大风能利用系数 $C_{pmax}$,引起机组效率的下降。

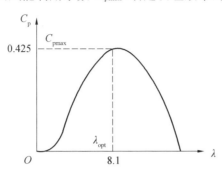

图 2.3　定桨距时的 $C_p$ 和 $\lambda$ 关系曲线

　　风力发电机的以上两个特性是风力发电系统的 MPPT 控制和变桨距控制的理论依据。在风速 $v$ 小于额定风速 $v_n$,即 $v < v_n$ 时,应保持桨距角 $\beta = 0°$,运行于定桨距方式下,在风速变化时通过控制器调节发电机转子转速,使 $C_p$ 保持在最大值以更多地捕获风能;在风速 $v > v_n$ 时,通过调节桨距角降低 $C_p$ 的值,减小风力发电机捕获的风能,实现恒功率运行。

　　当风力发电机定桨距运行,桨距角 $\beta = 0°$ 时,$C_p$ 与 $\lambda$ 的关系曲线如图 2.3 所示。在定桨距方式下,对于每一风速,都存在一个转子的最优转速 $\omega_{opt}$ 使 $\lambda$ 保持在最佳叶尖速比 $\lambda_{opt}$,从而使 $C_p$ 保持在最大值。

### 2.1.2　风力发电机变桨距执行机构的数学模型

　　大型风力发电机组的变桨距执行机构多采用液压驱动系统和电动伺服系统。其中电动伺服系统结构简单、可靠性高、易于控制,是目前变桨距执行机构的主流方式。由于风轮桨叶的体积和质量特别大,是很大的惯性体,因此变桨距执行机构可用一阶惯性环节来模拟,即

$$\tau_\beta \frac{d\beta}{dt} = \beta_c - \beta \tag{2.5}$$

式中,$\tau_\beta$ 为变桨系统时间常数;$\beta_c$ 为桨距角的参考输入。

### 2.1.3　风力发电机的定桨距与变桨距控制

　　风力发电机可分为定桨距和变桨距两种。定桨距风力发电机的三桨叶与轮毂刚性连接;变桨距风力发电机的桨叶与轮毂不采用刚性连接,而通过可转动的

推力轴承或专门为变距机构设计的连轴连接。

定桨距风力发电机特性是变桨距风力发电机特性的基本情况,具有代表意义,是讨论最大风能追踪的依据。根据式(2.4)可知,在某一固定的风速 $v$ 下,随着风力发电机转速 $n_w$ 的变化,风能利用系数 $C_p$ 的值会相应地变化,从而使风力发电机输出的机械功率 $P_o$ 发生变化。可以得到不同风速下风力发电机的输出功率和转速的关系,如图 2.4(a) 所示。从图 2.4(a) 中可以看出,当风速不同时,风力发电机的功率-转速曲线是不同的,每条功率-转速曲线上最大功率点的连线称为风力发电机的最佳功率曲线($P_{opt}$ 曲线)。风力发电机运行在 $P_{opt}$ 曲线上将会输出最大功率 $P_{max}$。根据风机的最佳叶尖速比 $\lambda_{opt}$,求出风力发电机的最大风能利用系数 $C_{pmax}$,代入式(2.1),就可以得到风机的最大输出功率 $P_{max}$,相应地也可以得到最佳转矩 $T_{opt}$(图 2.4(b)),即

$$\begin{cases} P_{max} = k_w \omega_w^3 \\ T_{opt} = k_w \omega_w^2 \end{cases} \tag{2.6}$$

式中,$k_w = \dfrac{1}{2}\rho S_w \left(\dfrac{R_w}{\lambda_{opt}}\right)^3 C_{pmax}$。

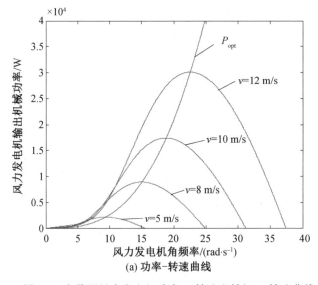

(a) 功率-转速曲线

图 2.4 定桨距风力发电机功率-转速和转矩-转速曲线

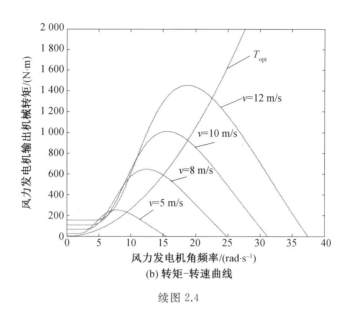

(b) 转矩-转速曲线

续图 2.4

### 2.1.4　MPPT 控制机理

从式(2.6)可知,对于某一特定的风力发电机,其最佳功率曲线和最佳转矩曲线是确定的,最大功率和转速成三次方关系,最佳转矩和转速成二次方关系。根据前面的分析,可以总结定桨距风力发电机的特点如下。

(1) 当转速 $n_w$ 不变时,风速 $v$ 越大,风力发电机输出的机械功率 $P_o$ 也越大。

(2) 当风速 $v$ 不变时,风力发电机存在一个最佳的转速 $n_{wopt}$,使其输出的功率最大,当转速低于或高于 $n_{wopt}$ 时,风力发电机输出功率都会降低,该点与图 2.3 中 $\lambda = \lambda_{opt}$,$C_p = C_{pmax}$ 点相对应。

(3) 风力发电机最佳转速 $n_{wopt}$ 是相对于某一确定的风速来说的,当风速不同时,最佳转速 $n_{wopt}$ 也不同。

MPPT 的原理可用图 2.5 来做定性说明:假设原来在风速 $v_1$ 下风力发电机稳定运行在 $P_{opt}$ 曲线的 $E$ 点上,此时风力发电机的输出功率和发电机的输入机械功率相平衡,都为 $P_c$,风力发电机稳定运行在转速 $\omega_1$ 上。如果某时刻风速升高至 $v_2$,风力发电机运行点就会由 $E$ 点跳至 $D$ 点,其输出功率由 $P_c$ 突变至 $P_b$。由于惯性作用,发电机仍暂时运行在 $E$ 点,风力发电机的输出功率大于发电机的输入功率,功率的失衡导致转速上升。在转速增加的过程中,风力发电机和发电机分别沿着 $DC$ 和 $EC$ 曲线增速。当到达风力发电机功率曲线与最佳曲线相交

的 $C$ 点时,功率再一次平衡,转速稳定为 $\omega_2$,这就是对应于风速 $v_2$ 的最佳转速。同理也可分析从风速 $v_3$ 到 $v_2$ 的逆调节过程。

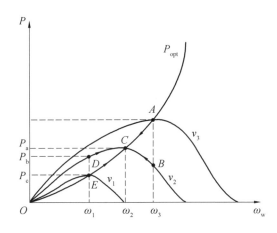

图 2.5 MPPT 的原理

## 2.1.5 变速恒频风力发电机的运行区域

根据不同的风况,交流励磁变速恒频风力发电机的运行可以划分为三个区域。三个运行区域的控制任务各不相同,相应地控制手段也各不相同,风力发电机控制子系统和普通的发电机控制子系统的控制重点和协调关系也不同。

第一个运行区域是启动阶段,此时风速从零上升到切入风速。在风速小于切入风速时,发电机与电网相脱离,风力发电机不能发电运行,直到当风速大于或等于切入风速时发电机方可并入电网。这个区域的发电机控制子系统的任务是根据电网的信息,调节发电机转子电压的大小和频率,使发电机定子电压的幅值、频率、相位和电网电压完全一致,满足并网条件,并在适当的时候进行并网操作。

第二个运行区域是风力发电机并入电网后运行在额定风速以下的区域。此时风力发电机吸收机械能并转换成电能输送到电网。根据机组转速的不同,这一阶段又可分为两个区域:变速运行区和恒速运行区。当机组转速小于最大允许转速时,风力发电机运行在变速运行区。为了最大限度地获取能量,在这个区域里实行最大风能追踪控制,确保风力发电机的风能利用系数 $C_p$ 始终保持在最大值 $C_{pmax}$,故该区域又称为 $C_p$ 恒定区。在 $C_p$ 恒定区追踪最大风能时,风力发电机控制子系统进行定桨距控制,也就是桨距角 $\beta$ 保持为 $0°$ 不变。发电机控制子系统通过控制发电机的输出功率来控制机组的转速,实现变速恒频运行。这种定桨距变速运行的最大风能追踪控制策略及控制方案的实现是本书研究的重点。当机组转速超过最大允许转速时进入恒转速区。在这个区域内,为了保护机组不受损坏,不再进行最大风能追踪,而是将机组转速限制到最大允许转速上。恒转速区的转速控制任务一般是由风力发电机控制子系统通过变桨距控制来实现的。

　　第三个运行区域为功率恒定区。由于随着风速和功率不断增大,发电机和逆变器将达到其功率极限,因此必须控制机组的功率小于其功率极限。当风速增加时,机组转速降低,$C_p$ 迅速降低,从而保持功率不变。在功率恒定区内实行功率控制一般也是由风力发电机控制子系统通过变桨距控制实现的。

　　从上面的讨论可以看出,随着风速的变化,风力发电机运行在不同的区域,控制任务和控制方法各有不同,图 2.6 清晰地显示了这些关系。图中 $OA$ 为启动阶段,对发电机进行并网控制,发电机无功率输出;$AB$ 段为 $C_p$ 恒定区,机组随着风速做变速运行以追踪最大风能;$BC$ 段为转速恒定区,随着风速增大,转速保持恒定,功率将增大;$CD$ 段为功率恒定区,随着风速增大,控制转速迅速下降以保持恒定的功率输出。

　　根据交流励磁变速恒频风力发电机的运行区域,可将运行控制策略确定为:低于额定风速时,实行最大风能追踪控制或转速控制,以获得最大的能量或控制机组转速;高于额定风速时,实行功率控制,保持输出稳定。

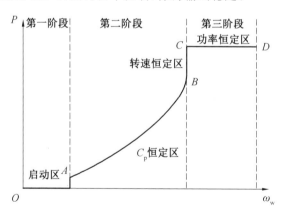

图 2.6　风力发电机的运行区域

## 2.2 额定风速以下全阶无抖振最大风能追踪滑模控制

为研究各种工况下风力发电系统机侧的控制策略,根据风力发电系统的数学建模,包括风力发电机、传动系统、变桨距执行机构和永磁直驱同步发电机(Direct－drive Permanent Magnet Synchronous Generator,D－PMSG)的建模,对 D－PMSG 风力发电系统的机侧进行了全阶无抖振终端滑模控制,采用理论和仿真分析其相对于终端滑模控制和非奇异终端滑模控制的优越性。将全阶无抖振终端滑模控制应用于 MPPT 控制中,在额定风速以下的低风速段采用最佳叶尖速比控制策略,设计了全阶无抖振滑模双闭环控制器。根据当前风速应用最佳叶尖速比法得到最优转速,再通过全阶无抖振滑模控制器实现对发电机转速、电流的控制,使发电机转速跟踪给定最优转速,在额定风速以下时最大限度地捕获风能。

### 2.2.1 永磁直驱同步发电机风力发电系统的数学模型

D－PMSG 风力发电系统总体结构如图 2.7 所示。

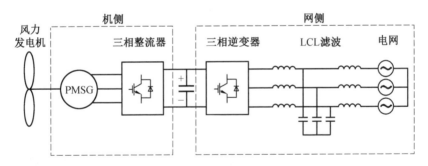

图 2.7　D－PMSG 风力发电系统总体结构

采用背靠背式电压源型双脉宽调制器(Pulse－Width Modulation,PWM)逆变器的拓扑结构,能够实现能量的双向流动。发电机侧与电网侧的能量交换在中间的直流环节处得到很好的缓冲,可以分别对两侧的逆变器进行独立的控制以实现不同的控制目标。先对其机侧部分逆变器的控制进行研究,以实现MPPT 控制与恒功率控制。

为了便于分析,在 PMSG 建模过程中忽略发电机磁路饱和,假设磁场沿气隙圆周呈正弦规律分布,忽略涡流、磁滞损耗以及温度环境等因素的影响,得到 abc

三相静止坐标系下 PMSG 定子电压方程为

$$\begin{cases} u_{a} = R_{s} i_{a} + \dot{\psi}_{a} \\ u_{b} = R_{s} i_{b} + \dot{\psi}_{b} \\ u_{c} = R_{s} i_{c} + \dot{\psi}_{c} \end{cases} \tag{2.7}$$

式中,$u_{a}$、$u_{b}$、$u_{c}$ 为定子三相绕组的相电压;$R_{s}$ 为定子每相绕组的电阻;$i_{a}$、$i_{b}$、$i_{c}$ 为定子三相绕组的相电流;$\psi_{a}$、$\psi_{b}$、$\psi_{c}$ 为定子三相绕组的磁链。

　　由于不考虑磁路饱和,永磁同步发电机三相定子绕组的磁链可看作该绕组与定子各相绕组电流所产生的磁场及永磁体磁场交链的磁链之和。以相电流方向为正方向,磁链方程式可以表示为

$$\begin{cases} \psi_{a} = L_{a} i_{a} + M_{ab} i_{b} + M_{ac} i_{c} + \psi_{fa} \\ \psi_{b} = M_{ba} i_{a} + L_{b} i_{b} + M_{bc} i_{c} + \psi_{fb} \\ \psi_{c} = M_{ca} i_{a} + M_{cb} i_{b} + L_{c} i_{c} + \psi_{fc} \end{cases} \tag{2.8}$$

式中,$L_{a}$、$L_{b}$、$L_{c}$ 为定子三相绕组的自感;$M_{ab}$、$M_{ac}$、$M_{ba}$、$M_{bc}$、$M_{ca}$、$M_{cb}$ 为定子三相绕组之间的互感;$\psi_{fa}$、$\psi_{fb}$、$\psi_{fc}$ 为转子磁场与三相绕组交链的磁链。自感与互感可写成如下形式:

$$\begin{cases} L_{a} = L_{\sigma} + L_{0} - L_{2} \cos 2\theta_{e} \\ L_{b} = L_{\sigma} + L_{0} - L_{2} \cos \left( 2\theta_{e} + \dfrac{2}{3}\pi \right) \\ L_{c} = L_{\sigma} + L_{0} - L_{2} \cos \left( 2\theta_{e} - \dfrac{2}{3}\pi \right) \end{cases} \tag{2.9}$$

$$\begin{cases} M_{ab} = M_{ba} = -\dfrac{1}{2} L_{0} - L_{2} \cos \left( 2\theta_{e} - \dfrac{2}{3}\pi \right) \\ M_{bc} = M_{cb} = -\dfrac{1}{2} L_{0} - L_{2} \cos 2\theta_{e} \\ M_{ca} = M_{ac} = -\dfrac{1}{2} L_{0} - L_{2} \cos \left( 2\theta_{e} + \dfrac{2}{3}\pi \right) \end{cases} \tag{2.10}$$

式中,$L_{\sigma}$ 为定子绕组漏感;$L_{0}$ 为定子自感平均值;$L_{2}$ 为定子自感二次谐波幅值;$\theta_{e}$ 为 a 相绕组轴线与转子直轴的夹角。

　　由于转子磁场沿气隙圆周呈正弦规律分布,$\psi_{fa}$、$\psi_{fb}$、$\psi_{fc}$ 可表示为

$$\begin{cases} \psi_{fa} = \psi_{fm} \cos \theta_{e} \\ \psi_{fb} = \psi_{fm} \cos (\theta_{e} - 2\pi/3) \\ \psi_{fc} = \psi_{fm} \cos (\theta_{e} + 2\pi/3) \end{cases} \tag{2.11}$$

式中,$\psi_{fm}$ 为转子磁场磁链的幅值。

为了便于分析 PMSG 的稳态和瞬态性能,简化分析过程,通常需要将三相静止坐标系(abc 坐标系)的变量经 Clark 变换到两相静止坐标系(αβ 坐标系),再由 Clark 逆变换到两相旋转坐标系(dq 坐标系),变换关系如图 2.8 所示。

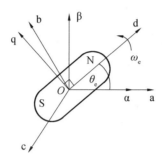

图 2.8　abc 坐标系、αβ 坐标系与 dq 坐标系

这里选取 α 轴与 a 轴重合,d 轴与转子磁场的轴线方向重合,发电机转子以角速度 $\omega_e$ 逆时针旋转。

从 abc 坐标系到 αβ 坐标系的 Clark 变换为

$$\begin{bmatrix} i_\alpha \\ i_\beta \end{bmatrix} = \frac{N_3}{N_2} \begin{bmatrix} 1 & -\dfrac{1}{2} & -\dfrac{1}{2} \\ 0 & \dfrac{\sqrt{3}}{2} & -\dfrac{\sqrt{3}}{2} \end{bmatrix} \begin{bmatrix} i_a \\ i_b \\ i_c \end{bmatrix} \tag{2.12}$$

式中,$N_3$ 为三相绕组的实际匝数;$N_2$ 为 αβ 坐标系中两相绕组的等效匝数。

当发电机采用 Y 形接法时,相电流之间满足以下关系:

$$i_a + i_b + i_c = 0 \tag{2.13}$$

为了确保坐标变换前后系统总功率一致,可以分析出匝数比 $N_3/N_2 = \sqrt{2/3}$,于是得到定子电流的 Clark 变换公式为

$$\begin{bmatrix} i_\alpha \\ i_\beta \end{bmatrix} = \sqrt{\frac{2}{3}} \begin{bmatrix} 1 & -\dfrac{1}{2} & -\dfrac{1}{2} \\ 0 & \dfrac{\sqrt{3}}{2} & -\dfrac{\sqrt{3}}{2} \end{bmatrix} \begin{bmatrix} i_a \\ i_b \\ i_c \end{bmatrix}$$

定子电流由 αβ 坐标系到 dq 坐标系的 Park 变换公式为

$$\begin{bmatrix} i_d \\ i_q \end{bmatrix} = \begin{bmatrix} \cos\theta_e & \sin\theta_e \\ -\sin\theta_e & \cos\theta_e \end{bmatrix} \begin{bmatrix} i_\alpha \\ i_\beta \end{bmatrix} \tag{2.14}$$

发电机的电压和磁动势的变换关系与定子电流相同,经过两次坐标变换后,dq 坐标系下定子磁链方程为

$$\begin{cases} \psi_d = L_d i_d + \psi_f \\ \psi_q = L_q i_q \end{cases} \tag{2.15}$$

式中，$\psi_d$、$\psi_q$ 为定子磁链的 d、q 轴分量；$L_d$、$L_q$ 分别为定子绕组在 d、q 轴上的等效电感；$i_d$、$i_q$ 为定子电流的 d、q 轴分量；$\psi_f$ 为永磁体的磁链，$\psi_f = \sqrt{3/2}\,\psi_{fm}$。

dq 坐标系下 PMSG 的定子电压方程可以表示为

$$\begin{cases} u_d = R_s i_d + p\psi_d - \omega_e \psi_q \\ u_q = R_s i_q + p\psi_q + \omega_e \psi_d \end{cases} \tag{2.16}$$

式中，$u_d$、$u_q$ 为定子电压的 d、q 轴分量。

dq 坐标系下发电机的电磁转矩为

$$T_e = p_n(\psi_d i_q - \psi_q i_d) = p_n[\psi_f i_q + (L_d - L_q)i_d i_q] \tag{2.17}$$

式中，$p_n$ 为发电机极对数。

电磁功率与电磁转矩的关系为

$$P_e = T_e \omega \tag{2.18}$$

综上，PMSG 在 dq 坐标系下的总体数学模型为

$$\begin{cases} L_d \dfrac{di_d}{dt} = -R_s i_d + p_n \omega L_q i_q + u_d \\[2mm] L_q \dfrac{di_q}{dt} = -R_s i_q - p_n \omega L_d i_d - p_n \omega \psi_f + u_q \\[2mm] J \dfrac{d\omega}{dt} = T_\omega - T_e - B\omega = T_\omega - p_n[\psi_f i_q + (L_d - L_q)i_d i_q] - B\omega \end{cases} \tag{2.19}$$

### 2.2.2　MPPT 全阶无抖振终端滑模控制器设计

正如第 1 章提到的，相较于 LSM 控制，TSM 控制能快速收敛，稳态误差更小，但控制中存在奇异现象与抖振问题。虽然全局非奇异终端滑模通过滑模面的设计避免了奇异现象，但无法解决抖振问题。而全阶无抖振 TSM 控制中控制律的设计能够同时解决抖振与奇异问题，具有更好的控制性能。

将全阶无抖振终端滑模（FOTSM）控制应用于 MPPT 控制中，采用定桨距下最佳叶尖速比控制策略，设计了 FOTSM 控制器来进行转速、电流控制，其控制策略如图 2.9 所示。系统采用转速环与电流环组成的双闭环控制结构，$i_d = 0$ 矢量控制方式，根据当前风速应用最佳叶尖速比法得到最优转速，其中最佳叶尖速比值 $\lambda_{opt} = 8.1$，对应最大风能利用系数 $C_{pmax} = 0.425$，因此最优转速为 $\omega^* = \lambda_{opt} v/R = 8.1 v/R$。设计 FOTSM 控制器以实现对电机的转速、电流控制，使发电机转速跟踪给定最优转速，实现 MPPT 控制。

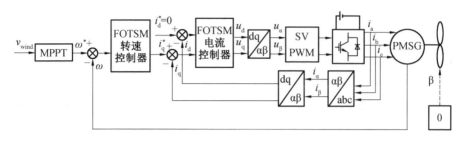

图 2.9　MPPT 控制系统框图

## 2.2.3　转速外环 FOTSM 控制器设计

转速控制器采用 FOTSM 控制策略,其设计目标是快速准确地跟踪给定最优转速,得到光滑的 q 轴电流给定值 $i_q^*$。设给定最优转速为 $\omega^*$,定义转速误差变量为

$$e_\omega = \omega^* - \omega \tag{2.20}$$

根据 PMSG 总体数学模型式(2.19),转速误差系统可以表示为

$$\dot{e}_\omega = \dot{\omega}^* - \frac{1}{J}(p_n \psi_f i_q - T_\omega - B\omega) \tag{2.21}$$

设计如下全阶无抖振终端滑模面:

$$s_\omega = \dot{e}_\omega + c_1 |e_\omega|^{\alpha_1} \text{sgn}(e_\omega) \tag{2.22}$$

式中,$c_1$、$\alpha_1$ 为设计参数,$c_1 > 0, 0 < \alpha_1 < 1$。

**定理 2.1**　对于式(2.21)所示的转速误差系统,选取如式(2.22)的全阶滑模面,如果采用如下控制律,则实际转速将在有限时间内收敛到给定最优转速:

$$i_q^* = i_{qeq} + i_{qn} \tag{2.23 a}$$

$$i_{qeq} = \frac{J}{p_n \psi_f} \left[ \dot{\omega}^* + \frac{B}{J}\omega + c_1 |e_\omega|^{\alpha_1} \text{sgn}(e_\omega) \right] \tag{2.23 b}$$

$$\dot{i}_{qn} + T i_{qn} = v_\omega \tag{2.23 c}$$

$$v_\omega = \frac{J}{p_n \psi_f}(k_{11} + k_{12} + k_{13}) \text{sgn}(s_\omega) \tag{2.23 d}$$

式中,$T \geqslant 0$;$k_{11}$、$k_{12}$、$k_{13}$ 为设计参数,$k_{11} > 0, k_{12} > 0, k_{13} > 0$,且 $k_{11} > |\dot{T}_\omega/J|$,$k_{12} > |T p_n \psi_f i_{qn}/J|$;$J$ 为转动惯量。

**证明**　选取李雅普诺夫(Lyapunov)函数为

$$V = 0.5 s_\omega^2 \tag{2.24}$$

对其求导得

$$\dot{V} = s_\omega \dot{s}_\omega = s_\omega \left( \frac{1}{J} \dot{T}_\omega - \frac{1}{J} p_n \psi_f \dot{i}_{qn} \right)$$

$$= s_\omega \left[ \frac{1}{J} \dot{T}_\omega - \frac{1}{J} p_n \psi_f (v_\omega - T i_{qn}) \right]$$

$$= \left( \frac{1}{J} \dot{T}_\omega s_\omega - k_{11} |s_\omega| \right) + \left( -\frac{p_n \psi_f T}{J} i_{qn} s_\omega - k_{12} |s_\omega| \right) -$$

$$k_{13} |s_\omega| < - k_{13} |s_\omega| \leqslant 0 \tag{2.25}$$

由于 Lyapunov 函数的导数小于等于零,满足 Lyapunov 稳定性判据,所以系统将在有限时间内到达滑模面 $s_\omega$,转速误差 $e_\omega$ 能够在有限时间内收敛到 0。

**说明 1**　本书在控制器设计过程中要涉及 $\mathrm{sgn}(s_\omega)$,但是实际得到控制信号时不用计算 $s_\omega$ 的具体值,这是因为实际可以用如下方法得到 $s_\omega$ 的符号函数:定义中间变量 $g(t)$,其具体表达式为

$$g(t) = \int_0^t s_\omega(t) \mathrm{d}t \tag{2.26}$$

由积分的定义可知,当 $s_\omega > 0$ 时,$g(t)$ 增大;当 $s_\omega < 0$ 时,$g(t)$ 减小。所以定义 $\mathrm{sgn}(s_\omega)$ 函数如下:

$$\mathrm{sgn}(s_\omega) = \mathrm{sgn}[g(t) - g(t-\tau)] \tag{2.27}$$

式中,$\tau$ 为时间常数,可以根据精度要求选择不同的值,这样在求 $\mathrm{sgn}(s_\omega)$ 时,就可以不用计算 $s_\omega$ 具体的值,因此很大程度上简化了控制器设计。

**说明 2**　由于所设计的如式(2.23)所示的控制策略,不涉及转速偏差 $e_\omega$ 的负指数幂,因此在系统状态空间内控制策略中不会出现无穷大项,即不会出现奇异现象。同时,式(2.23)相当于一个低通滤波器,$v_\omega$ 为滤波器输入,$i_{qn}$ 为滤波器输出,可以滤除中间变量 $v_\omega$ 中所有高频量,达到去抖振的效果,因此 $i_{qn}$ 是连续平滑的。

## 2.2.4　电流内环 FOTSM 控制器设计

电流控制器同样采用 FOTSM 控制策略,其设计目标是使发电机电流快速准确地跟踪给定值 $i_d^*$、$i_q^*$,得到光滑的电压控制信号 $u_d$、$u_q$。

(1) 交轴电流控制器设计。

定义 q 轴电流误差变量为

$$e_q = i_q^* - i_q \tag{2.28}$$

根据式(2.19),q 轴电流误差系统可以表示为

$$\dot{e}_q = \dot{i}_q^* - \dot{i}_q = \dot{i}_q^* + \frac{R_s}{L} i_q + p_n \omega i_d + \frac{p_n \psi_f}{L} \omega - \frac{u_q}{L} \tag{2.29}$$

设计如下 FOTSM 面：

$$s_q = \dot{e}_q + c_2 |e_q|^{\alpha_2} \mathrm{sgn}(e_q) \tag{2.30}$$

式中，$c_2$、$\alpha_2$ 为设计参数，$c_2 > 0$，$0 < \alpha_2 < 1$。

**定理 2.2** 对于式（2.29）中的 q 轴电流误差系统，选取式（2.30）的全阶滑模面，如果采用如下控制律，则 q 轴电流将在有限时间收敛至给定值 $i_q^*$：

$$u_q = u_{qeq} + u_{qn} \tag{2.31 a}$$

$$u_{qeq} = L\dot{i}_q^* + R_s i_q + Lp_n \omega i_d + p_n \psi_f \omega + Lc_2 |e_q|^{\alpha_2} \mathrm{sgn}(e_q) \tag{2.31 b}$$

$$\dot{u}_{qn} + Tu_{qn} = v_q \tag{2.31 c}$$

$$v_q = (k_{21} + k_{22})\mathrm{sgn}(s_q) \tag{2.31 d}$$

式中，$T \geqslant 0$；$k_{21}$、$k_{22}$ 为设计参数，$k_{21} > 0$，$k_{22} > 0$，且 $k_{22} > |Tu_{qn}|$。

**证明** 选取 Lyapunov 函数为 $V = 0.5 s_q^2$，对其求导得

$$\dot{V} = s_q \dot{s}_q = -s_q \frac{u_{qn}}{L} = -\frac{s}{L}(v_q - Tu_{qn})$$

$$= -\frac{|s|}{L}(k_{21} + k_{22}) + \frac{T}{L} s u_{qn}$$

$$= -\frac{k_{21}}{L}|s| + \left(\frac{T}{L} s u_{qn} - \frac{k_{22}}{L}|s|\right) \leqslant 0 \tag{2.32}$$

由于 Lyapunov 函数的导数小于等于零，满足 Lyapunov 稳定性判据，所以系统将在有限时间内到达滑模面 $s_q$，q 轴电流误差收敛到 0。

（2）直轴电流控制器设计。

d 轴电流的给定信号为 $i_d^* = 0$，d 轴电流误差变量为

$$e_d = i_d^* - i_d = -i_d \tag{2.33}$$

求导得

$$\dot{e}_d = -\dot{i}_d = \frac{R_s}{L} i_d - p_n \omega i_q - \frac{u_d}{L} \tag{2.34}$$

设计如下 FOTSM 面：

$$s_d = \dot{e}_d + c_3 |e_d|^{\alpha_3} \mathrm{sgn}(e_d) \tag{2.35}$$

式中，$c_3$、$\alpha_3$ 为设计参数，$c_3 > 0$，$0 < \alpha_3 < 1$。

**定理 2.3** 对于式（2.34）所示的 d 轴电流误差系统，选取式（2.35）的全阶滑模面，控制律设计如下，则 d 轴电流将在有限时间内收敛至 $i_d^*$：

$$u_d = u_{deq} + u_{dn} \tag{2.36 a}$$

$$u_{deq} = R_s i_d - Lp_n \omega i_q + Lc_3 |e_d|^{\alpha_3} \mathrm{sgn}(e_d) \tag{2.36 b}$$

$$\dot{u}_{dn} + Tu_{dn} = v_d \tag{2.36 c}$$

$$v_d = (k_{31} + k_{32}) \text{sgn} (s_d) \qquad\qquad (2.36 \text{ d})$$

式中，$T \geqslant 0$；$k_{31}$、$k_{32}$ 为设计参数，$k_{31} > 0$，$k_{32} > 0$，且 $k_{32} > | Tu_{dn} |$。

证明如 q 轴电流一样，这里不再赘述。所以在有限时间内，q 轴电流误差与 d 轴电流误差均收敛到 0。

### 2.2.5　MPPT 全阶无抖振滑模控制的仿真分析

在 Matlab 中建立了 D－PMSG 风力发电系统 MPPT 控制的仿真模型，在风速 $v < v_n$ 时，采用 $\beta = 0$ 的定桨距控制方式及最佳叶尖速比控制策略，设计了双闭环全阶无抖振滑模控制器使 $\omega$ 跟随 $\omega^*$ 以实现 MPPT 控制。

D－PMSG 风力发电系统仿真参数为：$\rho = 1.25 \text{ kg/m}^3$，$R = 5 \text{ m}$，$P_{en} = 39.3 \text{ kW}$，$J = 0.011 \text{ kg} \cdot \text{m}^2$，$p_n = 6$，$\psi_f = 0.8 \text{ Wb}$，$R_s = 2.875 \text{ } \Omega$，$L_d = 33 \text{ mH}$，$L_q = 33 \text{ mH}$。转速外环全阶无抖振滑模控制器设计参数为：$c_1 = 100$，$\alpha_1 = 15/16$，$k_{11} + k_{12} + k_{13} = 5 000$，$T = 0.1$；电流内环 FOTSM 控制器设计参数为：$c_2 = 50$，$\alpha_2 = 13/23$，$k_{21} + k_{22} = 50 000$，$c_3 = 30$，$\alpha_3 = 13/23$，$k_{31} + k_{32} = 10 000$。仿真曲线如图 2.10 所示。

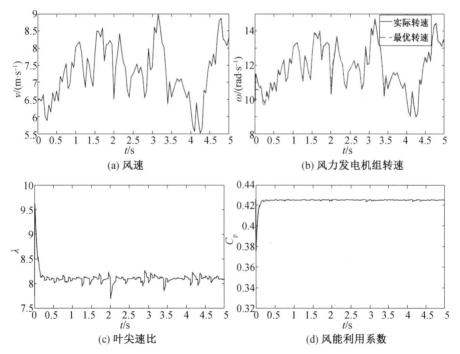

图 2.10　MPPT 控制仿真曲线

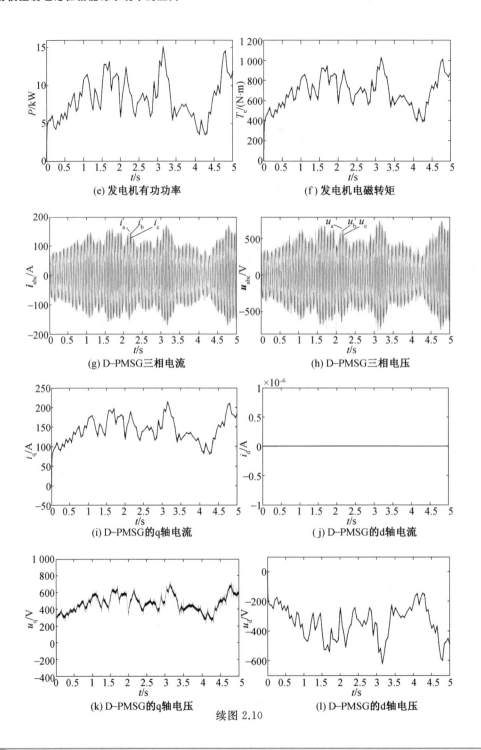

(e) 发电机有功功率

(f) 发电机电磁转矩

(g) D–PMSG三相电流

(h) D–PMSG三相电压

(i) D–PMSG的q轴电流

(j) D–PMSG的d轴电流

(k) D–PMSG的q轴电压

(l) D–PMSG的d轴电压

续图 2.10

由图 2.10(b) ～ (d) 可以看出,在复杂多变的实际风况下,系统的实际转速可以很好地跟踪期望的最优转速,叶尖速比值可以稳定在 8.1 左右,$C_p$ 保持在 0.425 附近,实现了 MPPT 控制目标;由图 2.10(e) ～ (l) 可以看出最大风能追踪过程中 PMSG 功率、转矩、电流、电压等信号的调节过程,可以看出所设计的 FOTSM 控制器具有良好的动静态性能,且通过图 2.10(i) ～ (l) 可以看出该控制器的控制信号较为平滑,很好地抑制了抖振问题,且无奇异现象出现,证明了该控制器的正确性和有效性。

## 2.3　额定风速以上风力发电机恒功率变桨距控制

近年来,随着风力发电机单机容量的不断上升和总装机容量的不断增加,风力发电在电网中所占的比重也越来越重,对电网电能质量的影响也越来越重。由于在风力发电产业发展的初期,人们缺乏相关经验,对风力发电发展的预判不足,未能很好地解决由于风速的随机性、间歇性和不可预见性所导致的风力发电系统发电量不稳定的问题。

在额定风速以上时,风力发电机需要根据风速的变化,调节风力发电机捕获的功率,使捕获功率保持在额定值,减少过剩能量对风力发电系统和电网的冲击。目前,变桨距风力发电机已经成为风力发电机的主流,这种风力发电机在额定风速以上时,增大桨距角,调节桨叶的迎风面积,降低风能利用系数,从而限制风力发电机捕获的功率,使输出功率保持在额定值。独立变桨距控制系统中风力发电机的每一片桨叶都有一套单独的伺服系统,每片桨叶都可根据各自所处风场环境的风速,独立调整桨距角。相对于统一变桨距控制系统,独立变桨距控制系统的控制精度较高。

本节设计风力发电机独立变桨距滑模控制器。风力发电机模型是具有强耦合的高次非线性模型,且风力发电机工作的环境常常较为恶劣,外界干扰严重,风力发电机模型参数会不断发生变化并且输入也会出现不确定性,针对此问题本节分别设计了终端滑模变桨距控制器和自适应滑模变桨距控制器。

### 2.3.1　风力发电系统功率流分析

D－PMSG 风力发电系统的功率流如图 2.11 所示。图中,$P_v$ 为理论上风力发电机能够捕获的气动功率,$P_a$ 为风力发电机实际捕获的气动功率,也即风力发电机输出的机械功率,$P_k$ 表示风力发电机转子的动能,$P_e$ 表示 PMSG 的输出功率，$P_{\text{loss}}$ 表示桨叶上损失的功率。

由式（2.19）可以看出，风力发电机转速的变化率与风力发电机机械转矩和 PMSG 的电磁转矩的差值 $T_\omega - T_e$ 呈线性关系。由系统功率流图也可以看出，机械功率和电磁功率之差 $P_\omega - P_e$ 决定了风力发电机转速是增加还是减小：$P_\omega - P_e > 0$，风力发电机转速增加，部分机械能转化为动能的形式存储起来；$P_\omega - P_e < 0$，风力发电机转速减小，系统的动能被释放出来。风力发电系统具有较大的转动惯量，具有很好的缓冲作用，可以抑制风力发电机的转速波动，在风力发电机加速或减速的过程中存储或释放动能。充分利用风力发电机的动能调节作用，可以更好地优化系统的输出功率。

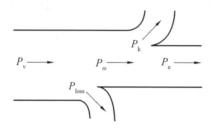

图 2.11　D－PMSG 风力发电系统的功率流

在风速 $v > v_n$ 时，仅采用桨距角调节的控制方式，令 D－PMSG 的电磁转矩在额定值 $T_{en}$ 保持不变，将实际转速与额定转速之间的偏差 $\Delta\omega$ 作为变桨距控制器的输入调节桨距角，增大桨叶上损失的功率 $P_{\text{loss}}$，来调节风力发电机捕获的气动功率 $P_\omega$ 使其维持恒定。在风速的波动下，气动功率 $P_\omega$ 维持恒定，则系统的转速和输出功率均保持稳定。理论上讲，若桨距角的变化速率不受限制，变桨距机构没有滞后和延时，采用变桨距控制即可使风力发电机实际捕获的气动功率 $P_\omega$ 保持不变，从而保证系统的输出功率恒定。

但在实际的系统中，变桨距执行机构通常采用液压驱动或电动伺服系统，具有较大的时间常数，风力发电系统较大的转动惯量也限制了桨距角的变化速率。因此当风速快速增大时，由于变桨系统的惯性和时延，风力发电机的机械功率 $P_\omega$ 会超过 D－PMSG 的输出功率 $P_e$，因此风力发电机组转速增大。对于较大的额定转矩 $T_{en}$，即使很小的机组转速振荡也会造成输出功率的明显波动。

考虑到变桨距控制受到实际变桨系统中惯性、时延和桨距角调节速率的限制而存在较大的滞后性，又由于风力发电系统的电磁时间常数要比其机械时间常数小得多，转矩控制的调节速度更快，因此协调使用转矩控制，充分地利用风力发电机组的动能，在风速 $v > v_n$ 时采取变桨距控制与转矩控制相结合的控制策略,能够更快地抑制功率波动。采用变桨距控制,限制风力发电机捕获的气动功率,并协调控制 PMSG 的电磁转矩,根据额定功率与风力发电机当前转速值来得到给定电磁转矩,通过发电机控制使实际转矩跟踪给定值,以使系统输出功率稳定在额定值。这样,将风力发电机捕获的气动功率中超出额定功率的部分转化为风力发电机的动能存储在风力发电系统中,能够很好地抑制输出功率的波动,保证了系统的运行稳定性。

### 2.3.2　风力发电机系统的模型线性化

由于风力发电机的机械力矩与桨距角之间有很强的非线性关系,为了便于控制器设计,需要将风力发电机模型进行线性化。式(2.2)可以写成如下形式:

$$T_\omega = f(\omega, v, \beta) \tag{2.37}$$

在一个恒功率运行时的工作点 $(\omega_{opt}, v_{opt}, \beta_{opt})$,将式(2.37)进行泰勒展开,有

$$T_\omega = f(\omega_{opt}, v_{opt}, \beta_{opt}) + \left(\frac{\partial f}{\partial \omega}\Delta\omega + \frac{\partial f}{\partial v}\Delta v + \frac{\partial f}{\partial \beta}\Delta\beta\right) +$$

$$\frac{1}{2!}\left[\frac{\partial^2 f}{\partial \omega^2}(\Delta\omega)^2 + \frac{\partial^2 f}{\partial v^2}(\Delta v)^2 + \frac{\partial^2 f}{\partial \beta^2}(\Delta\beta)^2\right] +$$

$$\frac{\partial^2 f}{\partial \omega \partial v}\Delta\omega\Delta v + \frac{\partial^2 f}{\partial v \partial \beta}\Delta v\Delta\beta + \frac{\partial^2 f}{\partial \omega \partial \beta}\Delta\omega\Delta\beta + \cdots \tag{2.38}$$

式中,$\Delta\omega = \omega - \omega_{opt}$;$\Delta v = v - v_{opt}$;$\Delta\beta = \beta - \beta_{opt}$。令 $T_{\omega opt} = f(\omega_{opt}, v_{opt}, \beta_{opt})$,$\alpha = \left.\frac{\partial f}{\partial \omega}\right|_{opt}$,$\xi = \left.\frac{\partial f}{\partial v}\right|_{opt}$,$\gamma = \left.\frac{\partial f}{\partial \beta}\right|_{opt}$,忽略式(2.38)中的高阶项,可以得出

$$T_\omega - T_{\omega opt} = \alpha\Delta\omega + \xi\Delta v + \gamma\Delta\beta \tag{2.39}$$

在风速 $v > v_n$ 时,只采用变桨距调节,抑制风力发电机转速和系统输出功率的波动。一般的变桨距控制中都使 D-PMSG 的电磁转矩 $T_e$ 保持恒定值。因此,由式(2.19)及式(2.39)可得

$$J\dot{\omega} - J\dot{\omega}_{opt} = \alpha\Delta\omega + \xi\Delta v + \gamma\Delta\beta \tag{2.40}$$

对于选定的工作点,其工作点参数 $\omega_{opt}$、$v_{opt}$、$\beta_{opt}$ 均为一确定值。因此 $\dot{\omega}_{opt} = 0$。将式(2.40)两端求导,可得

$$\ddot{\omega} = \frac{\alpha}{J}\Delta\dot{\omega} + \frac{\xi}{J}\Delta\dot{v} + \frac{\gamma}{J}\Delta\dot{\beta} \tag{2.41}$$

由式(2.5)可以得出

$$\Delta\dot{\beta} = \dot{\beta} - \dot{\beta}_{opt} = \frac{\beta_c - \beta}{\tau_\beta} \tag{2.42}$$

### 2.3.3 变桨距鲁棒终端滑模自适应控制器

变桨距控制器的控制目标是使转速快速地稳定在额定转速,输出桨距角信号 $\beta$。令转速与额定转速的偏差为 $e=\Delta\omega=\omega-\omega_{opt}$,则 $\dot{e}=\Delta\dot{\omega}=\dot{\omega},\ddot{e}=\ddot{\omega}$。引入复合误差变量 $s$,有

$$s=\dot{e}+c_{11}e+c_{12}\int e\,\mathrm{d}t \tag{2.43}$$

对 $s$ 求导可得

$$\dot{s}=\ddot{e}+c_{11}\dot{e}+c_{12}e \tag{2.44}$$

由式 $(2.40)\sim(2.42)$ 可导出

$$
\begin{aligned}
\frac{J\tau_{\beta}}{\gamma}\dot{s}&=\frac{J\tau_{\beta}}{\gamma}(\ddot{e}+c_{11}\dot{e}+c_{12}e)=\frac{J\tau_{\beta}}{\gamma}(\ddot{\omega}+c_{11}\dot{e}+c_{12}e)\\
&=\frac{\alpha\tau_{\beta}}{\gamma}\dot{e}+\beta_{c}-\beta+\frac{\xi\tau_{\beta}}{\gamma}\Delta\dot{v}+\frac{J\tau_{\beta}c_{11}}{\gamma}\dot{e}+\frac{J\tau_{\beta}c_{12}}{\gamma}e\\
&=\beta_{c}+l(\cdot) \tag{2.45}
\end{aligned}
$$

式中, $l(\cdot)=\left(\dfrac{\alpha\tau_{\beta}}{\gamma}+\dfrac{J\tau_{\beta}c_{11}}{\gamma}\right)\dot{e}+\dfrac{J\tau_{\beta}c_{12}}{\gamma}e+\dfrac{\xi\tau_{\beta}}{\gamma}\Delta\dot{v}-\beta$。

因此可以推出

$$|l(\cdot)|\leqslant a\phi(\cdot) \tag{2.46}$$

式中, $\phi(\cdot)=2|\dot{e}|+|e|+1; a=\max\left\{\left|\dfrac{\alpha\tau_{\beta}}{\gamma}\right|,\left|\dfrac{J\tau_{\beta}c_{11}}{\gamma}\right|,\left|\dfrac{J\tau_{\beta}c_{12}}{\gamma}\right|,l_{0}\right\}; l_{0}=\left|\dfrac{\xi\tau_{\beta}}{\gamma}\Delta\dot{v}-\beta\right|$。

由于风力发电机变桨距系统结构复杂,难以精确建模,且实时风速难以精确测量,恒功率运行点的工作参数难以精确得到,因此很难精确得到变量 $a$ 的值,但是可采用自适应方法来处理,令 $\hat{a}$ 是 $a$ 的估计值,估计误差 $\tilde{a}=a-\hat{a}$。

鲁棒自适应控制器设计如下:

$$\beta_{c}=(k_{adp}+k_{0})s=\phi(\cdot)\hat{a}\,\mathrm{sgn}(s)+k_{0}s \tag{2.47}$$

式中, $k_{adp}=\phi(\cdot)\hat{a}; k_{0}$ 为设计参数, $k_{0}>0$;自适应参数 $\hat{a}$ 的更新率为

$$\dot{\hat{a}}=|s|\phi(\cdot) \tag{2.48}$$

已知 $\gamma=\left.\dfrac{\partial f}{\partial\beta}\right|_{opt}$,因为 $T_{\omega}$ 随 $\beta$ 的增大而减少,可知 $\gamma$ 为负值,因此选取如下 Lyapunov 函数:

$$V = -\frac{1}{2}\frac{J\tau_{\beta}}{\gamma}s^2 + \frac{1}{2}\tilde{a}^2 \tag{2.49}$$

可知 Lyapunov 函数为正定的,对其进行求导得

$$\dot{V} = -\frac{J\tau_{\beta}}{\gamma}s\dot{s} + \tilde{a}(-\dot{\tilde{a}}) \leqslant -s\beta_c + |s| \cdot |l(\bullet)| + \tilde{a}(-\dot{\tilde{a}}) = -k_0 s^2 \leqslant 0 \tag{2.50}$$

因为 Lyapunov 函数的导数小于等于零,所以在有限时间内复合误差变量 $s$ 和估计误差 $\tilde{a}$ 将收敛至 0,转速偏差 $e$ 也将收敛至 0。在额定风速以上时,该工作点的运行转速和功率均为额定值,因此 $\omega_{opt} = \omega_n$,转速收敛至额定转速。滑模变桨距控制框图如图 2.12 所示。

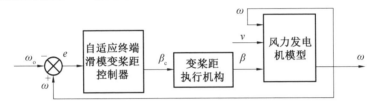

图 2.12　滑模变桨距控制框图

### 2.3.4　基于桨距角和转矩控制的功率平稳控制

结合转矩控制与上一节提出的鲁棒自适应变桨距控制,功率平稳输出控制系统框图如图 2.13 所示。

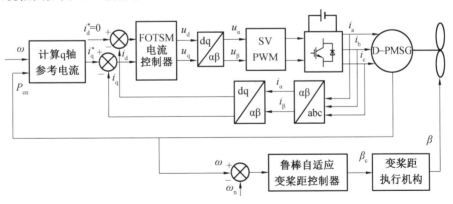

图 2.13　功率平稳输出控制系统框图

(1)变桨距控制器设计。

变桨距控制器采用的鲁棒自适应变桨距控制器,可在不需要对模型方程进

行精确辨识的情况下,在风速变化时保证转速恒定在额定值,不但转速的波动小,且变桨调节过程平滑,在有效调节风力发电机吸收的气动功率的同时减小系统的机械应力和损耗。

(2)转矩控制。

在额定风速以上时,在调节桨距角的同时进行转矩控制,保持输出功率恒定,将风力发电机捕获的气动功率中超出额定功率的部分转移到风力发电机组的动能中。根据功率与电磁转矩的关系式,由发电机额定功率 $P_{en}$ 与当前转速 $\omega$ 来得到给定电磁转矩值,即

$$T_e = \frac{P_{en}}{\omega} \tag{2.51}$$

采用表贴式永磁同步发电机,则 d、q 轴的等效电感近似相等,因此上式可写为

$$T_e = p_n \psi_f i_q \tag{2.52}$$

可以看出,$T_e$ 与 $i_q$ 呈线性关系,控制 q 轴电流即可控制电磁转矩。由式(2.51)和式(2.52)可以得到 q 轴电流的参考值为

$$i_q^* = \frac{P_{en}}{\omega p_n \psi_f} \tag{2.53}$$

系统采用 $i_d = 0$ 的矢量控制方式,通过转矩控制策略可以得到 q 轴的电流给定值,q 轴电流控制器采用 2.2 节中设计的全阶无抖振滑模控制器(式(2.31)),d 轴电流控制器采用全阶无抖振滑模控制器(式(2.36)),这样使 PMSG 中实际电流快速地跟踪参考电流,即可动态地调节 D−PMSG 的电磁转矩,平抑输出功率的波动。

因此,通过以发电机转速误差作为变桨距控制器的输入,调节桨距角来调整风力发电机输出的机械功率,抑制转速波动,同时通过调节发电机的 q 轴电流来动态地调节电磁转矩,即可获得平稳的输出功率。

### 2.3.5　滑模变桨距控制仿真分析

在 Matlab/Simulink 中搭建风力发电机模型,风力发电机参数选取为:$\rho = 1.25$ kg/m³,$R = 5$ m,$J = 10$ kg·m²,$\tau_\beta = 0.2$,风力发电机额定功率选取为 36 kW。风力发电机的工作点选取为 $(\omega_0, v_0, \beta_0) = (20,10,0)$,控制器参数 $\hat{\alpha}$、$\hat{\xi}$、$\hat{\gamma}$ 可由下式获得:

$$\begin{cases} \hat{\alpha} = \dfrac{\partial f}{\partial \omega} \approx \dfrac{f(\omega_\circ + \Delta\omega, v_\circ, \beta_\circ) - f(\omega_\circ, v_\circ, \beta_\circ)}{\Delta\omega} \\[3mm] \hat{\xi} = \dfrac{\partial f}{\partial v} \approx \dfrac{f(\omega_\circ, v_\circ + \Delta v, \beta_\circ) - f(\omega_\circ, v_\circ, \beta_\circ)}{\Delta v} \\[3mm] \hat{\gamma} = \dfrac{\partial f}{\partial \beta} \approx \dfrac{f(\omega_\circ, v_\circ, \beta_\circ + \Delta\beta) - f(\omega_\circ, v_\circ, \beta_\circ)}{\Delta\beta} \end{cases} \quad (2.54)$$

令 $\Delta\omega = \pm0.01, \Delta v = \pm0.01, \Delta\beta = \pm0.01$，取平均值可得

$$\alpha = -142.845, \quad \xi = 450.51, \quad \gamma = -145.965$$

得到一组风速数据如图 2.14 所示。图 2.15 ~ 2.19 为两种控制方法的对比。

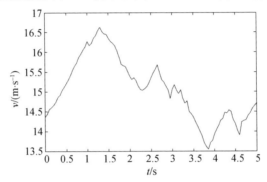

图 2.14　风速

图 2.15 所示为风力发电机转速，可以看出风力发电机转速维持在给定值 20 rad/s。图 2.16 所示为风力发电机输出功率，输出功率保持在 36 kW。从图 2.15 ~ 2.19 可以看出，桨距角增大时，叶尖速比和风能利用系数下降；桨距角减小时，叶尖速比和风能利用系数上升。从仿真结果来看，所设计的两种控制方法均实现了额定风速以上的恒功率控制，并且使风机转速保持在额定值 20 rad/s。

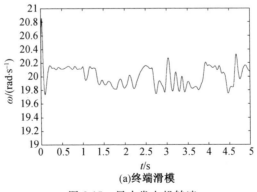

(a)终端滑模

图 2.15　风力发电机转速

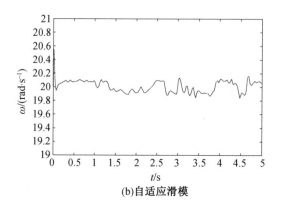

(b)自适应滑模

续图 2.15

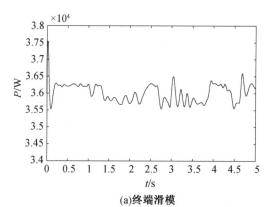

(a)终端滑模

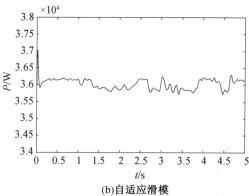

(b)自适应滑模

图 2.16　风力发电机输出功率

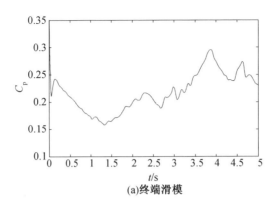

(a)终端滑模

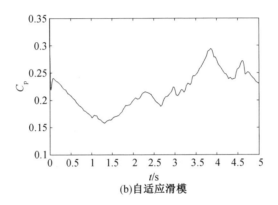

(b)自适应滑模

图 2.17　风能利用系数

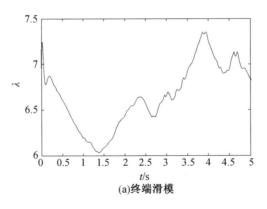

(a)终端滑模

图 2.18　叶尖速比

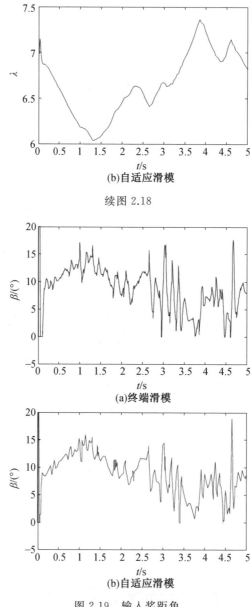

(b)自适应滑模

续图 2.18

(a)终端滑模

(b)自适应滑模

图 2.19　输入桨距角

对比每组仿真图(图 2.15～2.19)中图(a)和图(b)的仿真结果可以看出,图 2.15 中,采用终端滑模控制的转速波动保持在 2% 以内,采用自适应滑模控制的转速波动可以保持在 1% 以内;图 2.16 中,采用终端滑模控制的功率波动可以保持在 2.2% 以内,采用自适应滑模控制的功率波动可以限制在 0.8% 以内。因此,自适应滑模控制的稳态误差较小。

综上所述,本节所设计的两种控制器均可以完成在额定风速以上 D−PMSG 风力发电系统的恒功率控制。其中,自适应终端滑模控制器的稳态误差更小,避免了模型参数的精确辨识,因而有更大的实际应用价值。

## 2.4　全风速下 D−PMSG 风力发电系统功率优化控制

功率的控制及其优化一直是风力发电系统控制中的重点内容,根据风力发电系统的运行特性可知,MPPT 控制与恒功率运行分别是变速恒频风力发电机组在低风速下和高风速下的控制目标。这样系统能够充分地利用风能,提高发电效率,并且能够保证安全稳定运行。本节将研究全风速范围内的功率优化控制策略。

### 2.4.1　全风速下 D−PMSG 风力发电系统双模式控制

在全风速下,系统采用 2.2 节的低于额定风速的全阶无抖振滑模 MPPT 控制与 2.3 节的功率平稳控制双模式控制来实现全风速下的控制。D−PMSG 风力发电系统全风速下总体控制策略框图如图 2.20 所示。

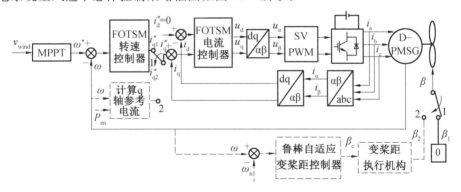

图 2.20　D−PMSG 风力发电系统全风速下总体控制策略框图

两种控制模式均采用 $i_d = 0$ 矢量控制方式,电流控制器均采用全阶无抖振滑模控制器。通过实际风速与额定风速的比较,进行两种模式之间的切换。

(1)在风速 $v < v_n$ 时,采用全阶无抖振滑模 MPPT 控制模式,桨距角保持为 0,由最佳叶尖速比法得到参考转速值,并通过转速环全阶无抖振滑模控制器,得

到 q 轴电流的参考值,再通过电流环全阶无抖振滑模控制器进行发电机控制,使实际转速跟踪参考最优转速值,实现 MPPT 控制。

(2) 在风速 $v > v_n$ 时,采用功率平稳控制模式,桨距角采用鲁棒自适应变桨距控制方式进行调节,由额定功率和当前转速得到 q 轴电流的参考值,之后通过电流环全阶无抖振滑模控制器来协调控制电磁转矩,实现功率平稳控制。

### 2.4.2 额定风速以上功率平稳控制仿真分析

为了验证功率平稳输出策略的有效性,分析其相对于单纯变桨距控制方法的优越性,在 Matlab 中搭建了 D−PMSG 风力发电系统功率平稳输出控制的仿真模型。D−PMSG 系统仿真参数为:$v_n = 12.34$ m/s,$\rho = 1.25$ kg/m³,$R = 5$ m,$P_{en} = 39.3$ kW,$\omega_n = 20$ rad/s,$J = 0.011$ kg·m²,$p_n = 6$,$\psi_f = 0.8$ Wb,$R_s = 2.875$ Ω,$L_d = 33$ mH,$L_q = 33$ mH,$\tau_\beta = 0.2$。采用风电场中实际测量的一组风速实验数据进行仿真分析,并将功率平稳输出控制策略与鲁棒自适应变桨距控制策略进行比较,仿真结果如图 2.21 所示。

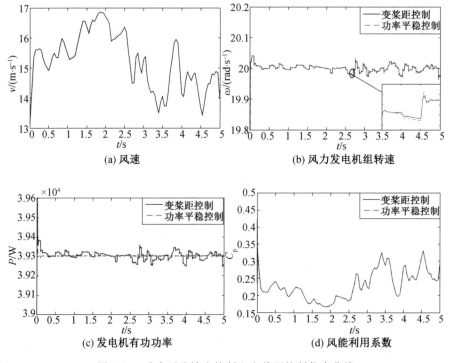

图 2.21 功率平稳输出控制和变桨距控制仿真曲线

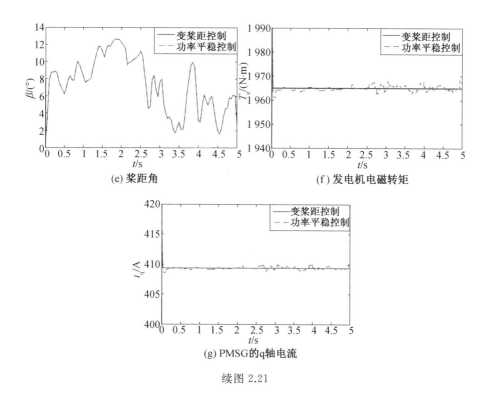

(e) 桨距角　　　　　　　　　　　　　　(f) 发电机电磁转矩

(g) PMSG的q轴电流

续图 2.21

　　由图 2.21(b) 与图 2.21(c) 可以看出,转速的控制由于变桨系统的动作滞后与延时等原因,动态调节时间较长,功率平稳控制与鲁棒自适应变桨距控制下的转速波动均在额定值的 0.25% 左右。仅采用变桨距控制方法,输出功率的波动幅度也为额定值的 0.25% 左右,而功率平稳控制通过结合变桨距控制与转矩控制,则可以将功率的波动限制在额定值的 0.03% 以下,能够有效地稳定输出功率。将图 2.21(b) 中转速的变化曲线进行局部放大可以看到,风速波动时,功率平稳控制中发电机的最高转速高于变桨距控制的最高转速,且最低转速低于变桨距控制的最低转速。这是由于在风速增大时,风机捕获的多余能量转化为风力发电机组转子的动能而储存在风力发电系统中;风速减小时,储存在风力发电系统中的转子动能又被释放出来,这样通过充分地利用系统的动能,功率平稳控制更好地抑制了功率的波动。由图 2.21(e)、图 2.21(f)、图 2.21(g) 可以看出在两种控制策略下桨距角、转矩和 q 轴电流的动态变化过程,可以看到两种控制方式下桨距角的变化趋势几乎没有差别。变桨距控制中 q 轴电流是恒定的,电磁转矩保持不变;而在功率平稳控制策略中 q 轴电流是动态变化的,功率平稳控制通过快速的转矩动态调节加快了功率的响应速度,增强了抵御功率波动的能力。

### 2.4.3 全风速下功率优化控制仿真分析

在 Matlab 中搭建了 D—PMSG 风力发电系统全风速下功率优化控制的仿真模型。D—PMSG 风力发电系统仿真参数为:$v_n = 12.34$ m/s,$\rho = 1.25$ kg/m³,$R = 5$ m,$P_{en} = 39.3$ kW,$\omega_n = 20$ rad/s,$J = 0.011$ kg·m²,$p_n = 6$,$\psi_f = 0.8$ Wb,$R_s = 2.875$ Ω,$L_d = 33$ mH,$L_q = 33$ mH,$\tau_\beta = 0.2$。仿真结果如图 2.22 所示。

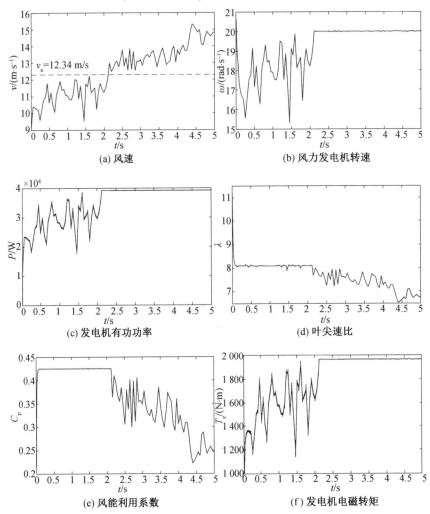

图 2.22 D—PMSG 风力发电系统全风速下功率优化控制仿真曲线

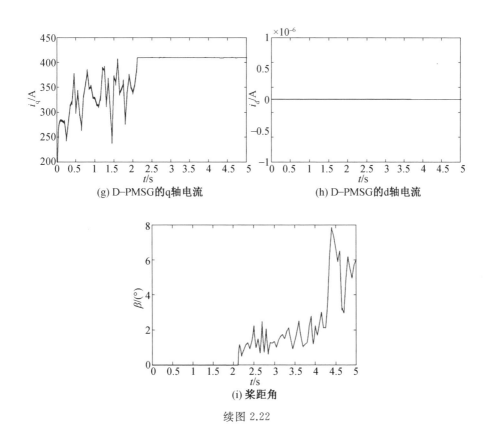

(g) D–PMSG的q轴电流　　　　　　　　(h) D–PMSG的d轴电流

(i) 桨距角

续图 2.22

　　从图 2.22 可以看出,在额定风速以下时,全阶无抖振滑模控制器能够快速地进行电流与转速的调节,使转速 $\omega$ 随风速变化。图2.22(d)中,叶尖速比 $\lambda$ 始终保持在最佳叶尖速比 $\lambda_{\mathrm{opt}}$ 上,约为 8.1,从而使 $C_{\mathrm{p}}$ 保持在最大值,$C_{\mathrm{pmax}}$ 约为0.425,如图 2.22(e) 所示。在这一阶段内系统能够最大限度地捕获风能,实现了 MPPT 控制。如图 2.22(i) 所示,在此阶段内,系统采用定桨距控制,$\beta$ 保持 $0°$ 不变。

　　在额定风速以上时,由图 2.22(e) 和图 2.22(i) 可以看出,$C_{\mathrm{p}}$ 随着 $\beta$ 的增大而减小。调节 $\beta$ 来改变风能利用系数,同时配合转矩控制,可以使风力发电系统的转速和输出功率稳定在额定值。在这一阶段内系统能够平抑功率的波动,实现恒功率运行。

　　在全风速下的控制中,系统始终保持 $i_{\mathrm{d}} = 0$,由图 2.22(f) 和图 2.22(g) 可以看出,在 D–PMSG 中,电磁转矩 $T_{\mathrm{e}}$ 与 q 轴电流 $i_{\mathrm{q}}$ 呈正比关系,通过控制 $i_{\mathrm{q}}$ 就可以动态调节电磁转矩。仿真证明了功率优化控制实现了额定风速以下的 MPPT 控制与额定风速以上的功率平稳控制,很好地优化了系统的功率曲线,具有良好的控制效果。

# 本 章 小 结

　　本章首先对 D－PMSG 风力发电系统进行数学建模,将全阶无抖振 TSM 控制方法与传统 TSM 控制和非奇异 TSM 控制进行了对比,分析得出全阶无抖振 TSM 控制能够解决控制信号中的抖振与奇异问题,控制性能比传统 TSM 控制更优秀。将该方法用于 MPPT 控制中,基于定桨距下最佳叶尖速比控制策略,设计全阶无抖振滑模双闭环控制器来进行转速、电流控制,使实际转速跟踪给定转速来实现 MPPT 控制。所设计的滑模控制器克服了抖振问题与奇异现象,具有良好的动静态性能。通过实际风况下的仿真分析,验证了上述控制器的有效性。在分析 D－PMSG 风力发电系统功率流的基础上,在全风速范围内,结合定桨距控制模式下最佳叶尖速比法的全阶无抖振滑模控制与功率平稳控制,通过风速与额定风速的比较进行两种控制模式之间的切换,实现全风速下的功率优化控制。对风力发电系统实际运行中的风速实验数据进行仿真分析,证明了额定风速以上时功率平稳控制相对于单纯变桨距控制的优越性,验证了全风速下功率优化控制的有效性,实现了额定风速以下的 MPPT 控制和额定风速以上的恒功率控制。

# 本章参考文献

[1] DOBRJANSKYJ L,FREUDENSTEIN F. Some applications of graph theory to the structural analysis of mechanisms [J]. Journal of Engineering for Industry-Transactions of the ASME,1967,89(1):153-158.

[2] FREUDENSTEIN F. The basis concepts of polya's theory of enumeration with application to the structural classification of mechanisms [J]. Journal of Mechanisms,1967,2(3):273-290.

[3] CROSSLEYF R E. The permutations of kinematic chains of eight members or less from the graph theoretic point of view[M].New York: Developments in Theoretical and Applied Mechanics,Pergamon Press,1965.

[4] MRUTHYUNJAYAT S. Kinematic structure of mechanisms revisited[J]. Mach. Theory,2003,38（4）:279-320.

[5] JIN Q,YANG T L. Theory for topology synthesis of parallel manipulators and its application to three-dimension-translation parallel manipulators[J]. Journal of Mechanical Design,2004,126(1)：625-639.

[6] 杨廷力. 机器人机构拓扑结构学[M]. 北京:机械工业出版社,2004.

[7] 丁华锋. 运动链的环路理论与同构判别及图谱库的建立[D]. 秦皇岛:燕山大学,2007.

[8] HERVE J M. Analyse structurelle des mécanismes par groupe des déplacements [J]. Mechanism and Machine Theory,1978,13(4)：437-450.

[9] LEE C C,HERVE J M. Translational parallel manipulators with doubly planar limbs [J]. Mechanism and Machine Theory,2006, 24(4)：433-435.

[10] ANGELES J.The qualitative synthesis of parallel manipulators [C] // Proceedings of Workshop on Fundamental Issues and Future Research Directions for Parallel Mechanisms and Manipulators,Quebec,Canada, 2002:160-169.

[11] RICO J M. A comprehensive theory of type synthesis of fully parallel platforms[C]// Proceedings of 2006 ASME DETC Conference, Philadelphia,USA,2006:1067-1078.

[12] MENG J,LIU G F,LI Z X. A geometric theory for synthesis and analysis of sub 6-DOF parallel manipulators [J]. IEEE Transaction on Robotics, 2007, 23(4):625-649.

第 3 章

# 滑模控制在风力发电系统理想
# 电网条件下的应用研究

变 换器作为风力发电系统的励磁电源,是整个系统正常运行的关键。本章首先分析了网侧逆变器的数学模型,根据控制的目的和任务,分别对 DFIG 和 D—PMSG 的风力发电系统提出了滑模变结构控制策略,并在仿真研究中与 PI 控制进行了详细的对比分析。

## 3.1　双馈风力发电系统逆变器的特点

双馈风力发电系统的运行控制是通过其转子逆变器实现的,不论是实现变速恒频,还是并网控制或进行最大风能追踪,最终都是对转子电压的频率或幅值进行调节。由此可见,为 DFIG 提供高质量的转子励磁电源是保证整个风力发电系统正常运行的关键。

交流励磁变速恒频风力发电系统的运行特点,决定了 DFIG 对励磁逆变器特有的要求。

(1)根据 DFIG 的内部功率关系可知,DFIG 的运行状态决定了转子侧的能量流向,因此,DFIG 转子励磁电源必须具有能量双向流动的能力。

(2)由于采用电力电子装置励磁,器件开关动作所形成的谐波会影响 DFIG 输出电能的质量。因此,必须从调制和控制角度优化逆变器的输入、输出特性,消除励磁电压中的谐波成分。

(3)风力发电系统不希望逆变器从电网吸收无功功率,而为了建立额定气隙磁通,DFIG 需要吸收一定的无功功率,这就需要励磁电源具备提供一定容量无功功率的能力。

由此可见,DFIG 系统要求励磁逆变器首先应具有能量双向流动的功能;其次应是一种“绿色”逆变器,输入、输出特性好,谐波污染小;最后还要能在不吸收电网无功功率的情况下具备产生无功功率的能力。

交 — 交逆变器虽然可实现能量双向流动,但其含有大量的低次谐波,输入、输出特性不理想;矩阵式交 — 交逆变器输出频率不受限制,输入、输出特性好,但其电路结构复杂,控制方法还不成熟;常规交 — 直 — 交逆变器通过一定的方案可改善其输出特性,但输入特性较差,并且还不能实现能量双向流动。目前主流的研究为由两个背靠背(Back — to — Back)的 PWM 逆变器组成的双 PWM 型逆变器及其在变速恒频风力发电系统中的应用,如图 3.1 所示。图 3.1 中靠近 DFIG 转子的逆变器称为机侧逆变器,靠近电网的逆变器称为网侧逆变器。

图中 $u_a$、$u_b$、$u_c$ 为网侧逆变器交流侧三相电网相电压;$i_a$、$i_b$、$i_c$ 为网侧逆变器交流侧三相流入电流;$C$ 为直流环节的储能电容;$u_{dc}$、$i_{dc}$ 分别为电容电压和电容电流;$R$、$L$ 分别为进线电抗器的等效电阻和电感;$i_d$、$i_{load}$ 分别为流经网侧逆变器和机侧逆变器直流母线的电流;$L_{2\sigma}$、$R_2$ 分别为 DFIG 转子绕组的漏感和等效电阻;$e_{a2}$、$e_{b2}$、$e_{c2}$ 为 DFIG 转子三相绕组感应电动势。

由逆变器主电路结构可见,双 PWM 逆变器的整流侧和逆变侧采用的均是调制方式。其无须增加任何附加电路就能实现逆变器再生能量向电网回馈,可实现功率双向流动。两个逆变器的功能独立,可单独进行控制。它直接对整流桥上各功率器件进行控制,使得交流输入电流接近正弦波,这样,交流输入电流中就仅含有与开关频率有关的高次谐波,这些谐波很容易滤除,同时通过控制功率开关器件可使电流的相位与电源电压相位相同,实现单位功率因数的变频,减少对电网的危害。双 PWM 直流环节配有电容,可以产生一定的无功功率,电容器也能对交流电源输入电路的漏抗所产生的无功电流起到补偿作用。图 3.2 表示了双 PWM 型逆变器的运行状态与能量流向的关系:当处于 DFIG 亚同步运行状态时,网侧逆变器运行在整流状态,机侧逆变器运行在逆变状态,能量从电网流向 DFIG 转子;当处于 DFIG 超同步运行状态时,网侧逆变器运行在逆变状态,机侧逆变器运行在整流状态,能流从 DFIG 转子流向电网。两个逆变器的工作状态随着 DFIG 运行状况的改变而自动切换。

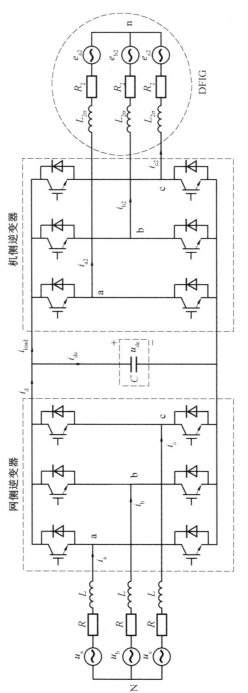

图 3.1　双 PWM 型逆变器主电路结构图

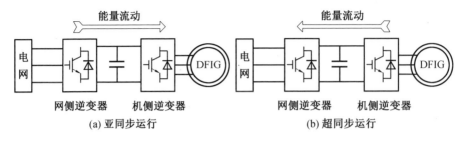

(a) 亚同步运行　　　　　　　　　　(b) 超同步运行

图 3.2　DFIG 亚、超同步运行时双 PWM 型逆变器的运行状态

## 3.1.1　网侧逆变器数学模型

当双 PWM 逆变器进入稳定工作状态时，直流母线上的电压保持恒定，网侧逆变器的三相桥臂按正弦脉宽调制规律驱动。当开关频率非常高时，由 PWM 基本原理可知，逆变器的交流侧电压含有正弦基波电压以及和三角载波有关的频率很高的谐波电压。由于电感的滤波作用，高次谐波电压只会使交流电流产生很小的脉动，可以忽略，这样输入电流就非常近似于正弦电流。如果只考虑电压和电流的基波，从电网侧看，网侧逆变器可以看成是一个可控的三相交流电压源。其基波等效电路图及 a 相等效相量图如图 3.3 所示。

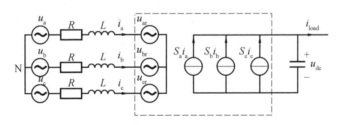

(a) 网侧逆变器基波等效电路

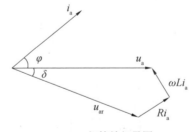

(b) a 相等效相量图

图 3.3　网侧逆变器的数学模型

由相量图可知,调节网侧逆变器输出交流电压的幅值和相位就可以控制电流的大小以及电流与电网电压的相位角,从而使该逆变器运行于不同的工作状态。

(1)单位功率因数整流状态。此时,交流电源电流的基波为标准的正弦波并且与交流电源电压同相位,能量完全由交流电源侧流入逆变器,不从电网吸收无功功率。

(2)单位功率因数逆变状态。此时,交流电源电流的基波为正弦并且与交流电源电压反相,能量由直流侧流向交流电源,电网和逆变器之间没有无功功率的流动。

(3)非单位功率因数状态。此时,交流电源电流的基波与电源电压具有一定的相位差。当控制电源电流为正弦波形,且与交流电源电压的相位差为 90° 时,逆变器可作为静止无功发生器运行。另外,逆变器在非单位功率因数运行时,也可控制其交流电源电流为所需的波形和相位,即作为有源滤波器运行。

假设开关为理想器件,图 3.4 所示为三相电压型 PWM 逆变器拓扑结构。

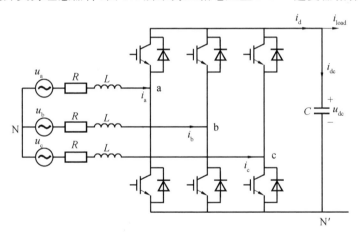

图 3.4　三相电压型 PWM 逆变器拓扑结构

由基尔霍夫电压、电流定律,并以三相电源中性点 N 为参考点,可列写出下列方程:

$$C\mathrm{d}u_{\mathrm{dc}} = i_{\mathrm{d}} - i_{\mathrm{load}} = S_{\mathrm{a}}i_{\mathrm{a}} + S_{\mathrm{b}}i_{\mathrm{b}} + S_{\mathrm{c}}i_{\mathrm{c}} - i_{\mathrm{load}} \tag{3.1}$$

$$\begin{cases} u_a = L\dfrac{di_a}{dt} + Ri_a + S_a u_{dc} + u_N \\[2mm] u_b = L\dfrac{di_b}{dt} + Ri_b + S_b u_{dc} + u_N \\[2mm] u_c = L\dfrac{di_c}{dt} + Ri_c + S_c u_{dc} + u_N \end{cases} \tag{3.2}$$

式中，$S_a$、$S_b$、$S_c$ 表示三相桥臂的开关函数。$S_k = 1$ 表示对应桥臂上管导通，下管关断；$S_k = 0$ 表示对应桥臂下管导通，上管关断，$k = a, b, c$。

在三相无中线系统中，三相电流之和始终为零，即 $i_a + i_b + i_c = 0$，将式(3.2)中三个方程叠加，可得

$$u_N = \frac{u_a + u_b + u_c}{3} - \frac{1}{3}(S_a + S_b + S_c)u_{dc} \tag{3.3}$$

若三相电网平衡即无零序分量，有 $u_a + u_b + u_c = 0$，则式(3.3)可写为

$$u_N = -\frac{1}{3}(S_a + S_b + S_c)u_{dc} \tag{3.4}$$

将式(3.4)代入式(3.2)，得

$$\frac{d}{dt}\begin{bmatrix} i_a \\ i_b \\ i_c \end{bmatrix} = -\frac{R}{L}\begin{bmatrix} i_a \\ i_b \\ i_c \end{bmatrix} + \frac{1}{L}\begin{bmatrix} u_a \\ u_b \\ u_c \end{bmatrix} - \frac{u_{dc}}{L}\begin{bmatrix} \dfrac{2}{3} & -\dfrac{1}{3} & -\dfrac{1}{3} \\[2mm] -\dfrac{1}{3} & \dfrac{2}{3} & -\dfrac{1}{3} \\[2mm] -\dfrac{1}{3} & -\dfrac{1}{3} & \dfrac{2}{3} \end{bmatrix}\begin{bmatrix} S_a \\ S_b \\ S_c \end{bmatrix} \tag{3.5}$$

将式(3.1)转化为

$$\frac{du_{dc}}{dt} = \frac{1}{C}\begin{bmatrix} S_a & S_b & S_c \end{bmatrix}\begin{bmatrix} i_a \\ i_b \\ i_c \end{bmatrix} - \frac{i_{load}}{C} \tag{3.6}$$

根据 $3s/2s$ 变换(恒功率变换)，得

$$\frac{d}{dt}\begin{bmatrix} i_\alpha \\ i_\beta \end{bmatrix} = -\frac{R}{L}\begin{bmatrix} i_\alpha \\ i_\beta \end{bmatrix} + \frac{1}{L}\begin{bmatrix} u_\alpha \\ u_\beta \end{bmatrix} - \frac{u_{dc}}{L}\begin{bmatrix} S_\alpha \\ S_\beta \end{bmatrix} \tag{3.7}$$

$$du_{dc} = \frac{1}{C}\begin{bmatrix} S_\alpha & S_\beta \end{bmatrix}\begin{bmatrix} i_\alpha \\ i_\beta \end{bmatrix} - \frac{i_{load}}{C} \tag{3.8}$$

再转换到 dq 坐标系下，并将式(3.7)、式(3.8)并入一个矩阵，有

$$\frac{d}{dt}\begin{bmatrix} i_d \\ i_q \\ u_{dc} \end{bmatrix} = \begin{bmatrix} -\dfrac{R}{L} & \omega_1 & -\dfrac{S_d}{L} \\ -\omega_1 & -\dfrac{R}{L} & -\dfrac{S_q}{L} \\ \dfrac{S_d}{C} & \dfrac{S_q}{C} & 0 \end{bmatrix}\begin{bmatrix} i_d \\ i_q \\ u_{dc} \end{bmatrix} + \begin{bmatrix} \dfrac{1}{L} & 0 & 0 \\ 0 & \dfrac{1}{L} & 0 \\ 0 & 0 & -\dfrac{1}{C} \end{bmatrix}\begin{bmatrix} u_d \\ u_q \\ i_{load} \end{bmatrix} \tag{3.9}$$

式(3.9)即为网侧逆变器在两相同步旋转坐标系下的数学模型，$\omega_1$ 为电网电压角频率。式(3.9)表示的输入电流满足

$$\begin{cases} L\dot{i}_d = -Ri_d + \omega_1 Li_q + u_d - S_d u_{dc} \\ L\dot{i}_q = -Ri_q - \omega_1 Li_d + u_q - S_q u_{dc} \end{cases} \tag{3.10}$$

令逆变器交流侧电压为

$$\begin{cases} u_{dr} = S_d u_{dc} \\ u_{qr} = S_q u_{dc} \end{cases} \tag{3.11}$$

则式(3.10)可写为

$$\begin{cases} L\dot{i}_d = -Ri_d + \omega_1 Li_q + u_d - u_{dr} \\ L\dot{i}_q = -Ri_q - \omega_1 Li_d + u_q - u_{qr} \end{cases} \tag{3.12}$$

式(3.12)表明 d、q 轴电流除受控制量 $u_{dr}$、$u_{qr}$ 的影响外，还受到交叉耦合项 $\omega_1 Li_q$ 和 $-\omega_1 Li_d$ 的影响及电网电压 $u_d$、$u_q$ 的影响，需要寻找一种能解除 d、q 轴间电流耦合和消除电网电压扰动的控制方法。为此，将式(3.12)改写为

$$\begin{cases} u_{dr} = -u'_{dr} + \Delta u_{dr} + u_d \\ u_{qr} = -u'_{qr} - \Delta u_{qr} + u_q \end{cases} \tag{3.13}$$

$$\begin{cases} u'_{dr} = L\dot{i}_d + Ri_d \\ u'_{qr} = L\dot{i}_q + Ri_q \end{cases} \tag{3.14}$$

$$\begin{cases} \Delta u_{dr} = \omega_1 Li_q \\ \Delta u_{qr} = \omega_1 Li_d \end{cases} \tag{3.15}$$

为了简化控制算法，这里同样采用电网电压定向矢量控制，坐标变换关系如图 3.5 所示。将同步旋转坐标系内的 d 轴定向于电网电压矢量 $\boldsymbol{u}_s$ 方向上，$\theta_u = \omega_1 t$ 是 d 轴和 α 轴的夹角，即 $\boldsymbol{u}_s$ 的相角。这样，电网电压的 d、q 轴分量为

$$\begin{cases} u_d = u_s \\ u_q = 0 \end{cases} \tag{3.16}$$

式中，$u_s$ 为电网电压相量的幅值。

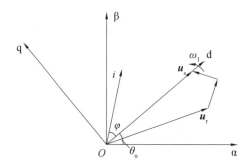

图 3.5　网侧逆变器电压定向坐标变换关系

考虑到式(3.16),式(3.13)可表示为

$$\begin{cases} u_{dr} = -u'_{dr} + \Delta u_{dr} + u_s \\ u_{qr} = -u'_{qr} - \Delta u_{qr} \end{cases} \tag{3.17}$$

网侧逆变器从电网吸收的有功功率和无功功率(感性)分别为

$$\begin{cases} P_r = u_d i_d + u_q i_q = u_s i_d \\ Q_r = u_q i_d - u_d i_q = -u_s i_q \end{cases} \tag{3.18}$$

式(3.18)中,$P_r$ 大于零表示逆变器工作于整流状态,从电网吸收能量供给负载;$P_r$ 小于零表示逆变器工作于逆变状态,负载向电网反馈能量。$Q_r$ 大于零表示逆变器吸取感性无功电流,相对于电网呈现感性;$Q_r$ 小于零表示逆变器吸收容性无功电流,相对于电网呈现容性。从式(3.18)可以看出,d、q 轴电流分量 $i_d$、$i_q$ 实际上就是逆变器的有功电流、无功电流分量,实现了有功功率和无功功率的解耦,调节 $i_d$、$i_q$ 就可以分别对网侧逆变器的有功和无功功率进行控制。网侧逆变器的控制目标是:① 保持输出直流电压恒定且有良好的动态响应能力,为机侧逆变器提供稳定的电压;② 确保交流侧输入电流正弦,即单位功率因数的变频。所以对输入电流的有效控制是网侧逆变器控制的关键。

### 3.1.2　网侧逆变器的传统 PI 控制

从双 PWM 型逆变器主电路拓扑结构可知,当交流侧输入功率小于负载消耗功率时,直流环节就会放电使电容电压下降;反之,电容电压会升高。也就是说,直流环节电压的变化与逆变器吸收的有功功率密切相关。因此,可通过 $i_d$ 对直流环节电压进行控制,d 轴电流分量参考值 $i_d^*$ 反映了直流环节电压的大小。当负载减小时,直流环节电压升高,电压调节器输出指令使 $i_d^*$ 减小,网侧逆变器工作于逆变状态,把多余的能量返回给电网,使输出直流电压降低。反之,$i_d^*$ 增大,网侧逆变器工作于整流状态,电网向直流电容充电。当输入、输出功率达到平衡时，$i_d^*$ 趋于稳定。而网侧逆变器吸收的无功功率可通过控制 q 轴电流分量 $i_q$ 进行控制，从而可以控制其交流输入侧的功率因数。因此，可以根据需要的功率因数确定 q 轴参考电流 $i_q^*$。当进行单位功率因数变频控制时，$i_q^*$ 应该为 0。根据式 (3.13) ～ (3.16) 可确定网侧逆变器的控制策略。整个控制系统为双闭环结构，外环为电压环、内环为电流环。传统 PI 控制系统的控制原理图如图 3.6 所示。

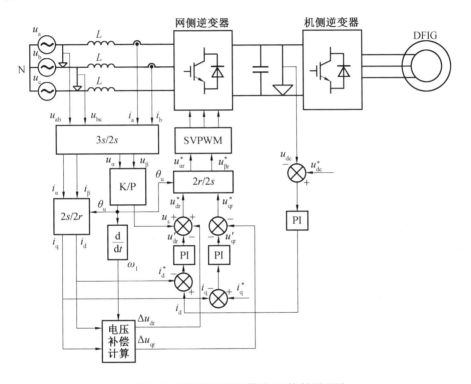

图 3.6　网侧逆变器的传统 PI 控制原理图

## 3.2　网侧逆变器滑模变结构控制器的设计

当采用滑模变结构的控制策略时，电压外环仍采用 PI 控制器，电流内环分别采用线性滑模变结构控制器和高阶非奇异终端滑模变结构控制器，并对两种控制策略进行对比分析，图 3.7 所示为网侧逆变器滑模变结构并网控制策略。

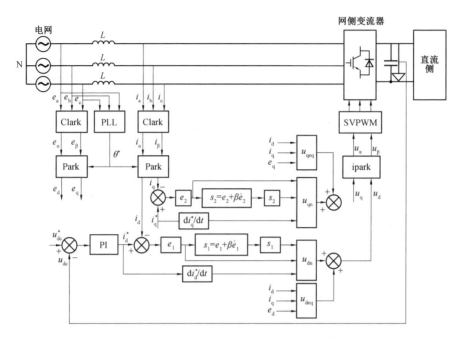

图 3.7　网侧逆变器滑模变结构并网控制策略

如图 3.7 所示,电压外环直流母线电压的反馈值 $u_{dc}$ 与给定值 $u_{dc}^*$ 进行比较,得到的误差经过 PI 环节后,得到 $i_d^*$ 作为电流内环 d 轴电流的给定值。

针对式(3.9),分别对电流内环设计了线性滑模变结构控制器和高阶非奇异终端滑模变结构控制器,并对两种控制策略做了对比分析。

### 3.2.1　LSM 变结构控制器的设计

电流矢量解耦后,d、q 轴分量给定值与反馈值的误差为

$$\begin{cases} e_1 = i_d^* - i_d \\ e_2 = i_q^* - i_q \end{cases} \tag{3.19}$$

式中,$i_d^*$、$i_q^*$ 为电流 d、q 轴分量给定值。

设计滑模面如下:

$$\begin{cases} s_1 = e_1 + \beta_1 \dot{e}_1 \\ s_2 = e_2 + \beta_2 \dot{e} \end{cases} \tag{3.20}$$

式中,$0 < \beta_1 < 1, 0 < \beta_2 < 1$。

对式(3.20)求导,可得

$$\begin{cases} \dot{s}_1 = \dot{e}_1 + \beta_1 \ddot{e}_1 \\ \dot{s}_2 = \dot{e}_2 + \beta_2 \ddot{e}_2 \end{cases} \tag{3.21}$$

选取的指数趋近律如下：

$$\begin{cases} \dot{s}_1 = -k_1 s_1 - k_2 \operatorname{sgn}(s_1) \\ \dot{s}_2 = -k_3 s_2 - k_4 \operatorname{sgn}(s_2) \end{cases} \tag{3.22}$$

式中，$k_1 > 0, k_2 > 0, k_3 > 0, k_4 > 0$。

由式(3.21)、式(3.22)可得

$$\begin{cases} \dot{e}_1 = \dfrac{1}{\beta_1} \int_0^t [-k_1 s_1 - k_2 \operatorname{sgn}(s_1) - \dot{e}_1] \mathrm{d}\tau \\ \dot{e}_2 = \dfrac{1}{\beta_2} \int_0^t [-k_3 s_2 - k_4 \operatorname{sgn}(s_2) - \dot{e}_2] \mathrm{d}\tau \end{cases} \tag{3.23}$$

设计滑模控制律如下：

$$\begin{cases} u_d = u_{deq} + u_{dn} \\ u_q = u_{qeq} + u_{qn} \end{cases} \tag{3.24}$$

式中

$$\begin{cases} u_{deq} = -R i_d + \omega L i_q + e_d \\ u_{dn} = L \left\{ \dfrac{1}{\beta_1} \int_0^t [-k_1 s_1 - k_2 \operatorname{sgn}(s_1) - \dot{e}_1] \mathrm{d}\tau - \dot{i}_d^* \right\} \end{cases}$$

$$\begin{cases} u_{qeq} = -R i_q + \omega L i_d + e_q \\ u_{qn} = L \left\{ \dfrac{1}{\beta_2} \int_0^t [-k_3 s_2 - k_4 \operatorname{sgn}(s_2) - \dot{e}_2] \mathrm{d}\tau - \dot{i}_q^* \right\} \end{cases}$$

为了验证所设计的滑模控制器具有渐近稳定性，选取 Lyapunov 函数进行证明。

首先证明并网电流 d 轴分量控制器的稳定性，选取以下的 Lyapunov 函数：

$$V_1 = \frac{1}{2} s_1^2 \tag{3.25}$$

将式(3.25)对时间求导，可得

$$\dot{V}_1 = s_1 \dot{s}_1 = s_1 (\dot{e}_1 + \beta_1 \ddot{e}_1) = -k_1 s_1^2 - k_2 \mid s_1 \mid \tag{3.26}$$

当 $s_1 > 0$ 时，$\dot{V}_1 = -k_1 s_1^2 - k_2 s_1 = 0$；当 $s_1 < 0$ 时，$\dot{V}_1 = -k_1 s_1^2 - k_2 s_1 < 0$；故 $\dot{V}_1 \leqslant 0$ 对于任意的 $s_1 \neq 0$ 总是成立。由 Lyapunov 稳定性定理可知，系统将在有

限的时间内到达滑模面。当系统到达滑模面时，$s_1=0$，从而 $e_1=i_d^*-i_d=0$，系统将稳定在参考点。同理可证并网电流 q 轴分量的控制器 $s_2$ 的稳定性。

### 3.2.2　高阶非奇异终端滑模变结构控制器的设计

取电流的有功分量误差和无功分量误差如下：

$$\begin{cases} e_3=i_d^*-i_d \\ e_4=i_q^*-i_q \end{cases} \tag{3.27}$$

设计滑模面如下：

$$\begin{cases} s_3=e_3+\beta_3\dot{e}_3^{p_1/q_1} \\ s_4=e_4+\beta_4\dot{e}_4^{p_2/q_2} \end{cases} \tag{3.28}$$

式中，$\beta_3>0,\beta_4>0$；$p_1$、$q_1$、$p_2$、$q_2$ 均为正奇数，且 $1<p_1/q_1<2$，$1<p_2/q_2<2$。

选取指数趋近律为

$$\begin{cases} \dot{s}_3=-k_5\,\mathrm{sgn}(s_3) \\ \dot{s}_4=-k_6\,\mathrm{sgn}(s_4) \end{cases} \tag{3.29}$$

式中，$k_5>0,k_6>0$。

选取非奇异终端滑模面式(3.28)，并设计控制律如下：

$$\begin{cases} u_d=u_{deq}+u_{dn} \\ u_q=u_{qeq}+u_{qn} \end{cases} \tag{3.30}$$

式中

$$\begin{cases} u_{deq}=-Ri_d+\omega Li_q+e_d \\ u_{dn}=-L\left[i_d^*+\int_0^t\dfrac{k_1\,\mathrm{sgn}(s_1)+\dot{e}_1}{\beta_1 p_1/q_1\dot{e}_1^{p_1/q_1-1}}\mathrm{d}\tau\right] \end{cases}$$

$$\begin{cases} u_{qeq}=-Ri_q+\omega Li_d+e_q \\ u_{qn}=-L\left[i_q^*+\int_0^t\dfrac{k_2\,\mathrm{sgn}(s_2)+\dot{e}_2}{\beta_2 p_2/q_2\dot{e}_2^{p_2/q_2-1}}\mathrm{d}\tau\right] \end{cases}$$

若选择正定的 Lyapunov 函数 $V_3$，对于任意的 $s_3\neq0$，总有 $\dot{V}_3<0$。根据 Lyapunov 稳定性定理，系统将在有限时间内到达滑模面，当系统到达滑模面时，有 $s_3=0$，则 $e_3=i_d^*-i_d=0$，系统也将会在有限时间内稳定在参考点。同理可证：

选择正定的 Lyapunov 函数 $V_4$，对于任意的 $s_4 \neq 0$，总有 $\dot{V}_4 < 0$。根据 Lyapunov 稳定性定理，系统将在有限时间内到达滑模面，当系统到达滑模面时，有 $s_4 = 0$，则 $e_4 = i_q^* - i_q = 0$，系统也将会在有限时间内稳定在参考点。

### 3.2.3　仿真研究

**1.DFIG 网侧逆变器的仿真**

分别对网侧变频器的整流和逆变状态进行仿真，在 0.5 s 时由于负载运行状态的变化，变频器由整流状态变为逆变状态。仿真结果如图 3.8 所示，其中，图 3.8(a) 所示为交流侧 a 相电压和电流曲线。从图中可以看出当变频器处于整流状态时，电压和电流同相位；当变频器处于逆变状态时，电压和电流反相位，实现了单位功率因数的变频。图 3.8(b) 所示为直流母线电压变化曲线，从图中可以看出，在变频器状态发生变化时，采用高阶滑模变结构控制比传统 PI 控制效果更明显，直流母线电压的波动幅值比传统 PI 控制要小，恢复时间也快。

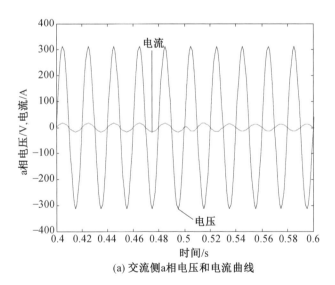

(a) 交流侧 a 相电压和电流曲线

图 3.8　整流和逆变状态下系统状态图

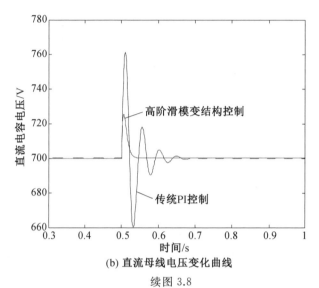

(b) 直流母线电压变化曲线

续图 3.8

　　为了验证高阶滑模变结构控制对外部输入电压扰动的鲁棒性,将其与传统 PI 控制进行了比较,仿真条件为:开始时系统稳定运行,在 0.5 s 时交流侧输入电压跌落了 15%,在 0.6 s 时又恢复到原状。仿真曲线如图 3.9 所示。从图中可以看出,采用高阶滑模变结构控制比传统 PI 控制的效果要好,能很好地抑制直流母线电压的波动,电流的调节速度非常快。

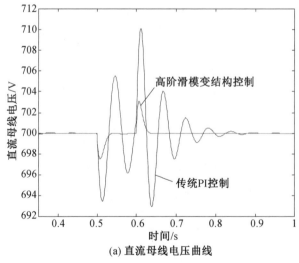

(a) 直流母线电压曲线

图 3.9　电压扰动时系统状态的变化比较

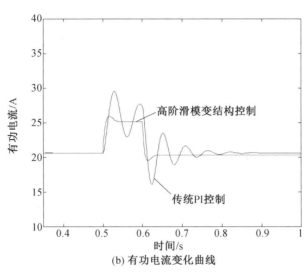

(b) 有功电流变化曲线

续图 3.9

为了验证高阶滑模变结构控制对内部参数扰动的鲁棒性,将其与传统 PI 控制进行了比较,仿真条件为:在 0.5 s 时等效电阻出现了变化,由 2 Ω 变为 1.8 Ω。仿真曲线如图 3.10 所示。从图中可以看出,对于内部参数的突变,采用高阶滑模变结构控制方案明显比传统 PI 控制抗扰动能力更强,直流侧电压波动较小,电流调节较快。

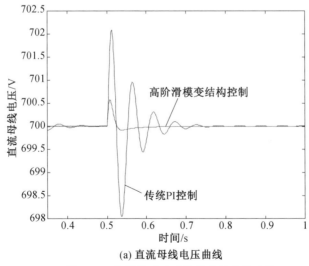

(a) 直流母线电压曲线

图 3.10　电阻扰动时系统状态的变化比较

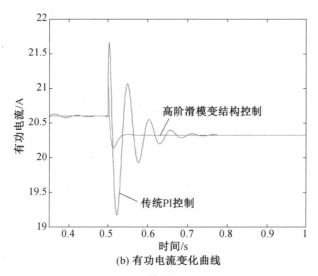

(b) 有功电流变化曲线

续图 3.10

从前面的分析中可以看出,电流调节速度的快慢,直接关系到直流母线电压的稳定性。为了验证进行了仿真研究,假设风速为 5 m/s,系统稳定运行在最佳转速下,在 4 s 时刻,电网电压跌落 15%,在 5 s 时刻又恢复到正常状态。变频器的仿真波形如图 3.11 所示。从图中可以看出,电网电压的变化以及转子侧功率的瞬间突变,引起直流母线电压波动,虽然加入转子瞬时功率补偿的方案可以在

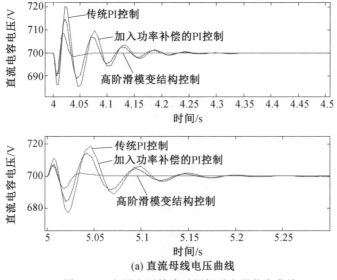

(a) 直流母线电压曲线

图 3.11  电网电压故障时网侧逆变器状态曲线

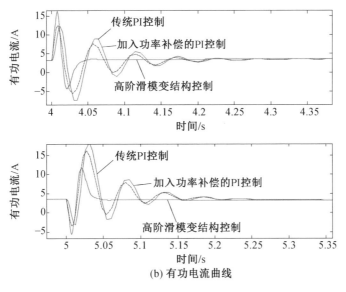

(b) 有功电流曲线

续图 3.11

一定程度上减小直流母线电压的波动,但其作用有限,效果不是很好。采用高阶滑模变结构控制的方案,可以加快电流的响应速度,大大减小直流母线电压的波动,对变频器起到了保护作用。

**2.D－PMSG 风力发电系统的仿真研究**

当采用高阶非奇异终端滑模变结构的仿真模型时,仿真参数为:线性滑模 $k_1=k_3=100,k_2=k_4=1$,高阶非奇异终端滑模 $k_5=k_6=1,p_1=p_2=5,q_1=q_2=3$。图 3.12 所示为采用传统 PI 控制策略的调制波形。由图 3.12 可以看出,调制波呈马鞍状。马鞍状的调制波与载波比较后得到 SVPWM 驱动波形。

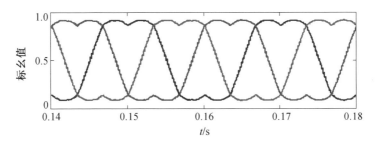

图 3.12　采用传统 PI 控制策略的调制波形

图 3.13 所示为采用传统 PI 控制策略电网电压与并网电流的波形,由图 3.13

可以看出,并网电流的频率与电网电压相同、相位与电网电压一致,验证了网侧逆变器电流内环、电压外环并网控制策略的正确性。

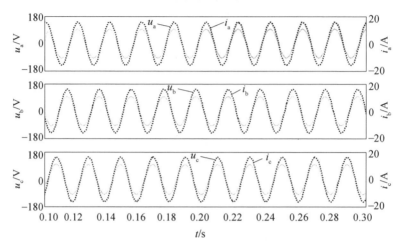

图 3.13　采用传统 PI 控制策略电网电压与并网电流波形

滑模控制的仿真结果如图 3.14 ～ 3.16 所示。图 3.14 所示为系统启动时有功电流 $i_d$ 和母线电压 $u_{dc}$ 的调节过程曲线。由图 3.14 可以看出,与传统 PI 并网控制策略相比较,采用高阶非奇异终端滑模变结构控制时,系统启动母线电压 $u_{dc}$ 和有功电流 $i_d$ 能在更短的时间内达到稳定,系统响应时间更短,超调量更小,动态性能更为优越。

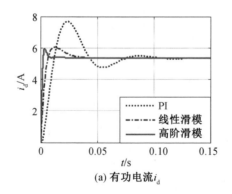

(a) 有功电流 $i_d$

图 3.14　启动时刻系统状态比较

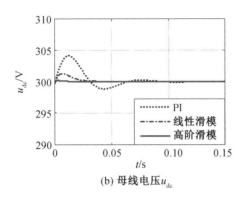

(b) 母线电压$u_{dc}$

续图 3.14

图 3.15 所示为电网电压发生扰动时有功电流和母线电压的波形。在 0.3 s 时电网电压发生 15% 的跌落,在 0.4 s 时恢复正常。由图 3.15 可以看出,与传统 PI 并网控制策略相比,采用高阶非奇异终端滑模变结构控制时母线电压 $u_{dc}$ 和有功电流 $i_d$ 的调节时间短、响应速度快、系统超调量小,证明了高阶非奇异终端滑模变结构的并网控制策略在电网电压有扰动时系统的鲁棒性更好。

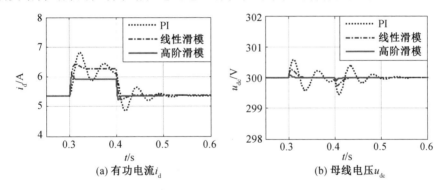

(a) 有功电流$i_d$　　　　　　　　　(b) 母线电压$u_{dc}$

图 3.15　电网电压扰动时系统状态比较

图 3.16 所示为直流侧输入变化时系统状态比较。如图 3.16 所示,直流侧输入电流在 1.05 s 时提高 1.25 倍。由于电压外环的作用,直流母线电压在经过短暂的调节过程后仍然稳定在 300 V。与传统 PI 并网控制策略相比,采用高阶非奇异终端滑模变结构的并网控制策略时母线电压 $u_{dc}$ 和有功电流 $i_d$ 重新到达稳定的时间更短、响应速度更快、超调量更小,证明了在直流输入侧有变化时高阶非奇异终端滑模变结构控制具有更好的响应速度,系统鲁棒性更好。

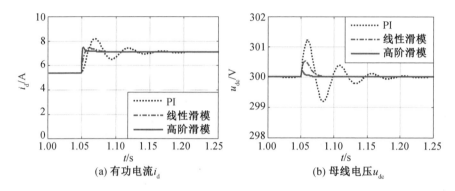

(a) 有功电流$i_d$  (b) 母线电压$u_{dc}$

图 3.16  直流侧输入变化时系统状态比较

## 3.3  LCL 型网侧逆变器的高阶滑模控制

上面研究的 DFIG 级 D－PMSG 风力发电系统的网侧逆变器均是对 L 型逆变器进行的研究,而 LCL 型逆变器的研究也得到了越来越多的重视。下面研究网侧逆变器为 LCL 型逆变器的滑模变结构控制策略。

### 3.3.1  三相静止坐标系下LCL 滤波并网逆变器模型

本节以 LCL 滤波并网逆变器为主要研究对象,该系统由直流稳压电源 $u_{dc}$、三相全桥逆变器、三相 LCL 滤波器及三相电网组成。其中 LCL 滤波器由滤波电感 $L_{fk}$、滤波电容 $C_{fk}$、网侧电感 $L_{gk}$ 3 部分组成($k=a,b,c$),其电路结构如图 3.17 所示,图中 N 是直流母线的负极,O 为三相电网中性点。

图 3.17 中,$e_k$ 分别是电网 a、b、c 三相相电压矢量瞬时值;$i_{gk}$ 是电网侧电感电流;$i_k$ 是逆变器侧电感电流;$L_{fk}$ 是滤波电感;$L_{gk}$ 是网侧滤波电感;$C_{fk}$ 是滤波电容;$R_{fk}$ 是 $L_{fk}$ 的寄生电阻;$R_{gk}$ 是 $L_{gk}$ 的寄生电阻;$R_{Ck}$ 是寄生电阻;$u_{dc}$ 是直流侧电容的母线电压;$i_r$ 是由机侧逆变器向网侧输出的电流;$u_k$ 是三相逆变器的输出电压($k=a,b,c$)。

由 KVL、KCL 定理可得,系统交流输出回路的电压、电流方程为

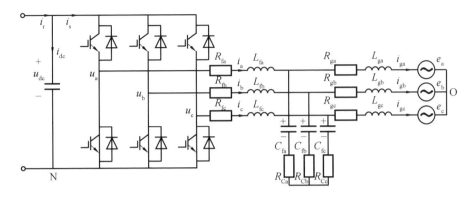

图 3.17　带 LCL 滤波器的三相电压源并网逆变器结构

$$
\begin{cases}
L_{\mathrm{fa}}\dfrac{\mathrm{d}i_{\mathrm{a}}}{\mathrm{d}t}=u_{\mathrm{dc}}S_{\mathrm{a}}-u_{\mathrm{Ca}}-R_{\mathrm{fa}}i_{\mathrm{a}}-u_{\mathrm{NO}} \\[3mm]
L_{\mathrm{fb}}\dfrac{\mathrm{d}i_{\mathrm{b}}}{\mathrm{d}t}=u_{\mathrm{dc}}S_{\mathrm{b}}-u_{\mathrm{Cb}}-R_{\mathrm{fb}}i_{\mathrm{b}}-u_{\mathrm{NO}} \\[3mm]
L_{\mathrm{fc}}\dfrac{\mathrm{d}i_{\mathrm{c}}}{\mathrm{d}t}=u_{\mathrm{dc}}S_{\mathrm{c}}-u_{\mathrm{Cc}}-R_{\mathrm{fc}}i_{\mathrm{c}}-u_{\mathrm{NO}}
\end{cases}
\tag{3.31}
$$

$$
\begin{cases}
L_{\mathrm{ga}}\dfrac{\mathrm{d}i_{\mathrm{ga}}}{\mathrm{d}t}=u_{\mathrm{Ca}}-e_{\mathrm{a}}-R_{\mathrm{ga}}i_{\mathrm{ga}} \\[3mm]
L_{\mathrm{gb}}\dfrac{\mathrm{d}i_{\mathrm{gb}}}{\mathrm{d}t}=u_{\mathrm{Cb}}-e_{\mathrm{b}}-R_{\mathrm{gb}}i_{\mathrm{gb}} \\[3mm]
L_{\mathrm{gc}}\dfrac{\mathrm{d}i_{\mathrm{gc}}}{\mathrm{d}t}=u_{\mathrm{Cc}}-e_{\mathrm{c}}-R_{\mathrm{gc}}i_{\mathrm{gc}}
\end{cases}
\tag{3.32}
$$

$$
\begin{cases}
C_{\mathrm{fa}}\dfrac{\mathrm{d}u_{\mathrm{Ca}}}{\mathrm{d}t}=i_{\mathrm{a}}-i_{\mathrm{ga}}+R_{\mathrm{Ca}}\left(\dfrac{\mathrm{d}i_{\mathrm{a}}}{\mathrm{d}t}-\dfrac{\mathrm{d}i_{\mathrm{ga}}}{\mathrm{d}t}\right) \\[3mm]
C_{\mathrm{fb}}\dfrac{\mathrm{d}u_{\mathrm{Cb}}}{\mathrm{d}t}=i_{\mathrm{b}}-i_{\mathrm{gb}}+R_{\mathrm{Cb}}\left(\dfrac{\mathrm{d}i_{\mathrm{b}}}{\mathrm{d}t}-\dfrac{\mathrm{d}i_{\mathrm{gb}}}{\mathrm{d}t}\right) \\[3mm]
C_{\mathrm{fc}}\dfrac{\mathrm{d}u_{\mathrm{Cc}}}{\mathrm{d}t}=i_{\mathrm{c}}-i_{\mathrm{gc}}+R_{\mathrm{Cc}}\left(\dfrac{\mathrm{d}i_{\mathrm{c}}}{\mathrm{d}t}-\dfrac{\mathrm{d}i_{\mathrm{gc}}}{\mathrm{d}t}\right)
\end{cases}
\tag{3.33}
$$

式中，$u_{\mathrm{C}k}$ 为滤波电容上的电压；$S_k(k=\mathrm{a},\mathrm{b},\mathrm{c})$ 为逆变器三相所对应的各个桥臂开关函数。当上半桥臂导通、下半桥臂关断时，$S_k=1$；当下半桥臂导通、上半桥臂关断时，$S_k=0$。

　　由于系统采用三相三线制的接线方式，根据基尔霍夫电流定律，流过 LCL 滤波器侧电感、网侧电感和滤波电容电流的三相和均为零，即有

$$\sum_{k=a,b,c} i_k = \sum_{k=a,b,c} i_{gk} = \sum_{k=a,b,c} C_{fk} \frac{\mathrm{d}u_{Ck}}{\mathrm{d}t} \tag{3.34}$$

对式(3.31)与式(3.32)的三相电压方程分别做和,可得直流母线负极 N 相对于三相电压中性点 O 的电压 $u_{NO}$ 为

$$u_{NO} = \frac{1}{3} \sum_{k=a,b,c} (S_k u_{dc} - e_k) \tag{3.35}$$

考虑到直流母线电压在一个开关周期内可以认为连续且近似不变,因此,三相逆变器输出电压可以等效为受开关函数 $S_a$、$S_b$、$S_c$ 控制的电压源,即

$$\begin{cases} u_a = u_{dc} S_a - u_{NO} = \left(S_a - \sum_{k=a,b,c} S_k\right) u_{dc} + \frac{1}{3} \sum_{k=a,b,c} e_k \\ u_b = u_{dc} S_b - u_{NO} = \left(S_b - \sum_{k=a,b,c} S_k\right) u_{dc} + \frac{1}{3} \sum_{k=a,b,c} e_k \\ u_c = u_{dc} S_c - u_{NO} = \left(S_c - \sum_{k=a,b,c} S_k\right) u_{dc} + \frac{1}{3} \sum_{k=a,b,c} e_k \end{cases} \tag{3.36}$$

将式(3.35)、式(3.36)代入式(3.31)可得并网逆变器侧输出三相电压方程如下:

$$\begin{cases} L_{fa} \dfrac{\mathrm{d}i_a}{\mathrm{d}t} = u_a - u_{Ca} - R_{fa} i_a \\ L_{fb} \dfrac{\mathrm{d}i_b}{\mathrm{d}t} = u_b - u_{Cb} - R_{fb} i_b \\ L_{fc} \dfrac{\mathrm{d}i_c}{\mathrm{d}t} = u_c - u_{Cc} - R_{fc} i_c \end{cases} \tag{3.37}$$

其中网侧逆变器的输出电流可以表示为

$$i_s = S_a i_a + S_b i_b + S_c i_c \tag{3.38}$$

在三相abc静止坐标系中依照基尔霍夫电压(KVL)和电流(KCL)定律确定并网逆变器的滤波电流、电容电压等数学关系式。假定三相电网电压稳定对称,三相滤波电感、电容、电阻参数均相同,LCL并网逆变器系统状态方程为

$$\begin{cases} \dot{i}_k = -\dfrac{R_{fk}}{L_{fk}} i_k - \dfrac{1}{L_{fk}} u_{Ck} + u_k \\ \dot{i}_{gk} = -\dfrac{R_{gk}}{L_{gk}} i_{gk} + \dfrac{1}{L_{gk}} u_{Ck} - \dfrac{1}{L_{gk}} e_k \\ \dot{u}_{Ck} = \dfrac{1}{C_{fk}} i_k - \dfrac{1}{C_{fk}} i_{gk} + R_{Ck} (i_k - i_{gk}) \end{cases} \tag{3.39}$$

其中逆变器侧电流 $i_k$、入网电流 $i_{gk}$ 以及滤波电容电压 $u_{Ck}$ 为状态变量($k$ = a,b,c)。

因此将式(3.39)进行简单变形,消去其中不相关的量 $i_k$,得到状态变量只有 $u_{Ck}$ 和 $i_{gk}$ 的等式如下:

$$
\begin{cases}
\dot{\boldsymbol{i}}_g = -\boldsymbol{L}_g^{-1}\boldsymbol{R}_g\boldsymbol{i}_g - \boldsymbol{L}_g^{-1}\boldsymbol{e} + \boldsymbol{L}_g^{-1}\boldsymbol{u}_C \\
\dot{\boldsymbol{u}}_C = (\boldsymbol{C}_f^{-1} - \boldsymbol{L}_f^{-1}\boldsymbol{R}_C\boldsymbol{R}_L)\boldsymbol{i} - (\boldsymbol{C}_f^{-1} - \boldsymbol{L}_g^{-1}\boldsymbol{R}_C\boldsymbol{R}_g)\boldsymbol{i}_g + \\
\qquad \boldsymbol{L}_g^{-1}\boldsymbol{R}_C\boldsymbol{e} - (\boldsymbol{L}_f^{-1} + \boldsymbol{L}_g^{-1})\boldsymbol{R}_C\boldsymbol{u}_C + \boldsymbol{L}_g^{-1}\boldsymbol{R}_C\boldsymbol{u}
\end{cases} \tag{3.40}
$$

在实际应用中,必须考虑 GSC 模型中的一些参数变化。 在这些参数变化中,主要考虑其中的两个。一个是与电感器 $L_{gk}$ 相关联的参数变化,因为它们直接连接到电网,除了由老化和饱和效应引起的电感减少之外,电网可以直接影响它们。另一个是与寿命相关的电容器 $C_{fk}$ 相关联的参数变化。考虑参数变化,式(3.39)中的 $L_{fk}$、$R_{fk}$、$L_{gk}$、$R_{gk}$、$C_{fk}$、$R_{Ck}(k=a,b,c)$ 可以描述如下:

$$
\begin{cases}
L_{fk} = L_{fk} + \Delta L_{fk} \\
R_{fk} = R_{fk} + \Delta R_{fk}
\end{cases} \tag{3.41}
$$

$$
\begin{cases}
L_{gk} = L_{gk} + \Delta L_{gk} \\
R_{gk} = R_{gk} + \Delta R_{gk}
\end{cases} \tag{3.42}
$$

$$
\begin{cases}
C_{fk} = C_{fk} + \Delta C_{fk} \\
R_{Ck} = R_{Ck} + \Delta R_{Ck}
\end{cases} \tag{3.43}
$$

式中,$L_{fk}$、$R_{fk}$、$L_{gk}$、$R_{gk}$、$C_{fk}$、$R_{Ck}$ 是电感器、电阻器和电容器的已知估计;$\Delta L_{fk}$、$\Delta R_{fk}$、$\Delta L_{gk}$、$\Delta R_{gk}$、$\Delta C_{fk}$、$\Delta R_{Ck}$ 是参数变化。

由于这些电感器和电阻器在制造中不完全相同,并且由于老化或温度而存在变化,因此在对系统建模时必须考虑到这些不确定性。

为了方便地控制电网侧逆变器,考虑上述参数变化,GSC 的模型可以重写为以下矢量形式:

$$
\begin{cases}
\dot{\boldsymbol{i}}_g = -\boldsymbol{L}_g^{-1}\boldsymbol{R}_g\boldsymbol{i}_g - \boldsymbol{L}_g^{-1}\boldsymbol{e} + \boldsymbol{L}_g^{-1}\boldsymbol{u}_C + \boldsymbol{\gamma}_g\boldsymbol{u}_C + \Delta\boldsymbol{f}_g \\
\dot{\boldsymbol{u}}_C = (\boldsymbol{C}_f^{-1} - \boldsymbol{L}_f^{-1}\boldsymbol{R}_C\boldsymbol{R}_f)\boldsymbol{i} - (\boldsymbol{C}_f^{-1} - \boldsymbol{L}_g^{-1}\boldsymbol{R}_C\boldsymbol{R}_g)\boldsymbol{i}_g + \boldsymbol{L}_g^{-1}\boldsymbol{R}_C\boldsymbol{e} - \\
\qquad (\boldsymbol{L}_f^{-1} + \boldsymbol{L}_g^{-1})\boldsymbol{R}_C\boldsymbol{u}_C + \boldsymbol{L}_f^{-1}\boldsymbol{R}_C\boldsymbol{u}_{dc}\boldsymbol{S} + \boldsymbol{\gamma}_C\boldsymbol{u}_{dc}\boldsymbol{S} + \boldsymbol{\rho}_C
\end{cases} \tag{3.44}
$$

式中,$\boldsymbol{u}_C = [u_{Ca}, u_{Cb}, u_{Cc}]^T$;$\boldsymbol{i} = [i_a, i_b, i_c]^T$;$\boldsymbol{i}_g = [i_{ga}, i_{gb}, i_{gc}]^T$;$\boldsymbol{S} = [S_a, S_b, S_c]^T$;$\boldsymbol{L}_f = [L_{fa}, L_{fb}, L_{fc}]^T$;$\boldsymbol{R}_f = [R_{fa}, R_{fb}, R_{fc}]^T$;$\boldsymbol{L}_g = [L_{ga}, L_{gb}, L_{gc}]^T$;$\boldsymbol{R}_g = [R_{ga}, R_{gb}, R_{gc}]^T$;$\boldsymbol{R}_C = [R_{Ca}, R_{Cb}, R_{Cc}]^T$;$\boldsymbol{C}_f = [C_{fa}, C_{fb}, C_{fc}]^T$。

四种不确定性可以写为

$$
\boldsymbol{\gamma}_g = -\Delta\boldsymbol{L}_g\boldsymbol{L}_g^{-1}(\boldsymbol{L}_g + \Delta\boldsymbol{L}_g)^{-1} \tag{3.45}
$$

$$\Delta f_g = L_g^{-1}\,(L_g + \Delta L_g)^{-1}\,[(R_g\Delta L_g - L_g\Delta R_g)\,R_g i_g + \Delta L_g e] \tag{3.46}$$

$$\gamma_C = L_f^{-1}\,(L_f + \Delta L_f)^{-1}\,(\Delta R_C L_f - R_C\Delta L_f) \tag{3.47}$$

$$\begin{aligned}
\boldsymbol{\rho}_C =\ & -L_f^{-1}\,[L_f + \Delta L_f]^{-1}\,(L_f(R_C + \Delta R_C)\,\Delta R_f + R_f(L_f\Delta R_C - R_C\Delta L_f)]\,i -\\
& C_f^{-1}\,(C_f + \Delta C_f)^{-1}\,\Delta C_f i + C_f^{-1}\,(C_f + \Delta C_f)^{-1}\,\Delta C_f i_g +\\
& L_g^{-1}\,(L_g + \Delta L_g)^{-1}\,[R_g(L_g\Delta R_C - R_C\Delta L_g) + L_g(R_C + \Delta R_C)\,\Delta R_g]\,i_g +\\
& L_f^{-1}\,(L_f + \Delta L_f)^{-1}\,(L_f\Delta R_C - R_C\Delta L_f)\,u_C +\\
& L_g^{-1}\,(L_g + \Delta L_g)^{-1}\,[(L_g\Delta R_C - R_C\Delta L_g)\,u_C + (\Delta R_C L_g - R_C\Delta L_g)\,e]
\end{aligned} \tag{3.48}$$

可以假设以上不确定性满足以下条件：

$$\|\gamma_g\| \leqslant \kappa_g,\qquad \|\gamma_C\| \leqslant \kappa_C \tag{3.49}$$

$$\|\Delta f_g\| \leqslant F_g = \phi_{g1}\,\|i_g\| + \phi_{g2}\,\|e\| \tag{3.50}$$

$$\|\Delta \dot{f}_g\| \leqslant D_g = \phi_{g1}\,\|i_g\| + \phi_{g2}\,\|u_g\| + \phi_{g3}\,\|u_C\| + \phi_{g0} \tag{3.51}$$

$$\|\boldsymbol{\rho}_C\| \leqslant F_C = \phi_{C1}\,\|i\| + \phi_{C2}\,\|i_g\| + \phi_{C3}\,\|u_C\| + \phi_{C4}\,\|e\| \tag{3.52}$$

$$\|\dot{\boldsymbol{\rho}}_C\| \leqslant D_C = \phi_{C1}\,\|i\| + \phi_{C2}\,\|i_g\| + \phi_{C3}\,\|u_C\| + \phi_{C4}\,\|e\| + \phi_{C0} \tag{3.53}$$

式中，$\kappa_g$、$\kappa_C$、$\phi_{g1}$、$\phi_{g2}$、$\phi_{C0}$、$\phi_{C1}$、$\phi_{C2}$、$\phi_{C3}$、$\phi_{C4}$ 是参数不确定性的上限，为正数。

将式(3.44)通过坐标变换至 αβ 坐标系下，有

$$\begin{cases}
\dot{i}_{g\alpha\beta} = -L_g^{-1}R_g i_{g\alpha\beta} - L_g^{-1}e_{\alpha\beta} + L_g^{-1}u_{C\alpha\beta} + \gamma_g u_C + T\Delta f_g\\
\dot{u}_{C\alpha\beta} = (C_f^{-1} - L_f^{-1}R_C R_L)\,i_{\alpha\beta} - (C_f^{-1} - L_g^{-1}R_C R_g)\,i_{g\alpha\beta} +\\
\qquad\qquad L_g^{-1}R_C e_{\alpha\beta} - (L_f^{-1} + L_g^{-1})\,R_C u_{C\alpha\beta} + L_g^{-1}R_C u_{\alpha\beta} + \gamma_C u_{\alpha\beta} + T\boldsymbol{\rho}_C
\end{cases} \tag{3.54}$$

式中，$u_{\alpha\beta} = [u_\alpha \quad u_\beta]^T$，且

$$\begin{cases}
u_\alpha = u_{dc} s_\alpha\\
u_\beta = u_{dc} s_\beta
\end{cases} \tag{3.55}$$

$s_\alpha$、$s_\beta$ 为三相开关函数在 αβ 轴上的分量。

### 3.3.2　αβ 坐标系下 LCL 滤波并网逆变器 FOTSM 控制器的设计

两相静止坐标系下 LCL 并网逆变器整体控制框图如图3.18所示。其中电压外环采用基于功率前馈的比例积分控制，具体控制方法为直流母线电压经传统 PI 控制器计算得到电流指令值，该值与给定的直流母线电压参考值相乘计算出功率参考值，进而实现机侧与网侧的协调控制。电流内环采用基于不匹配不确

定性的 FOTSM 控制,不仅可以达到非奇异去抖振的效果,还能克服参数摄动和外部的扰动,将滤波电容的电压作为虚拟的控制信号,直接控制并网电流,达到控制目标。

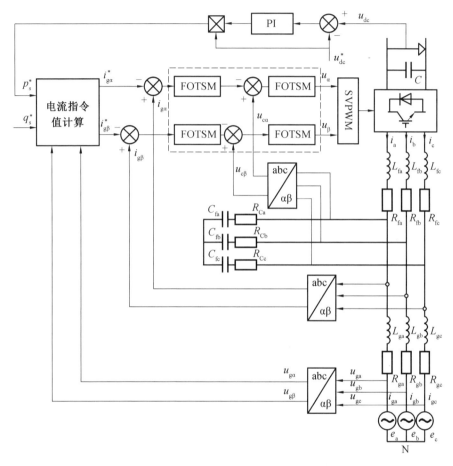

图 3.18　两相静止坐标系下 LCL 并网逆变器整体控制框图

由于在两相静止坐标系下,无法直接给出网侧电流在 $\alpha\beta$ 坐标系下的给定值,考虑到基于两相静止的坐标变换是等功率的坐标变化,因此可通过功率计算出电流内环的参考指令。如图 3.18 所示,功率外环采用 PI 控制器对直流母线电压进行调节,直流母线电压经 PI 控制器计算得到电流指令值,该值与给定的直流母线电压参考值相乘计算出功率参考值。具体设计如下。

根据三相电路的瞬时无功功率理论可以推出并网逆变器的输出功率为

$$\begin{bmatrix} p_s \\ q_s \end{bmatrix} = \frac{3}{2} \begin{bmatrix} e_\alpha & e_\beta \\ e_\beta & -e_\alpha \end{bmatrix} \begin{bmatrix} i_{g\alpha} \\ i_{g\beta} \end{bmatrix} \tag{3.56}$$

因此根据式(3.56)可计算得到 FOTSM 控制器电流内环的并网电流参考值为

$$\begin{bmatrix} i_{g\alpha}^* \\ i_{g\beta}^* \end{bmatrix} = \frac{2}{3} \begin{bmatrix} e_\alpha & e_\beta \\ e_\beta & -e_\alpha \end{bmatrix}^{-1} \begin{bmatrix} p_s^* \\ q_s^* \end{bmatrix} \tag{3.57}$$

式中,$i_{g\alpha}^*$、$i_{g\beta}^*$、$p_s^*$,$q_s^*$ 分别为并网逆变器并网电流及功率指令值。

将并网电流误差向量定义为

$$\Delta \boldsymbol{i}_{g\alpha\beta} = \begin{bmatrix} \Delta i_{g\alpha}, \Delta i_{g\beta} \end{bmatrix}^{\mathrm{T}} = \boldsymbol{i}_{g\alpha\beta} - \boldsymbol{i}_{g\alpha\beta}^* \tag{3.58}$$

式中,$\boldsymbol{i}_{g\alpha\beta}^*$ 是并网电流向量的参考值。

然后,对式(3.58)求导,有

$$\Delta \dot{\boldsymbol{i}}_{g\alpha\beta} = -\boldsymbol{L}_g^{-1} \boldsymbol{R}_g \boldsymbol{i}_{g\alpha\beta} - \boldsymbol{L}_g^{-1} \boldsymbol{e}_{\alpha\beta} + \boldsymbol{L}_g^{-1} \boldsymbol{u}_{C\alpha\beta} + \boldsymbol{\gamma}_g \boldsymbol{u}_{C\alpha\beta} + \boldsymbol{T} \Delta f_g - \dot{\boldsymbol{i}}_{g\alpha\beta}^* \tag{3.59}$$

针对上述系统设计如下滑模面:

$$\boldsymbol{s}_{g\alpha\beta} = \Delta \dot{\boldsymbol{i}}_{g\alpha\beta} + \boldsymbol{\beta}_{g\alpha\beta} \Delta \boldsymbol{i}_{g\alpha\beta} \tag{3.60}$$

式中,$\boldsymbol{\beta}_{g\alpha\beta} = \mathrm{diag}(\beta_{g\alpha}, \beta_{g\beta})$,其中 $\beta_{g\alpha}$、$\beta_{g\beta}$ 为常数且 $\beta_{g\alpha}, \beta_{g\beta} > 0$,并且由系统的需要决定。

**定理 3.1** 对于式(3.59)所示的并网电流误差系统,选取如式(3.60)所示的全阶滑模面,如果控制律采用式(3.61)~(3.64),则并网电流误差将在有限时间内收敛到零:

$$\boldsymbol{u}_{C\alpha\beta}^* = \boldsymbol{u}_{C\alpha\beta\mathrm{eq}}^* + \boldsymbol{u}_{C\alpha\beta\mathrm{n}}^* \tag{3.61}$$

$$\boldsymbol{u}_{C\alpha\beta\mathrm{eq}}^* = \boldsymbol{R}_g \boldsymbol{i}_{g\alpha\beta} + \boldsymbol{e}_{\alpha\beta} + \boldsymbol{L}_g \dot{\boldsymbol{i}}_{g\alpha\beta}^* - \boldsymbol{\beta}_{g\alpha\beta} \boldsymbol{L}_g \Delta \boldsymbol{i}_{g\alpha\beta} \tag{3.62}$$

$$\dot{\boldsymbol{u}}_{C\alpha\beta\mathrm{n}}^* = -\boldsymbol{L}_g k_g \frac{\boldsymbol{s}_{g\alpha\beta}}{\| \boldsymbol{s}_{g\alpha\beta} \|} \tag{3.63}$$

$$k_g = \frac{\kappa_g \| \dot{\boldsymbol{u}}_{C\alpha\beta\mathrm{eq}}^* \| + \| \boldsymbol{T} \| D_g + \eta_g}{1 - \kappa_g \| \boldsymbol{L}_g \|} \tag{3.64}$$

式中,$\eta_g > 0$ 是一个常数。

**证明** 将 LCL 逆变器的状态方程代入式(3.60)中可以得到

$$\boldsymbol{s}_{g\alpha\beta} = \boldsymbol{L}_g^{-1} \boldsymbol{u}_{C\alpha\beta\mathrm{n}}^* + \boldsymbol{\gamma}_g \boldsymbol{u}_{C\alpha\beta}^* + \boldsymbol{T} \Delta f_g \tag{3.65}$$

式中,$\boldsymbol{u}_{C\alpha\beta}^*$ 是虚拟控制信号,用来控制 $\alpha\beta$ 静止坐标系中的电流 $\boldsymbol{i}_{g\alpha\beta}$ 跟踪它们的参考值 $\boldsymbol{i}_{g\alpha\beta}^*$。

选取 Lyapunov 函数

$$V = 0.5 s_{\mathrm{g}\alpha\beta}^{\mathrm{T}} s_{\mathrm{g}\alpha\beta} \tag{3.66}$$

并对其求导得

$$\dot{V} = s_{\mathrm{g}\alpha\beta}^{\mathrm{T}} \dot{s}_{\mathrm{g}\alpha\beta} = s_{\mathrm{g}\alpha\beta}^{\mathrm{T}} L_{\mathrm{g}}^{-1} \dot{u}_{\mathrm{C}\alpha\beta\mathrm{n}}^{*} + s_{\mathrm{g}\alpha\beta}^{\mathrm{T}} \gamma_{\mathrm{g}} \dot{u}_{\mathrm{C}\alpha\beta\mathrm{eq}}^{*} + s_{\mathrm{g}\alpha\beta}^{\mathrm{T}} \gamma_{\mathrm{g}} \dot{u}_{\mathrm{C}\alpha\beta\mathrm{n}}^{*} + s_{\mathrm{g}\alpha\beta}^{\mathrm{T}} T \Delta \dot{f}_{\mathrm{g}}$$

$$\leqslant - k_{\mathrm{g}} (1 - \| \gamma_{\mathrm{g}} \| \| L_{\mathrm{g}} \|) \| s_{\mathrm{g}\alpha\beta} \| +$$

$$(\| \gamma_{\mathrm{g}} \| \| \dot{u}_{\mathrm{C}\alpha\beta\mathrm{eq}}^{*} \| + \| T \| \| \Delta \dot{f}_{\mathrm{g}} \|) \| s_{\mathrm{g}\alpha\beta} \|$$

即

$$\dot{V} = s_{\mathrm{g}\alpha\beta}^{\mathrm{T}} \dot{s}_{\mathrm{g}\alpha\beta} \leqslant - \eta_{\mathrm{g}} \| s_{\mathrm{g}\alpha\beta} \| < 0, \quad \| s_{\mathrm{g}\alpha\beta} \| \neq 0$$

由 Lyapunov 稳定判据可知，$s_{\mathrm{g}\alpha\beta}$ 将在有限时间内收敛到 $\mathbf{0}$，这说明全阶滑模面 $s_{\mathrm{g}\alpha\beta}$ 在有限时间 $t_{\mathrm{r}} \leqslant \| s_{\mathrm{g}\alpha\beta} (0) \| / \eta_{\mathrm{g}}$ 内能够趋于 $\mathbf{0}$。这意味着 $s_{\mathrm{g}\alpha\beta}$ 达到 $\mathbf{0}$ 之后，$\Delta i_{\mathrm{g}\alpha\beta}$ 也会渐渐收敛到 $\mathbf{0}$。

证毕。

将电压误差向量定义为

$$\Delta u_{\mathrm{C}\alpha\beta} = [\Delta u_{\mathrm{C}\alpha}, \Delta u_{\mathrm{C}\beta}]^{\mathrm{T}} = u_{\mathrm{C}\alpha\beta} - u_{\mathrm{C}\alpha\beta}^{*} \tag{3.67}$$

式中，$u_{\mathrm{C}\alpha\beta}^{*}$ 是定理 3.1 中设计的虚拟控制信号的参考值。

接下来设计 FOTSM，让实际控制信号 $u_{\alpha\beta}$ 控制电压输出误差强制为 0。设计完成后入网电流可以满足并网要求。

然后，可以通过式（3.54）所示的 $\alpha\beta$ 静止坐标系中的电压误差系统公式得到

$$\Delta \dot{u}_{\mathrm{C}\alpha\beta} = (C_{\mathrm{f}}^{-1} - L_{\mathrm{f}}^{-1} R_{\mathrm{C}} R_{\mathrm{L}}) i_{\alpha\beta} - (C_{\mathrm{f}}^{-1} - L_{\mathrm{g}}^{-1} R_{\mathrm{C}} R_{\mathrm{g}}) i_{\mathrm{g}\alpha\beta} + L_{\mathrm{g}}^{-1} R_{\mathrm{C}} e_{\alpha\beta} -$$

$$(L_{\mathrm{f}}^{-1} + L_{\mathrm{g}}^{-1}) R_{\mathrm{C}} u_{\mathrm{C}\alpha\beta} + L_{\mathrm{f}}^{-1} R_{\mathrm{C}} u_{\alpha\beta} + \gamma_{\mathrm{C}} u_{\alpha\beta} + T \rho_{\mathrm{C}} - \dot{u}_{\mathrm{C}\alpha\beta}^{*} \tag{3.68}$$

针对上述系统设计如下滑模面：

$$s_{\mathrm{C}\alpha\beta} = \Delta \dot{u}_{\mathrm{C}\alpha\beta} + \beta_{\mathrm{C}\alpha\beta} | \Delta u_{\mathrm{C}\alpha\beta} |^{\mu} \mathrm{sgn} (\Delta u_{\mathrm{C}\alpha\beta}) \tag{3.69}$$

式中，$\beta_{\mathrm{C}\alpha\beta} = \mathrm{diag} (\beta_{\mathrm{C}\alpha}, \beta_{\mathrm{C}\beta})$，$\beta_{\mathrm{C}\alpha}$、$\beta_{\mathrm{C}\beta}$ 均为常数，且 $\beta_{\mathrm{C}\alpha}$，$\beta_{\mathrm{C}\beta} > 0$；$\mu = \mathrm{diag} (\mu_{\alpha}, \mu_{\beta})$，$\mu_{\alpha}$、$\mu_{\beta}$ 均为常数，且 $\mu_{\alpha} \in (0, 1)$，$\mu_{\beta} \in (0, 1)$；$| \Delta i_{\alpha\beta} |^{\mu} \mathrm{sgn} (\Delta i_{\alpha\beta})$ 可以写成

$$| \Delta i_{\alpha\beta} |^{\mu} \mathrm{sgn} (\Delta i_{\alpha\beta}) = [| \Delta i_{\alpha} |^{\mu_{\alpha}} \mathrm{sgn} (\Delta i_{\alpha}), | \Delta i_{\beta} |^{\mu_{\beta}} \mathrm{sgn} (\Delta i_{\beta})]^{\mathrm{T}} \tag{3.70}$$

**定理 3.2**　对于式（3.70）所示的电容电压误差系统，选取如式（3.69）所示的 FOTSM 面，如果控制律采用式（3.71）～（3.74），则并网电流误差将在有限时间内收敛到 0：

$$u_{\alpha\beta} = u_{\alpha\beta\mathrm{eq}} + u_{\alpha\beta\mathrm{n}} \tag{3.71}$$

$$u_{\alpha\beta\mathrm{eq}} = L_{\mathrm{g}} R_{\mathrm{C}}^{-1} [- (C_{\mathrm{f}}^{-1} - L_{\mathrm{f}}^{-1} R_{\mathrm{C}} R_{\mathrm{L}}) i_{\mathrm{L}\alpha\beta} - L_{\mathrm{g}}^{-1} R_{\mathrm{C}} u_{\mathrm{g}\alpha\beta} +$$

$$(C_f^{-1} - L_g^{-1} R_C R_g) i_{g\alpha\beta} + (L_f^{-1} + L_g^{-1}) R_C u_{C\alpha\beta} +$$

$$\dot{u}_{C\alpha\beta}^* - \beta_{C\alpha\beta} |\Delta u_{C\alpha\beta}|^\mu \, \text{sgn} \, (\Delta u_{C\alpha\beta})] \tag{3.72}$$

$$u_{\alpha\beta n} = -L_g R_C^{-1} k_s \frac{s_{C\alpha\beta}}{\| s_{C\alpha\beta} \|} \tag{3.73}$$

$$k_s = \frac{\eta_s + \kappa_C \| \dot{u}_{\alpha\beta eq} \| + \| T \| D_C}{1 - \kappa_C \| L_g R_C^{-1} \|} \tag{3.74}$$

式中，$\eta_s > 0$ 是一个常数。

**证明**  将式(3.68)、式(3.70)、式(3.71)代入式(3.69)可以得到

$$s_{C\alpha\beta} = L_g^{-1} R_C u_{\alpha\beta} + \gamma_C u_{\alpha\beta} + T\rho_C \tag{3.75}$$

式中，$u_{\alpha\beta}$ 是真正的控制变量，用来控制 $\alpha\beta$ 静止坐标系中的电容电压 $u_{C\alpha\beta}$ 跟踪定理 3.2 中设计的虚拟控制信号的参考值 $u_{C\alpha\beta}^*$。

选取 Lyapunov 函数

$$V = 0.5 s_{C\alpha\beta}^T s_{C\alpha\beta} \tag{3.76}$$

并对其求导得

$$\dot{V} = s_{C\alpha\beta}^T \dot{s}_{C\alpha\beta} = L_g^{-1} R_C \dot{u}_{\alpha\beta n} s_{C\alpha\beta}^T + \gamma_C \dot{u}_{\alpha\beta eq} s_{C\alpha\beta}^T + \gamma_C \dot{u}_{\alpha\beta n} s_{C\alpha\beta}^T + T\dot{\rho}_C s_{C\alpha\beta}^T$$

$$\leqslant -k_s (1 - \| \gamma_C \| \| L_g R_C^{-1} \|) \| s_{C\alpha\beta} \| +$$

$$(\| \gamma_C \| \| \dot{u}_{\alpha\beta eq} \| + \| T \| \| \dot{\rho}_C \|) \| s_{C\alpha\beta} \|$$

即

$$\dot{V} = s_{C\alpha\beta}^T \dot{s}_{C\alpha\beta} \leqslant -\eta_s \| s_{C\alpha\beta} \| < 0, \qquad \| s_{C\alpha\beta} \| \neq 0$$

由 Lyapunov 稳定判据可知，$s_{C\alpha\beta}$ 将在有限时间内收敛到 **0**，这说明 FOTSM 面 $s_{C\alpha\beta}$ 在有限时间 $t_r \leqslant \| s_{C\alpha\beta}(0) \| / \eta_s$ 内能够趋于 **0**。这意味着当前的误差 $\Delta u_{C\alpha\beta}$ 将在 $s_{C\alpha\beta} = \mathbf{0}$ 后的有限时间内收敛到零。证毕。

### 3.3.3  LCL 逆变器的 FOTSM 控制仿真分析

为了验证所提出方法的有效性，使用 Matlab 对控制器进行仿真。系统参数设定如下：额定功率为 20 kW；直流母线电压为 700 V；直流电容为 6 000 $\mu$F；电感 $L_{fk}$ 为 1 mH($k = a, b, c$)；电感 $L_{gk}$ 为 2 mH($k = a, b, c$)；滤波电容为 30 $\mu$F；剩余电阻 $R_{fk}$、$R_{gk}$、$R_{Ck}$ 为 0.4 $\Omega$($k = a, b, c$)；电网相电压为 220 V。控制器的参数为：$k_g = 70\ 763.45$，$k_d = 11\ 595\ 425.92$，$\beta = \text{diag}(5\ 000, 5\ 000)$，$\beta_{C\alpha\beta} = \text{diag}(8\ 496, 8\ 496)$，$\mu = \text{diag}(0.6, 0.6)$。假定系统工作在理想情况下，即电感、电

阻和电容值保持不变,仿真结果如图 3.19 和图 3.20 所示。

图 3.19(a) 和(b) 所示分别为虚拟控制信号 $u_{C\alpha\beta}$ 和控制信号 $u_{\alpha\beta}$,逆变器的输出电压稳定。从图 3.20 中可以看出,对于并网电流误差,在 FOTSM 下系统可以很快到达滑模面,稳态误差可以收敛到 $10^{-4}$ 数量级,但是在 PI 控制下的稳态误差明显较大,约是 SMC 的 $10^3$ 倍;对于滤波电容电压误差,在 FOTSM 下稳态误差同样比在 PI 控制下要小,超调量也比 PI 控制下要小。从图 3.21 中可以看出,直流母线电压在 0.16 s 左右稳定在了 700 V,内环和外环的被控量均达到稳定。从以上仿真结果可以看出,在 $\alpha\beta$ 坐标系下所设计的 FOTSM 有很高的控制精度,收敛速度较快,超调量较小,具有良好的控制效果。

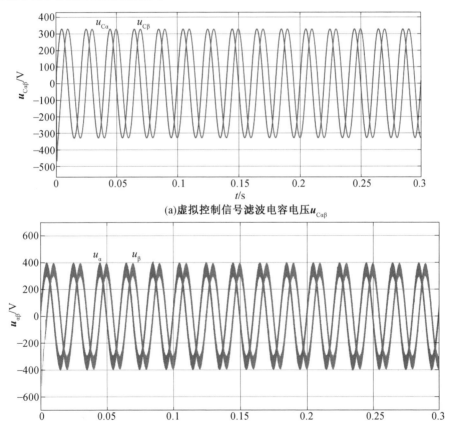

(a)虚拟控制信号滤波电容电压$u_{C\alpha\beta}$

(b)实际控制信号逆变器输出电压$u_{\alpha\beta}$

图 3.19　控制信号的响应

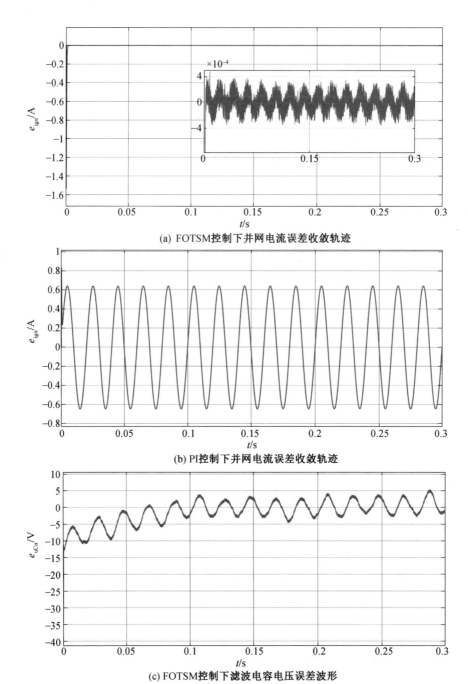

(a) FOTSM控制下并网电流误差收敛轨迹

(b) PI控制下并网电流误差收敛轨迹

(c) FOTSM控制下滤波电容电压误差波形

图 3.20　FOTSM 控制和 PI 控制下误差波形的比较

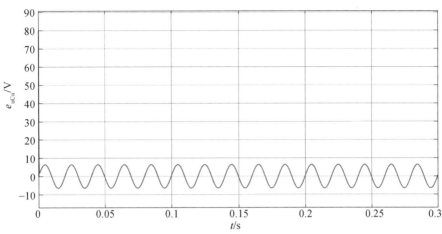

(d) PI控制下滤波电容电压误差波形

续图 3.20

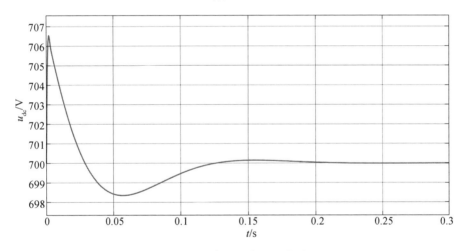

图 3.21　直流母线电压波形

# 本 章 小 结

　　本章针对双馈风力发电系统和永磁直驱风力发电系统的网侧逆变器在理想电网电压情形下进行了研究。首先建立了网侧逆变器在 dq 坐标系下的数学模型,并根据其数学模型设计了基于 PI 控制的电流内环、电压外环的并网控制策略。在此基础上进一步研究了高阶非奇异终端滑模变结构控制电流内环、PI 控制电压外环的并网控制策略,并进行对比研究,结果表明采用高阶非奇异终端滑模变结构控制策略响应更快,在电网电压波动以及直流侧输入变化时鲁棒性更好。同时为了获取电网的相位信息,设计了三相软件锁相环,克服了传统硬件锁相电路在电网电压畸变时不能准确锁相的缺点。其次,对 LCL 并网逆变器在两相静止坐标系下提出了无锁相环型电流内环 FOTSM 控制器,将滤波电容的电压信号作为虚拟的控制信号,直接控制并网电流来实现单位功率因数并网。电压外环采用基于功率前馈的 PI 控制,来达到协调控制稳定直流母线电压的目的。最后通过仿真验证了提出的 FOTSM 策略的正确性,结果表明该控制器还具有较高的控制精度和较快的响应速度。

# 本章参考文献

[1] 何璇,廖翠萍,黄莹. 可再生能源战略研究方法综述[J]. 科学, 2015(1):48-52.

[2] 李军军,吴政球,谭勋琼,等. 风力发电及其技术发展综述[J]. 电力建设, 2011(8):64-70.

[3] SHAKTI S. Wind power:Future lies within[C]// 2016 7th India International Conference on Power Electronics (IICPE),Patiala, India, 2016(17-19):1-5.

[4] 张宪平.直驱式变速恒频风力发电系统低电压穿越研究[J]. 大功率变流技术,2010(4):28-31.

[5] 王要强. LCL 滤波的并网逆变系统及其适应复杂电网环境的控制策略[D]. 哈尔滨:哈尔滨工业大学,2013.

[6] 王彦清. 三相 LCL 并网逆变器控制方法研究[D]. 天津:天津大学,2014.

[7] 陈磊,季亮,杨兴武,等. LCL 型并网逆变器新型频率自适应重复控制方法[J]. 电力系统保护与控制,2017,45(23):57-59.

[8] 揭飞,陈国定,钟引帆,等.带 LCL 滤波的单相逆变器滑模控制[J].太阳能学报,2017,38(04):1033-1037.

[9] FENG Y, YU X, MAN Z. Non-singular terminal sliding mode control of rigid manipulators[J]. Automatica, 2002, 38(12):2159-2167.

[10] FENG Y, YU X, HAN F. On nonsingular terminal sliding-mode control

of nonlinear systems[J]. Automatica，2013，49(6)：1715-1722.

[11] FENG Y，HAN F，YU X. Chattering free full-order sliding-mode control[J]. Automatica，2014，50(4)：1310-1314.

[12] UTKIN V I，GULDNER J，SHI J. Sliding mode control in electro-mechanical systems[M]. London：Taylor & Francis，1999.

[13] UTKIN V I，CHEN D S，CHANG H C. Block control principle for mechanical systems[J]. Journal of Dynamic Systems Measurement and Control，2000，112(1)：1-10.

[14] LUKYANOV A G，UTKIN V I. Time-varying linear system decomposed control[C]// Proceedings of the 1998 American Control Conference，Philadelphia，PA，USA，1998：2884-2888.

[15] FENG Y，HAN X，WANG Y，et al. Second-order terminal sliding mode control of uncertain multivariable systems[J]. Int. J. Control，2007，80(6)：856-862.

[16] 李朋. 不平衡故障两相静止坐标系下并网逆变器控制策略研究[D]. 哈尔滨:哈尔滨工业大学，2015.

# 第4章

# 电网故障下滑模控制理论在风力
发电系统中的运行控制

风力发电系统的两大主流机型,即双馈风力发电系统(DFIG)和永
磁直驱风力发电系统(D−PMSG)中,电网都通过网侧逆变器与
机侧的逆变器相连接,电网一旦发生故障,会对其运行性能造成很大影
响。尤其是DFIG系统中,定子直接与电网相连接,会直接对电机系统造
成损坏。而传统的PI控制已经不能保证逆变器稳定运行,因此有必要对
电网电压故障下逆变器的控制策略做出改进。由于传统的电流控制大多
是在两相dq旋转坐标系下实现的,旋转坐标变换、同步锁相以及前馈解
耦等环节会导致控制器运算量大、控制复杂。同时,电压外环仅从逆变器
侧考虑,而忽略了机侧逆变器对其也有影响,导致电压外环调节速度较
慢。本章提出采用具有鲁棒性的滑模控制作为研究对象,最后通过仿真
验证其有效性。

# 4.1　电网故障类型

造成电网故障的原因多种多样,但是各种不同原因造成的故障归纳起来,可大致分为短路故障和断线故障两大类,其中主要的是短路故障。

## 4.1.1　短路故障

短路故障是指电力系统正常运行情况以外的相与相之间或相与地(或中性点)之间的连接。短路故障按发生故障的相数可分为三相故障、两相故障和单相故障,其中三相故障属于对称故障,除三相故障以外的故障都属于不对称故障。两相故障又可分为两相相间短路故障和两相短路接地故障。短路类型分类表见表 4.1。

表 4.1　短路类型分类表

| 短路类型 | 示意图 | 符号 |
|---|---|---|
| 三相短路 | | $f^{(3)}$ |
| 两相短路 | | $f^{(2)}$ |

滑模控制理论在新能源系统中的应用

续表4.1

| 短路类型 | 示意图 | 符号 |
|---|---|---|
| 两相短路接地 | | $f^{(1,1)}$ |
| 单相短路接地 | | $f^{(1)}$ |

短路发生的根本原因在于电气载流导体绝缘的破坏,具体形式包含以下情况:雷击、闪电等引起的过电压,绝缘材料的自然老化,外力引起的导体绝缘损坏,不可预计的自然损坏(大风、导线覆冰等引起的电杆倒塌),鸟兽危害,运行人员误操作等。短路故障发生时电流剧增,短路点附近的电压急剧下降,会对电力系统的正常运行和电气设备造成很大的危害。 从短路的计算方法来看,一切的不对称计算,都可以通过对称分量法转化成对称短路的计算。

**1.三相短路**

电网输电线路的三相短路属于对称故障,可以看成是恒定电动势源下的三相短路,图 4.1 所示为简单三相电路短路模型。

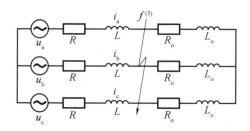

图 4.1 简单三相电路短路模型

当电路发生如图 4.1 所示的故障时,电路被分成两部分,一部分含有电源,另一部分只含有负载。不含电源部分的电流将消耗到这部分的阻抗上,由故障发生前的数值衰减到零。含电源部分短路全电流可表示为下式:

$$i_a = I_{pm}\sin(\omega t + \alpha - \phi) + [I_m \sin(\alpha - \phi') - I_m \sin(\alpha - \phi)]e^{-\frac{t}{T_a}} \quad (4.1)$$

式中，$I_{pm}$ 和 $I_m$ 分别为短路前、后的电流幅值；$\phi$ 和 $\phi'$ 分别为短路前、后的阻抗角；$\alpha$ 为电源电动势的初始相角；$T_a$ 为时间常数。

由此可知 b 相和 c 相短路电流的公式为

$$
\begin{cases}
i_b = I_{pm}\sin(\omega t + \alpha - \phi - 120°) + [I_m \sin(\alpha - \phi' - 120°) - \\
\qquad I_m \sin(\alpha - \phi - 120°)]e^{-\frac{t}{T_a}} \\
i_c = I_{pm}\sin(\omega t + \alpha - \phi + 120°) + [I_m \sin(\alpha - \phi' + 120°) - \\
\qquad I_m \sin(\alpha - \phi + 120°)]e^{-\frac{t}{T_a}}
\end{cases} \quad (4.2)
$$

由此可见，三相短路电流由两部分组成，一部分是不衰减的强制分量，另一部分是按指数衰减的自由分量，且短路电流的大小与短路回路短路前、后的阻抗角 $\phi$、$\phi'$，电源电势的初始相角 $\alpha$，以及时间常数 $T_a$ 均有关。

**2. 两相短路**

两相短路是指三相电路中 a 相、b 相和 c 相中有两相发生短接。对于架空线路来说，可能是鸟兽、树枝等异物跨接在了两相之间；对于电力电缆来说，可能是相与相之间的绝缘受到破坏。根据短接在一起的两相的相别不同，可分为 a、b 两相短路，b、c 两相短路和 c、a 两相短路。研究发现，故障相 b 相和 c 相故障电流的大小相等，均为正序电流的 $\sqrt{3}$ 倍，方向相反；但其电压大小相等、方向相同，且非故障相电压为正序电压和故障相电压的 2 倍，方向相反。

**3. 两相短路接地**

两相短路接地是指在三相电路中 a 相、b 相和 c 相中有两相发生短路，并与地发生短接。根据短接在一起的两相的相别不同，可分为 a、b 两相短路接地，b、c 两相短路接地和 c、a 两相短路接地。同样运用对称分量法，以 b、c 两相短路接地为例，此时 a 相作为特殊相，经过计算可得故障点电流为

$$
\begin{cases}
\dot{I}_b = \dfrac{-3X_2 - j\sqrt{3}(X_2 + 2X_0)}{2(X_2 + 2X_0)}\dot{I}_{a1} \\[4mm]
i_c = \dfrac{-3X_2 + j\sqrt{3}(X_2 + 2X_0)}{2(X_2 + 2X_0)}\dot{I}_{a1}
\end{cases} \quad (4.3)
$$

故障处非故障相电压为

$$\dot{V}_a = j\frac{\sqrt{3}X_2 X_0}{2(X_2 + 2X_0)}\dot{I}_{a1} \quad (4.4)$$

式中, $\dot{I}_{a1}$ 为 a 相的正序电流; $X_2$ 、 $X_0$ 分别为负序和零序电抗。

**4. 单相接地短路**

单相接地短路是指三相电路中, a 相、b 相或 c 相中某一相由于某种原因发生与地的短接。单相接地短路属于不对称故障,通过应用对称分量法对不对称短路进行分析,就可以明确短路后电路中三相电压和电流的变化。通过对称分量法分析可知,短路点电流是正序电流分量的 3 倍;非故障相电压的绝对值相等,若短路发生在直接接地的中性点附近,此时非故障相电压大小相等,方向刚好相反,中性点不接地系统,单相短路电流为零,非故障相电压升高为线电压,即为相电压的 $\sqrt{3}$ 倍。

### 4.1.2    断路故障

电网的短路故障有时也称为横向故障,因为它是相对相(或相对地)的故障。还有一种称为纵向故障的情况,即断路故障。断路故障包括一相断开和两相断开,断路故障都属于不对称故障。这种情况往往发生在某一相上出现短路后,该相的断路器断开,因而形成一相断路。当采用对称分量法分析断路故障时,可将其转换为边界条件相同的短路故障进行分析。

## 4.2    三相电网电压对称跌落对风力发电系统的影响

### 4.2.1    对称跌落对 DFIG 的影响

为了更好地了解电网电压跌落时 DFIG 定、转子的暂态特性,本节选取短路故障中最为严重的三相对称短路故障进行分析研究。当 DFIG 定子出现短路故障时,定、转子等效电感为

$$\begin{cases} L'_s = L_{ls} + \dfrac{L_{lr}L_m}{L_{lr}+L_m} \approx L_{ls}+L_{lr} \\[2mm] L'_r = L_{lr} + \dfrac{L_{ls}L_m}{L_{ls}+L_m} \approx L_{lr}+L_{ls} \end{cases} \quad (4.5)$$

式中, $L'_s$ 、 $L'_r$ 分别为 DFIG 定、转子瞬态短路电感; $L_m$ 为电机激磁感; $L_s$ 、 $L_r$ 分别为定、转子全电感,且 $L_s = L_m + L_{ls}$ , $L_r = L_m + L_{lr}$ ,其中 $L_{ls}$ 为定子绕组的漏感,

$L_{lr}$ 为转子绕组的漏感。

电网发生三相短路故障时,DFIG 定子电压瞬间跌落到零,由于磁链守恒,定子磁链不能像电压一样发生瞬变,这样定子磁链中便感生出较大的直流分量,并且将会以一定的衰减时间常数逐渐减小到零,其衰减时间由 DFIG 的定子电阻以及短路故障时的定子等效电感共同决定,即

$$T_s = \frac{L_s'}{R_s} = \frac{L_{ls} + \dfrac{L_{lr}L_m}{L_{lr} + L_m}}{R_s} \approx \frac{L_{ls} + L_{lr}}{R_s} \tag{4.6}$$

式中,$T_s$ 为短路故障时定子时间常数。

忽略定子电阻压降引入的交流分量,此时 DFIG 定子磁链可近似等于短路故障感生出的定子磁链暂态直流分量 $\psi_{sdc}$,即

$$\psi_s \approx \psi_{sdc} = \frac{V_s}{j\omega_1} e^{-t/T_s} \tag{4.7}$$

式中,$V_s$ 为短路故障前的电网电压幅值;$\psi_s$ 为定子磁链矢量幅值,在电网电压正常时,可以将其视为常量。

同理,由于定子电压的大幅跌落,其在转子磁链的交流耦合部分可忽略不计,所以转子磁链也可近似等于转子磁链的直流分量 $\psi_{rdc}$,并且以转子时间常数 $T_r$ 衰减,即

$$\psi_r = \psi_{rac} + \psi_{rdc} \approx \psi_{rdc} = \psi_{rdc0} e^{-t/T_r} \tag{4.8}$$

式中,$\psi_{rdc}$、$\psi_{rac}$ 分别为电网发生短路故障时转子磁链的直流分量和交流分量;$T_r = L_r'/R_r$。

将定、转子磁链均转换到定子坐标系中,两者的空间矢量时序表达式为

$$\begin{cases} \psi_r \approx \psi_{rdc} e^{j\omega_r t} = \psi_{rdc0} e^{-t/T_r} e^{j\omega_r t} \\ \psi_s \approx \psi_{sdc0} e^{-t/T_s} \end{cases} \tag{4.9}$$

式中,$\psi_{sdc0}$、$\psi_{rdc0}$ 分别表示短路故障瞬间定、转子磁链的有效值。

故可得定、转子故障电流为

$$i_s = -i_r \approx \frac{\psi_s - \psi_r}{L_{ls} + L_{lr}} \approx \frac{\psi_{sdc} - \psi_{rdc}}{L_{ls} + L_{lr}} = \frac{\psi_{sdc0} e^{-t/T_s} - \psi_{rdc0} e^{-t/T_r} e^{j\omega_r t}}{L_{ls} + L_{lr}} \tag{4.10}$$

从式(4.10)可以看出,定子电流由两部分分量组成,一部分由定子磁链自身的直流分量感生而成,同时该电流分量在定子电阻的作用下以定子时间常数逐渐衰减至零;另一部分则由转子磁链直流分量感生而成,转子磁链的直流分量转换到定子坐标系中时,需乘以角速度 $\omega_r$ 旋转的交流分量,同时该交流分量受转子

电阻的影响,以转子时间常数 $T_r$ 逐渐衰减至零。

在转子坐标系中,转子电流可表示为

$$i_r = \frac{\psi_{sdc0}\,e^{-t/T_s}\,e^{-j\omega_r t} - \psi_{rdc0}\,e^{-t/T_r}}{L_{ls} + L_{lr}} \tag{4.11}$$

从式(4.11)可以看出,此时的转子电流也主要由两部分组成,一部分由定子磁链的直流分量感生而成,是角频率为 $\omega_r$ 的交流分量,并且受定子电阻的影响,该分量以定子时间常数 $T_s$ 逐渐衰减到零;另一部分则由转子磁链的直流分量感生而成,这部分分量受转子自身结构的影响以转子时间常数 $T_r$ 逐步衰减至零。短路故障期间,定子磁链的直流分量和转子磁链的直流分量基本上只在定、转子的漏磁路形成回路,导致三相短路故障时,感生的故障电流只由定、转子磁链直流分量及定、转子瞬态短路电感 $L_s' = L_r' = L_{ls} + L_{lr}$ 决定。对于大型的双馈风力发电机,其定、转子漏感通常较小,约为 0.1 倍的标幺值,这样磁链直流分量产生的故障电流就会很大,甚至为 $5 \sim 10$ 倍的额定值,从而给 DFIG 造成严重的损害。

### 4.2.2　电网电压跌落对 DFIG 直流母线的影响

DFIG 的直流母线作为机侧逆变器和网侧逆变器进行能量交换的枢纽,其电压的稳定是网侧逆变器的首要控制目标,同时也是保证转子侧逆变器正常工作的必要条件。直流母线作为容性器件,两端的电压与流经母线的功率直接相关,所以下面从分析故障期间流经直流母线的功率流动情况入手,对直流母线在电网电压跌落时波动的原因进行研究。

由前面的网侧逆变器控制机理式(3.16)可知,为了更好地区别于网侧逆变器,令 $u_{gd} = u_d$,$u_{gq} = u_q$,$i_{gd} = i_d$,$i_{gq} = i_q$,因此,当采用定子电压定向矢量控制策略时,有

$$\begin{cases} u_{gd} = u_s \\ u_{gq} = 0 \end{cases} \tag{4.12}$$

式中,$u_{gd}$ 与 $u_{gq}$ 分别为网侧 d、q 轴电压分量。

由电网向 DFIG 输送的有功功率和无功功率的表达式为

$$\begin{cases} P_g = u_{gd}i_{gd} + u_{gq}i_{gq} = u_s i_{gd} \\ Q_g = u_{gq}i_{gd} - u_{gd}i_{gq} = -u_s i_{gq} \end{cases} \tag{4.13}$$

式中,$P_g$ 和 $Q_g$ 分别为网侧逆变器从电网吸收的有功功率和无功功率。

从式(4.13)可以看出,DFIG 网侧逆变器从电网吸收的有功功率 $P_g$ 和无功功率 $Q_g$,受到电网电压 $u_s$ 及电网流入网侧逆变器的电流 $i_{gd}$、$i_{gq}$ 的共同影响。当 DFIG 工作在亚同步状态时,$P_g > 0$,电网向 DFIG 输送有功功率;当 DFIG 工作在超同步状态时,$P_g < 0$,DFIG 通过网侧逆变器向电网输送有功功率。若 $Q_g > 0$,DFIG 通过网侧逆变器向电网发送容性的无功功率;若 $Q_g < 0$,DFIG 的网侧逆变器向电网发送感性的无功功率。

电网电压正常时,DFIG 工作在稳定状态,此时直流母线电压保持在恒定值。直流母线电压的变化取决于其与机侧逆变器及网侧逆变器交换的有功功率,即

$$\frac{1}{2}C\frac{\mathrm{d}U_{dc}^2}{\mathrm{d}t} = P_{dc2} - P_{dc1} \tag{4.14}$$

式中,$P_{dc1}$ 为由直流母线向转子侧逆变器输送的瞬时有功功率;$P_{dc2}$ 为网侧逆变器向直流母线注入的瞬时有功功率。

忽略能量由电网流经网侧逆变器的各种损耗,网侧逆变器从电网吸收的有功功率近似等于网侧逆变器注入直流母线的瞬时有功功率,即

$$P_g = P_{dc2} \tag{4.15}$$

将式(4.15)代入式(4.14)可得

$$\frac{1}{2}C\frac{\mathrm{d}U_{dc}^2}{\mathrm{d}t} = P_g - P_{dc1} = u_s i_{gd} - P_{dc1} \tag{4.16}$$

由式(4.16)可以看出,直流母线电压的变化取决于电网电压 $u_s$、直流母线向机侧逆变器输送的有功功率 $P_{dc1}$ 以及网侧逆变器的 d 轴输入电流 $i_{gd}$。当电网电压骤降时,$u_s$ 瞬间变小,转子侧严重的过电压、过电流现象导致直流母线无法正常向转子输送有功功率,电网电压的降低也使得电网和网侧逆变器无法继续保持正常的能力交换,间接导致了 $i_{gd}$ 的变化,受这些因素的共同影响,直流母线在故障期间会出现较为严重的电压波动情况。

### 4.2.3　电网电压三相对称跌落时 DFIG 的仿真分析

在搭建的 DFIG 系统模型的基础上,对 DFIG 机端电压发生 80% 严重对称跌落故障的暂态响应进行了仿真研究。仿真过程中,未考虑风速的变化,同时 DFIG 的转速设定为 1.2 倍的额定值,即工作在超同步状态,同时故障期间未接入转子撬棒(Crowbar)。在 $t = 0.6\ \mathrm{s}$ 时,电网电压对称跌落 80%,$t = 0.8\ \mathrm{s}$ 时故障切除,DFIG 三相电压对称跌落 80% 时各参量波形如图 4.2 所示。

图 4.2(a) 所示为电网汇流母线 PCC 处三相机端电压,故障发生后由正常值跌落到原来的 20%;图 4.2(b) 所示为 DFIG a 相定子电流,在电网电压跌落后,受定子磁链直流分量的影响,定子电流出现较大的直流分量,从图中可以看出跌落时刻定子电流达到最大值。同时受到定子电阻的作用,定子电流直流分量逐渐衰减至零;图 4.2(c) 所示为三相转子电流幅值,在跌落故障发生后,由于未采用转子 Crowbar 保护装置,受转子磁链直流分量和定子磁链直流分量共同作用,转子电流幅值骤升,经过约 100 ms,转子电流逐步恢复至正常水平;图 4.2(d) 所示为 DFIG 输出有功功率,DFIG 机端电压的突然跌落,导致 DFIG 向电网输送的有功功率严重下降,故障切除后,输送的有功功率在经过 100 ms 的振荡后逐步稳定在正常水平;图 4.2(e) 所示为 DFIG 输出无功功率,故障期间,DFIG 不能输出有功功率,而 DFIG 输入的机械能几乎不变,所以多余的能量除了消耗在自身内部之外,也会部分以无功功率的形式馈送到电网;图 4.2(f) 所示为 DFIG 的直流母线电压,电网电压的跌落,致使 DFIG 无法正常向电网输送有功功率和无功功率,多余的能量除了消耗在定、转子之外,还会注入直流母线之中使得直流母线电压升高,直流母线电压增大至超过额定值时,直流母线撬棒动作,直流母线电压下降。

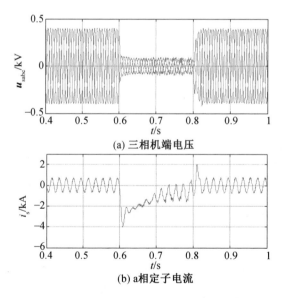

(a) 三相机端电压

(b) a 相定子电流

图 4.2　DFIG 三相电压对称跌落 80% 时各参量波形

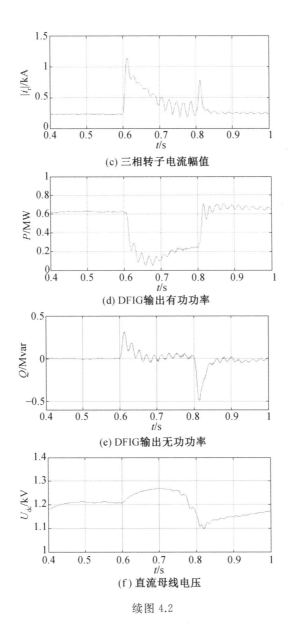

(c) 三相转子电流幅值

(d) DFIG输出有功功率

(e) DFIG输出无功功率

(f) 直流母线电压

续图 4.2

## 4.2.4　对称跌落故障对 D － PMSG 的影响

当出现对称跌落故障时,电网电压 $e_{abc}$ 中正序分量 $e_{abc}^{+}$ 会减小,同时会产生负序分量 $e_{abc}^{-}$。负序分量的存在会对逆变器性能以及控制器设计造成很大影响,此时并网逆变器等效电路图如图 4.3 所示。

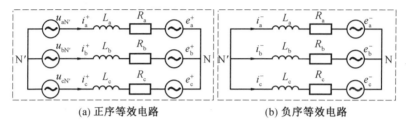

(a) 正序等效电路                 (b) 负序等效电路

图 4.3 对称跌落故障下并网逆变器等效电路图

下面以 a 相为例进行分析,由图 4.3 可以看出,逆变器输出电压 $u_{aN'}$ 与电网电压正序分量 $e_a^+$ 以及滤波器 $L_a(R_a)$ 构成正序回路;而电网电压负序分量 $e_a^-$ 只与滤波器 $L_a(R_a)$ 构成负序回路,而无逆变器输出电压与之对应,所以对称跌落故障时,很小的负序电压就有可能导致很大的负序电流。并且由于上述负序分量的存在,输出功率会出现 2 倍频波动,而直流母线电压会因为脉宽调制而产生 2 次谐波,直流母线 2 次谐波又会通过调制在交流侧产生 3 次谐波。如果不能消除 3 次电流谐波,它与基波正序电流相乘会导致逆变器输出有功功率出现 4 次谐波,这意味着直流母线电压也会出现相应的波动。而直流侧的 4 倍频波动同样会使逆变器输出电流出现 5 次谐波。这样,直流侧与交流侧相互影响,直流母线电压以及逆变器输出电流就会分别出现大量的偶次谐波和奇次谐波。因此,有必要对并网逆变器的功率以及电流进行控制,从而达到稳定直流母线电压以及保证输出电能质量的目的。

# 4.3 三相电网电压不对称跌落故障对风力发电系统的影响

## 4.3.1 不对称跌落故障对 DFIG 运行的影响

为了分析不对称跌落故障中负序分量对 DFIG 运行状态的影响,采用传统 PI 控制策略,对运行在不对称跌落故障下的 DFIG 进行仿真研究。设置电网电压的不平衡度为 5%,风速为 12 m/s,DFIG 发电机参数见表 4.2。

表 4.2　DFIG 发电机参数

| 名称 | 参数值 | 名称 | 参数值 |
|---|---|---|---|
| 额定功率 | 1.5 MW | 定子电阻 | 0.007 06 pu |
| 定子额定电压 | 575 V | 转子电阻 | 0.005 pu |
| 定子额定频率 | 50 Hz | 定子漏感 | 0.171 pu |
| 定、转子互感 | 2.9 pu | 转子漏感 | 0.156 pu |

图 4.4 所示即为不对称跌落故障时,采用传统 PI 控制的 DFIG 系统仿真结果。由图 4.4(a)、图 4.4(b)可见,定、转子电流的 d、q 轴分量中包含明显的 2 倍频波动,可能导致过压、过流和绕组发热不均等故障;图 4.4(c)所示的定子有功、无功功率将输送给电网,随着风力发电机装机容量的不断增大,其对电网的影响不可忽略,这种波动功率会降低电网质量,进一步恶化电网;图 4.4(d)所示为存在 2 倍频脉动的电磁转矩,会增大机械应力,甚至损坏齿轮箱及风力发电机。

由以上分析可见,研究 DFIG 在不对称跌落故障条件下的控制策略,消除或抑制不对称跌落故障对 DFIG 系统造成的影响具有十分重要的意义。

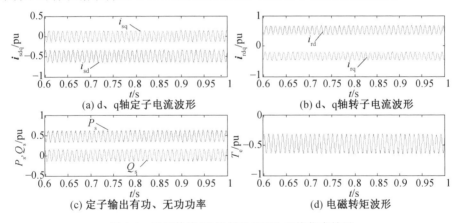

(a) d、q 轴定子电流波形　　　　　　(b) d、q 轴转子电流波形

(c) 定子输出有功、无功功率　　　　　(d) 电磁转矩波形

图 4.4　采用传统 PI 控制的 DFIG 系统仿真结果

### 4.3.2　不对称跌落故障对网侧逆变器的影响

当出现不对称跌落故障时,采用传统 PI 控制的网侧逆变器仿真结果如图 4.5 所示。选择的网侧逆变器参数为:电源相电压为 220 V、$f$ 为 50 Hz,电感 $L$ 为 16 mH,电阻 $R$ 为 0.3 Ω,$C$ 为 2 200 μF,调制频率为 10 kHz,$U_{dc}^{*}$ 为 600 V。系统初始状态时为三相平衡电网电压,系统启动后达到了稳定状态。在 0.2 s 时刻,a 相电压突然跌落 20%,即不平衡度为 7%。此时直流母线电压,瞬时有功、无功功

率和电流中除了高频谐波外还包含明显的 2 倍频谐波,使得系统纹波变大。其中直流母线电压在平衡状态下纹波为 0.1%,而发生不对称跌落故障时,纹波增加为 0.13%。

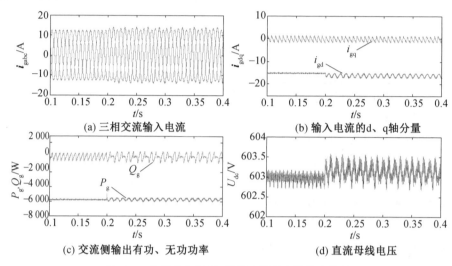

(a) 三相交流输入电流

(b) 输入电流的d、q轴分量

(c) 交流侧输出有功、无功功率

(d) 直流母线电压

图 4.5 采用传统 PI 控制的网侧逆变器仿真结果

## 4.4 三相电网电压不平衡故障下风力发电系统的模型

由于风力资源大多分布在电网较薄弱的偏远地区,且较长距离的电力传输线很容易出现线路破损、绝缘老化、各相阻抗不对称等导致电网电压不平衡的问题,因此,实际应用中的风力发电机出现电网不平衡故障的概率很大。在电网电压出现不平衡故障时,能够准确地检测电网信息,是对变速恒频系统进行有效控制的关键。而精确的数学模型是系统控制器设计的基础,为改善风力发电系统的动、静态性能提供了强有力的理论依据。

### 4.4.1 不平衡故障下电网电压数学模型

当电网电压不平衡时,电网电压可以看作三种分量之和,第一种为正序分量,第二种为负序分量,第三种为零序分量。对于 DFIG 这种无中性线的三相系统,可以忽略零序成分,此时电网电压可以表示为

$$e = e_+ + e_- = E_+ \begin{bmatrix} \cos(\omega t + \theta_+) \\ \cos\left(\omega t - \dfrac{2}{3}\pi + \theta_+\right) \\ \cos\left(\omega t + \dfrac{2}{3}\pi + \theta_+\right) \end{bmatrix} + E_- \begin{bmatrix} \cos(\omega t + \theta_-) \\ \cos\left(\omega t + \dfrac{2}{3}\pi + \theta_-\right) \\ \cos\left(\omega t - \dfrac{2}{3}\pi + \theta_-\right) \end{bmatrix}$$

$$(4.17)$$

式中,$e$ 表示电网电压基波矢量;$E$ 表示电压幅值;$\theta$ 表示电压初始相角;下标 +、
— 分别表示正序分量和负序分量。

电网电压经 Clark 坐标变换后,得到 $\alpha\beta$ 静止坐标系下电压表达式为

$$e_{\alpha\beta} = e_{\alpha\beta+} + e_{\alpha\beta-} = E_+ \begin{bmatrix} \cos(\omega t + \theta_+) \\ \sin(\omega t + \theta_+) \end{bmatrix} + E_- \begin{bmatrix} \cos(-\omega t + \theta_-) \\ \sin(-\omega t + \theta_-) \end{bmatrix} \quad (4.18)$$

由式(4.18)可见,不对称跌落故障可以看成是与电网角速度 $\omega$ 同向旋转的
正序分量和以 $\omega$ 角速度反向旋转的负序分量之和。由此,可将电网电压分别变
换到正、反转同步旋转坐标系正 $SRF(dq^+)$ 和负 $SRF(dq^-)$ 中,坐标变换的矢量
关系图如图 4.6 所示。

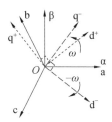

图 4.6　坐标变换的矢量关系图

经过正、反转同步旋转变换后,得到的电压表达式分别为

$$e_{dq}^+ = e_{dq+}^+ + e_{dq-}^+ = \begin{bmatrix} E_{d+}^+ \\ E_{q+}^+ \end{bmatrix} + \begin{bmatrix} E_{d-}^- \cos(-2\omega t + \theta_-) \\ E_{q-}^- \sin(-2\omega t + \theta_-) \end{bmatrix} \quad (4.19)$$

$$e_{dq}^- = e_{dq+}^- + e_{dq-}^- = \begin{bmatrix} E_{d+}^+ \cos(2\omega t + \theta_+) \\ E_{q+}^+ \sin(2\omega t + \theta_+) \end{bmatrix} + \begin{bmatrix} E_{d-}^- \\ E_{q-}^- \end{bmatrix} \quad (4.20)$$

式中,上标 +、— 分别表示正 SRF 和负 SRF。

式(4.19)表示在正 SRF 中,电网电压为直流正序分量与 2 倍频交流负序分量
之和。同理,式(4.20)表示电网电压在负 SRF 中为直流负序分量与 2 倍频交流正
序分量之和。

为验证上述不对称跌落故障特性理论分析的正确性,用下列的仿真加以验
证。图 4.7 所示为 abc 坐标系下三相电网电压波形,在 $0 \sim 0.1$ s时电网电压为三

相平衡的,在 0.1 s 时 a 相电压跌落 20%,在 0.2 s 时 a 相电压跌落为零。

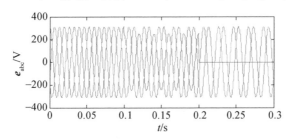

图 4.7  abc 坐标系下三相电网电压波形

对图 4.7 所示的三相电网电压进行正、反转同步旋转坐标变换,可分别得到电网电压的 $dq^+$ 轴分量和 $dq^-$ 轴分量。图 4.8(a)、(b) 所示分别为经过正 SRF 变换后的 $d^+$、$q^+$ 轴分量,图 4.8(c)、(d) 所示分别为经过负 SRF 变换后的 $d^-$、$q^-$ 轴分量。

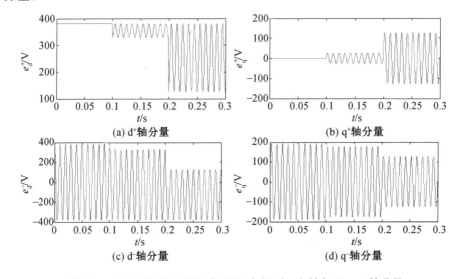

(a) $d^+$ 轴分量

(b) $q^+$ 轴分量

(c) $d^-$ 轴分量

(d) $q^-$ 轴分量

图 4.8  电网电压在正 SRF、负 SRF 中的 $d^+$、$q^+$ 轴与 $d^-$、$q^-$ 轴分量

当电网电压平衡时(0 ~ 0.1 s),只含有正序电压分量,其表现在正 SRF 中的 $d^+$、$q^+$ 轴分量均为直流量,如图 4.8(a)、(b) 中 0 ~ 0.1 s 时的波形,而其表现在负 SRF 中的 $d^-$、$q^-$ 轴分量只含有频率为 100 Hz(即 2 倍电网频率)的交流成分。当电网电压不平衡时,电压分量中同时含有正序成分和负序成分,正序成分在正 SRF 中为直流量,在负 SRF 中为 2 倍频交流量;负序成分在负 SRF 中为直流量,在正 SRF 中为 2 倍频交流量。因此,不对称跌落故障在正 SRF 和负 SRF 中均是

由直流分量和 2 倍频交流分量叠加而成,如图 4.8 中 0.1～0.3 s 的波形。为了分离出电网电压的正、负序分量,只需分别消除正 SRF 和负 SRF 中的交流成分,提取出直流分量即可。进而,根据不平衡度的定义,可计算出电网电压 a 相跌落 20% 时电网的不平衡度为 7%,a 相电压跌落为零时电网的不平衡度为 50%。

### 4.4.2　正负序的相序分离方法

为抑制不平衡电网中负序分量对系统的影响,所设计的控制策略中需要对正、负序分量分别进行控制。一般采用低通滤波、陷波器或 $T/4$ 延时计算等方法分离出直流正、负序分量。

(1)采用低通滤波(LPF)的正、负相序分离法。

采用低通滤波进行正、负相序分离的具体方法如图 4.9 所示,即采用低通滤波滤除正、负 SRF 中的 2 倍频交流波动,分别得到正、负序直流分量。采用低通滤波的方法简单直观,且在软件编程上易于实现。但低通滤波的使用会给控制系统引入相当大的动态衰减和延时,影响系统的动态性能。

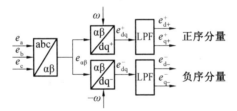

图 4.9　低通滤波分离法

(2)采用陷波器的正、负序分离方法。

将图 4.9 中的低通滤波换成截止频率为 2 倍电网频率(100 Hz)的陷波器进行正、负序分量的分离,如图 4.10 所示。陷波器可有效地滤除频率为 100 Hz 的谐波,而 2 次谐波频率以外的信号通过陷波器后影响较小,可明显改善系统的动态性能。但是,陷波器的实际应用仍使系统有一定的延时,且令控制系统的计算量大大增加。

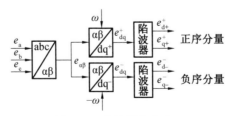

图 4.10　陷波器分离法

（3）$T/4$ 延时计算法。

$T/4$ 延时计算法是在两相静止坐标系 αβ 下,将矢量延迟四分之一个基波周期后,通过与原矢量的加减运算来实现矢量的正、负相序分离。具体的方法如图 4.11 所示。

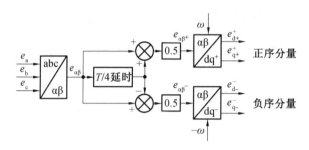

图 4.11　$T/4$ 延时计算法

由此可见,$T/4$ 延时计算法只需在 Clark 和 Park 坐标变换之间进行矢量的延时和加减计算,无须视作独立环节,因此和低通滤波法引入的较大计算量和延时相比,其计算量大大减少,且对系统的稳定性几乎没有影响。但是,$T/4$ 延时法的计算是基于整个周期中正、负序分量组合不变,这个假设对电网电压来说是成立的,而电流正、负序分量的组合在动态过程中会一直变化,使得瞬时计算结果不准确,减慢系统到达稳定状态的时间,降低系统的动态性能。

图 4.12 给出了应用三种方法分离出的电网电压正、负序分量。为滤除 2 倍频（100 Hz）谐波,设置低通滤波的截止频率为 20 Hz,陷波器截止频率为 100 Hz。由图 4.12 可见,采用低通滤波分离法虽然能分离出正、负序分量,但引入了相当大的动态衰减和滞后,信号中仍包含一定量的 2 倍频谐波,会严重影响系统控制精度;而采用陷波器分离法则延时要小得多,2 倍频谐波几乎完全被滤除;采用延时计算法则可以完全分离出直流正、负序分量,但在 0.1 s 和 0.2 s 电压突变时,计算结果误差较大,表现在图中 0.1 s 和 0.2 s 时出现的尖峰。

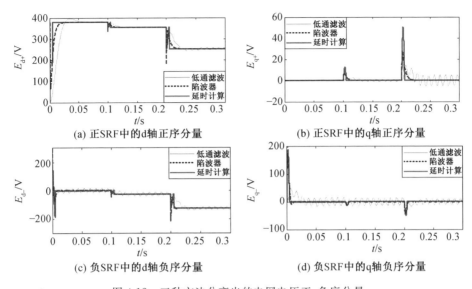

图 4.12　三种方法分离出的电网电压正、负序分量

### 4.4.3　不对称跌落故障同步信息的检测

为实现变速恒频风力发电机的功率控制,需要准确地检测电网的同步信息。目前,常用的检测方法有开环过零点检测和闭环锁相环(PLL)技术。过零点检测方法非常简单实用,但动态性能较差,易受干扰,不适合应用于电网故障情况。

三相传统锁相环原理图如图 4.13 所示,其由鉴相器、环路滤波器和振荡器构成。鉴相器部分:通过 Clark 及 Park 坐标变换将三相电网电压 $e_a$、$e_b$、$e_c$ 转换为 dq 坐标系下 $e_d$、$e_q$,为使 d 轴分量与电压矢量完全同相,将 q 轴电压 $e_q$ 与参考值 $e_{q\_ref}=0$ 相减得到 q 轴电压误差值,该误差可作为角度偏差输出。环路滤波器部分:将鉴相器的输出进行 PI 调节后,所得到的变量再加上电网频率初始值 $\omega_0$,即可由角度误差得到电网角频率 $\omega$。振荡器部分:将环路滤波器的输出进行积分运算,所得即为电网电压的相位角 $\theta$,然后对其进行正、余弦数学运算后可应用到坐标变换中。

根据前面的分析得知,当电网电压平衡时,只含有正序电压分量,其在正 SRF 中的 $d^+$、$q^+$ 轴分量均为直流量,为实现电网频率及相位的检测,可采用控制 q 轴电压分量 $e_q$ 为零的方法。但在不对称跌落故障条件下,$q^+$ 轴电压分量中存在的 2 倍频负序分量会严重影响锁相效果,从而影响风力发电机组的控制。为达到良好的控制效果,对锁相环结构进行了改进,即先分离出正、负序分量,保证 $q^+$ 轴电压分量为直流量 0,然后控制正序 q 轴分量 $e_{q+}^+$ 为零来实现锁相。不对称跌落故障下改进的三相锁相环结构如图 4.14 所示,其中相序分离采用的为陷波器法。

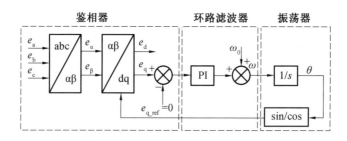

图 4.13　三相传统锁相环原理图

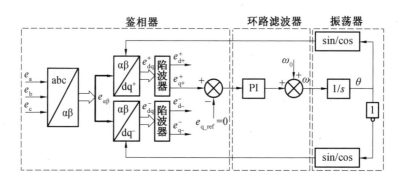

图 4.14　不对称跌落故障下改进的三相锁相环结构

当三相电网电压在三相平衡(基准值)和发生单相跌落故障(检测值)时,分别采用上述两种锁相环的仿真输出结果如图 4.15 所示。由图可见,电网电压平衡时,两种方法均能锁住相位;当电网电压不平衡时,传统锁相环锁相效果受到影响,造成相角波形畸变,如图 4.15(a) 所示,电网不平衡度越大这种畸变越明显,锁相就越不准;而改进的锁相环如图 4.15(b) 所示,在发生电压不平衡故障时仍能准确检测电网角度信息。

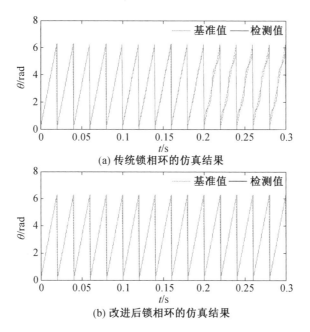

(a) 传统锁相环的仿真结果

(b) 改进后锁相环的仿真结果

图 4.15 三相平衡和发生单相跌落故障时两种锁相环的仿真输出结果

## 4.4.4 不对称跌落故障下 DFIG 的数学模型

不对称跌落故障条件下,DFIG 中各电磁量经正、反转同步旋转变换后的正、负序分量具有如下关系:

$$\begin{cases} \boldsymbol{F}_{\mathrm{dq}}^{+} = \boldsymbol{F}_{\mathrm{dq+}}^{+} + \boldsymbol{F}_{\mathrm{dq-}}^{+} = \boldsymbol{F}_{\mathrm{dq+}}^{+} + \boldsymbol{F}_{\mathrm{dq-}}^{-} \mathrm{e}^{-\mathrm{j}2\omega_s t} \\ \boldsymbol{F}_{\mathrm{dq}}^{-} = \boldsymbol{F}_{\mathrm{dq+}}^{-} + \boldsymbol{F}_{\mathrm{dq-}}^{-} = \boldsymbol{F}_{\mathrm{dq+}}^{+} \mathrm{e}^{\mathrm{j}2\omega_s t} + \boldsymbol{F}_{\mathrm{dq-}}^{-} \end{cases} \tag{4.21}$$

式中,上标 +、− 分别表示正 SRF 和负 SRF;下标 +、− 分别表示正、负序分量;$\boldsymbol{F}$ 广义地代表 DFIG 系统中定、转子的电压、磁链和电流等矢量。

与电网平衡情况下 DFIG 的数学模型相似,电网电压不平衡时正 SRF 下 DFIG 的数学模型如下:

电压方程为

$$\boldsymbol{u}_{\mathrm{sdq}}^{+} = R_s \boldsymbol{i}_{\mathrm{sdq}}^{+} + p \boldsymbol{\psi}_{\mathrm{sdq}}^{+} + \mathrm{j}\omega_1 \boldsymbol{\psi}_{\mathrm{sdq}}^{+} \tag{4.22}$$

$$\boldsymbol{u}_{\mathrm{rdq}}^{+} = R_r \boldsymbol{i}_{\mathrm{rdq}}^{+} + p \boldsymbol{\psi}_{\mathrm{rdq}}^{+} + \mathrm{j}\omega_{\mathrm{s+}} \boldsymbol{\psi}_{\mathrm{rdq}}^{+} \tag{4.23}$$

磁链方程为

$$\boldsymbol{\psi}_{\mathrm{sdq}}^{+} = L_s \boldsymbol{i}_{\mathrm{sdq}}^{+} + L_m \boldsymbol{i}_{\mathrm{rdq}}^{+} \tag{4.24}$$

$$\boldsymbol{\psi}_{\mathrm{rdq}}^{+} = L_m \boldsymbol{i}_{\mathrm{sdq}}^{+} + L_r \boldsymbol{i}_{\mathrm{rdq}}^{+} \tag{4.25}$$

式中，$u_{sdq}^+$、$u_{rdq}^+$ 分别为正 SRF 下的定、转子电压矢量；$\psi_{sdq}^+$、$\psi_{rdq}^+$ 分别为正 SRF 下的定、转子磁链矢量；$i_{sdq}^+$、$i_{rdq}^+$ 分别为正 SRF 下的定、转子电流矢量；$\omega_{s+}$ 为正转的转差角速度，且 $\omega_{s+} = \omega_1 - \omega_r$。

而在负 SRF 下 DFIG 的等效模型类似于正序模型，仅需将式(4.22)～(4.25)中代表坐标系的上标 + 改为 −，$\omega_1$ 替换为 $-\omega_1$；$\omega_{s+}$ 替换为反转的转差角速度 $\omega_{s-} = -\omega_1 - \omega_r$ 即可。

通过相序分离方法可分别获得正、反转同步坐标系中相应的正、负序分量方程为

$$
\begin{bmatrix} u_{sd+}^+ \\ u_{sq+}^+ \\ u_{rd+}^+ \\ u_{rq+}^+ \end{bmatrix} = \begin{bmatrix} R_s + L_s p & -\omega_1 L_s & L_m p & -\omega_1 L_m \\ \omega_1 L_s & R_s + L_s p & \omega_1 L_m & L_m p \\ L_m p & -\omega_{s+} L_m & R_r + L_r p & -\omega_{s+} L_r \\ \omega_{s+} L_m & L_m p & \omega_{s+} L_r & R_r + L_r p \end{bmatrix} \begin{bmatrix} i_{sd+}^+ \\ i_{sq+}^+ \\ i_{rd+}^+ \\ i_{rq+}^+ \end{bmatrix} \tag{4.26}
$$

$$
\begin{bmatrix} u_{sd-}^- \\ u_{sq-}^- \\ u_{rd-}^- \\ u_{rq-}^- \end{bmatrix} = \begin{bmatrix} R_s + L_s p & -\omega_1 L_s & L_m p & -\omega_1 L_m \\ \omega_1 L_s & R_s + L_s p & \omega_1 L_m & L_m p \\ L_m p & -\omega_{s-} L_m & R_r + L_r p & -\omega_{s-} L_r \\ \omega_{s-} L_m & L_m p & \omega_{s-} L_r & R_r + L_r p \end{bmatrix} \begin{bmatrix} i_{sd-}^- \\ i_{sq-}^- \\ i_{rd-}^- \\ i_{rq-}^- \end{bmatrix} \tag{4.27}
$$

式中，$u_{sd+}^+$、$u_{sq+}^+$、$u_{rd+}^+$、$u_{rq+}^+$ 和 $i_{sd+}^+$、$i_{sq+}^+$、$i_{rd+}^+$、$i_{rq+}^+$，$u_{sd-}^-$、$u_{sq-}^-$、$u_{rd-}^-$、$u_{rq-}^-$ 和 $i_{sd-}^-$、$i_{sq-}^-$、$i_{rd-}^-$、$i_{rq-}^-$ 分别为正 SRF、负 SRF 下 DFIG 定、转子电压和电流的直流正、负序分量。

### 4.4.5 不对称跌落故障下 DFIG 的瞬时功率

采用定子输出功率的定义，推导出以定子电压与定子电流表示的瞬时有功、无功功率表达式如下：

$$
P_s + jQ_s = -\frac{3}{2} u_{sdq}^+ \times \hat{i}_{sdq}^+ = (P_{s0} + P_{ssin2} \sin 2\omega_s t + P_{scos2} \cos 2\omega_s t) +
$$

$$
j(Q_{s0} + Q_{ssin2} \sin 2\omega_s t + Q_{scos2} \cos 2\omega_s t) \tag{4.28}
$$

$$
\begin{bmatrix} P_{s0} \\ Q_{s0} \\ P_{scos2} \\ P_{ssin2} \\ Q_{scos2} \\ Q_{ssin2} \end{bmatrix} = -\frac{3}{2} \begin{bmatrix} u_{sd+}^+ & u_{sq+}^+ & u_{sd-}^- & u_{sq-}^- \\ u_{sq+}^+ & -u_{sd+}^+ & u_{sq-}^- & -u_{sd-}^- \\ u_{sd-}^- & u_{sq-}^- & u_{sd+}^+ & u_{sq+}^+ \\ u_{sq-}^- & -u_{sd-}^- & -u_{sq+}^+ & u_{sd+}^+ \\ u_{sq-}^- & -u_{sd-}^- & u_{sq+}^+ & -u_{sd+}^+ \\ -u_{sd-}^- & -u_{sq-}^- & u_{sd+}^+ & u_{sq+}^+ \end{bmatrix} \begin{bmatrix} i_{sd+}^+ \\ i_{sq+}^+ \\ i_{sd-}^- \\ i_{sq-}^- \end{bmatrix} \tag{4.29}
$$

式中，$\hat{\boldsymbol{i}}_{sdq}^{+}$ 为定子电流正序分量 $\boldsymbol{i}_{sdq}^{+}$ 的共轭；$P_s$、$Q_s$ 分别为定子输出有功、无功功率；下角标中含有 0 的变量为直流分量，也就是功率的平均值；下角标中含有 sin 2、cos 2 的变量分别为 2 倍频的正、余弦量，表示定子输出有功、无功功率中含有 2 倍频波动。

为统一形式，将电磁功率也用定子电压和定子电流表示为

$$P_e = \frac{3}{2}\omega_r \frac{L_m}{L_s} \mathrm{Re}[\mathrm{j}\boldsymbol{\psi}_{sdq}^{+} \times \hat{\boldsymbol{i}}_{rdq}^{+}] = P_{e0} + P_{esin2} + P_{ecos2} \tag{4.30}$$

式中，$\hat{\boldsymbol{i}}_{rdq}^{+}$ 为 $\boldsymbol{i}_{rdq}^{+}$ 的共轭；$P_{e0}$ 为电磁功率的直流分量，即平均值；$P_{esin2}$、$P_{ecos2}$ 分别为电磁功率的 2 倍频正、余弦波动分量。

由正序定子磁链方程式(4.24)可得

$$\boldsymbol{i}_{rdq}^{+} = \frac{\boldsymbol{\psi}_{sdq}^{+} - L_s \boldsymbol{i}_{sdq}^{+}}{L_m} \tag{4.31}$$

将式(4.31)代入式(4.30)，得

$$P_e = \frac{3}{2}\omega_r \frac{L_m}{L_s} \mathrm{Re}[\mathrm{j}\boldsymbol{\psi}_{sdq}^{+} \times \frac{\hat{\boldsymbol{\psi}}_{sdq}^{+} - L_s \hat{\boldsymbol{i}}_{sdq}^{+}}{L_m}] = -\frac{3}{2}\omega_r \mathrm{Re}[\mathrm{j}\boldsymbol{\psi}_{sdq}^{+} \times \hat{\boldsymbol{i}}_{sdq}^{+}]$$

$$= P_{e0} + P_{esin2} + P_{ecos2} \tag{4.32}$$

式中

$$\begin{bmatrix} P_{e0} \\ P_{esin2} \\ P_{ecos2} \end{bmatrix} = -\frac{3}{2}\omega_r \begin{bmatrix} -\psi_{sq+}^{+} & \psi_{sd+}^{+} & -\psi_{sq}^{-} & \psi_{sd}^{-} \\ \psi_{sd-}^{-} & \psi_{sq-}^{-} & -\psi_{sd+}^{+} & -\psi_{sq+}^{+} \\ -\psi_{sq-}^{-} & \psi_{sd-}^{-} & -\psi_{sq+}^{+} & \psi_{sd+}^{+} \end{bmatrix} \begin{bmatrix} i_{sd+}^{+} \\ i_{sq+}^{+} \\ i_{sd}^{-} \\ i_{sq}^{-} \end{bmatrix} \tag{4.33}$$

通常定子电阻 $R_s$ 很小，其产生的压降可以忽略不计，且稳态时定子磁链 $\boldsymbol{\psi}_{sdq}$ 恒定。此时，由定子电压方程可将定子电压与定子绕组磁链之间的关系化简为

$$\boldsymbol{u}_{sdq} = R_s \boldsymbol{i}_{sdq} + p\boldsymbol{\psi}_{sdq} + \mathrm{j}\omega_1 \boldsymbol{\psi}_{sdq} \approx \mathrm{j}\omega_1 \boldsymbol{\psi}_{sdq} \tag{4.34}$$

若采用定子电压定向的控制方法，令 $u_{sq+}^{+}=0$，可由式(4.34)得到

$$\begin{cases} \psi_{sd+}^{+} = u_{sq+}^{+}/\omega_1 = 0 \\ \psi_{sq+}^{+} = -u_{sd+}^{+}/\omega_1 \\ \psi_{sd-}^{-} = -u_{sq-}^{-}/\omega_1 \\ \psi_{sq-}^{-} = u_{sd-}^{-}/\omega_1 \end{cases} \tag{4.35}$$

可得到以定子电压、定子电流表示的电磁功率形式为

$$\begin{bmatrix} P_{e0} \\ P_{esin2} \\ P_{ecos2} \end{bmatrix} = -\frac{3}{2} \cdot \frac{\omega_r}{\omega_1} \begin{bmatrix} u_{sd+}^{+} & u_{sq+}^{+} & -u_{sd-}^{-} & -u_{sq-}^{-} \\ -u_{sq-}^{-} & u_{sd-}^{-} & -u_{sq+}^{+} & u_{sd+}^{+} \\ -u_{sd-}^{-} & -u_{sq-}^{-} & u_{sd+}^{+} & u_{sq+}^{+} \end{bmatrix} \begin{bmatrix} i_{sd+}^{+} \\ i_{sq+}^{+} \\ i_{sd-}^{-} \\ i_{sq-}^{-} \end{bmatrix} \tag{4.36}$$

可以发现，$P_{esin2} = -\dfrac{\omega_r}{\omega_1} Q_{scos2}$，$P_{ecos2} = \dfrac{\omega_r}{\omega_1} Q_{ssin2}$。当系统稳定时，$\omega_r$ 和 $\omega_1$ 均为常数，因此，在消除电磁转矩波动时，需令 $P_{esin2} = 0$，$P_{ecos2} = 0$，此时亦使得 $Q_{ssin2} = 0$，$Q_{scos2} = 0$，即同时能对无功功率波动实现抑制。

### 4.4.6　不对称跌落故障下网侧逆变器的数学模型

对前面讲述的逆变器并网模型(图3.4)，根据基尔霍夫电流定律，N点无论是在电网电压理想条件下，还是电网电压故障条件下，总能保证下式成立：

$$i_a + i_b + i_c = 0 \tag{4.37}$$

由于逆变器输出电流中不存在零序分量，可得

$$u_{NN'} = \frac{1}{3}(S_a + S_b + S_c)u_{dc} - \frac{1}{3}(e_a + e_b + e_c) \tag{4.38}$$

然后，将式(4.38)代入式(3.5)、式(3.6)可得

$$\begin{cases} L\dfrac{di_a}{dt} = \left[ S_a - \dfrac{1}{3}(S_a + S_b + S_c) \right]u_{dc} - Ri_a - \left[ e_a - \dfrac{1}{3}(e_a + e_b + e_c) \right] \\ L\dfrac{di_b}{dt} = \left[ S_b - \dfrac{1}{3}(S_a + S_b + S_c) \right]u_{dc} - Ri_b - \left[ e_b - \dfrac{1}{3}(e_a + e_b + e_c) \right] \\ L\dfrac{di_c}{dt} = \left[ S_c - \dfrac{1}{3}(S_a + S_b + S_c) \right]u_{dc} - Ri_c - \left[ e_c - \dfrac{1}{3}(e_a + e_b + e_c) \right] \\ C\dfrac{du_{dc}}{dt} = i_r - (S_a i_a + S_b i_b + S_c i_c) \end{cases} \tag{4.39}$$

逆变器输出三相相电压与开关函数的关系为

$$\begin{cases} u_{aN'} = \left[ S_a - \dfrac{1}{3}(S_a + S_b + S_c) \right]u_{dc} \\ u_{bN'} = \left[ S_b - \dfrac{1}{3}(S_a + S_b + S_c) \right]u_{dc} \\ u_{cN'} = \left[ S_c - \dfrac{1}{3}(S_a + S_b + S_c) \right]u_{dc} \end{cases} \tag{4.40}$$

式中，$u_{aN'}$、$u_{bN'}$、$u_{cN'}$ 为逆变器输出三相相电压。

将式(4.40)代入式(4.39)可得

$$\begin{cases} L\dfrac{\mathrm{d}i_a}{\mathrm{d}t}=u_{aN'}-Ri_a-\left[e_a-\dfrac{1}{3}(e_a+e_b+e_c)\right] \\[2mm] L\dfrac{\mathrm{d}i_b}{\mathrm{d}t}=u_{bN'}-Ri_b-\left[e_b-\dfrac{1}{3}(e_a+e_b+e_c)\right] \\[2mm] L\dfrac{\mathrm{d}i_c}{\mathrm{d}t}=u_{cN'}-Ri_c-\left[e_c-\dfrac{1}{3}(e_a+e_b+e_c)\right] \\[2mm] C\dfrac{\mathrm{d}u_{dc}}{\mathrm{d}t}=i_r-(S_ai_a+S_bi_b+S_ci_c) \end{cases} \tag{4.41}$$

由于上述推导逆变参数与模型过程中没有对电网电压做任何的假定,因此无论是正常电网还是电网电压故障下,式(4.41)均成立。当不考虑零序分量时,式(4.41)中 $e_k-\dfrac{1}{3}(e_a+e_b+e_c)=e_k^++e_k^-$,此时式(4.41)所表示的逆变器数学模型可以简化为如下形式:

$$\begin{cases} L\dfrac{\mathrm{d}i_a}{\mathrm{d}t}=u_{aN'}-Ri_a-e_a \\[2mm] L\dfrac{\mathrm{d}i_b}{\mathrm{d}t}=u_{bN'}-Ri_b-e_b \\[2mm] L\dfrac{\mathrm{d}i_c}{\mathrm{d}t}=u_{cN'}-Ri_c-e_c \\[2mm] C\dfrac{\mathrm{d}u_{dc}}{\mathrm{d}t}=i_r-(S_ai_a+S_bi_b+S_ci_c) \end{cases} \tag{4.42}$$

式中,各交流量均不再包含零序分量。

经过 $3s/2s$ 变换转换成两相静止坐标系的并网逆变器的数学模型为

$$\begin{cases} u_{aN'}=L\dfrac{\mathrm{d}i_\alpha}{\mathrm{d}t}+e_\alpha+Ri_\alpha \\[2mm] u_{\beta N'}=L\dfrac{\mathrm{d}i_\beta}{\mathrm{d}t}+e_\beta+Ri_\beta \\[2mm] C\dfrac{\mathrm{d}u_{dc}}{\mathrm{d}t}=i_r-\dfrac{3}{2}(S_\alpha i_\alpha+S_\beta i_\beta) \end{cases} \tag{4.43}$$

式中,$u_{aN'}$、$u_{\beta N'}$ 为逆变器输出电压,且 $u_{aN'}=S_\alpha u_{dc}$,$u_{\beta N'}=S_\beta u_{dc}$;$i_\alpha$、$i_\beta$ 为逆变器输出电流;$e_\alpha$、$e_\beta$ 为电网电压;$S_\alpha$、$S_\beta$ 为开关函数在 $\alpha$、$\beta$ 轴上的分量。

可以看出,与三相静止坐标系下的数学模型相比,两相静止坐标系下逆变器数学模型的状态变量明显减少。且与两相旋转坐标系下的数学模型相比,此时逆变器数学模型在两相之间没有耦合,并严格对称,所以控制器设计更加简单。

# 4.5　不平衡故障下风力发电系统的控制

### 4.5.1　不对称跌落故障下 DGIG 的无源滑模控制

以无源系统的能量平衡为设计准则的无源性控制（Passivity — Based Control,PBC）策略,具有动态响应速度快、鲁棒性强等优点。将滑模控制相结合应用到不平衡电网下 DFIG 的控制,可使系统及时响应,抑制不平衡电压产生的波动,系统全局稳定。因此,本节设计了如图 4.16 所示的基于无源性理论的滑模双电流控制方案。

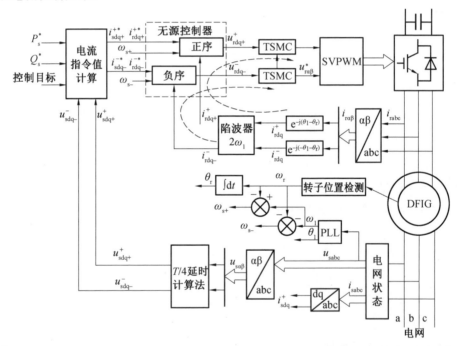

图 4.16　不对称跌落故障下 DFIG 的无源终端滑模控制系统框图

图 4.16 中,有功功率给定 $P_{s0}^*$ 为最大风能追踪得到的最优功率;$Q_{s0}^*$ 为无功给定,一般情况下令 DFIG 工作在单位功率因数下,即令 $Q_{s0}^* = 0$。所谓的双电流控制就是在正 SRF 和负 SRF 中分别设计无源电流控制器,如图 4.16 中虚线标记出的两个环,可实现正、负序电流的独立控制,达到所提出的控制目标。

在设计无源控制器之前,要保证所控制的系统是无源的,然后才可通过控制无源系统能量的耗散使其稳定运行。

由 DFIG 的正序方程式(4.26)和负序方程式(4.27)可以看出,两者具有相同的矩阵系数,因此,其稳定特性也相同。若能分析出系统的正序方程具有无源性,则同理可得出负序方程的无源性。

将式(4.26)整理成 EL 形式的方程如下:

$$\boldsymbol{D}\dot{\boldsymbol{q}} + \boldsymbol{C}(\boldsymbol{q}, \omega_1)\boldsymbol{q} + \boldsymbol{R}\boldsymbol{q} = \boldsymbol{M}\boldsymbol{u} \tag{4.44}$$

式中

$$\boldsymbol{u} = \begin{bmatrix} u_{sd+}^+ & u_{sq+}^+ & u_{rd+}^+ & u_{rq+}^+ \end{bmatrix}^T, \quad \boldsymbol{q} = \begin{bmatrix} i_{sd+}^+ & i_{sq+}^+ & i_{rd+}^+ & i_{rq+}^+ \end{bmatrix}^T$$

$$\boldsymbol{D} = \begin{bmatrix} L_s\boldsymbol{I} & L_m\boldsymbol{I} \\ L_m\boldsymbol{I} & L_r\boldsymbol{I} \end{bmatrix}, \quad \boldsymbol{C} = \begin{bmatrix} \omega_1 L_s\boldsymbol{N} & \omega_1 L_m\boldsymbol{N} \\ \omega_1 L_m\boldsymbol{N} & \omega_{s+}L_r\boldsymbol{N} \end{bmatrix}$$

$$\boldsymbol{R} = \begin{bmatrix} R_s\boldsymbol{I} & \boldsymbol{0} \\ -\omega_{r+}L_m\boldsymbol{N} & R_r\boldsymbol{I} \end{bmatrix}, \quad \boldsymbol{I} = \begin{bmatrix} 1 & 0 \\ 0 & 1 \end{bmatrix}$$

$$\boldsymbol{N} = \begin{bmatrix} 0 & -1 \\ 1 & 0 \end{bmatrix}, \quad \boldsymbol{M} = \begin{bmatrix} \boldsymbol{I} & \boldsymbol{0} \\ \boldsymbol{0} & \boldsymbol{I} \end{bmatrix}$$

定义 DFIG 的能量函数为

$$H = \frac{1}{2}\boldsymbol{q}^T\boldsymbol{D}\boldsymbol{q} \tag{4.45}$$

对式(4.45)求导可得

$$\dot{H} = \boldsymbol{q}^T\boldsymbol{D}\dot{\boldsymbol{q}} = -\boldsymbol{q}^T\boldsymbol{C}\boldsymbol{q} + \boldsymbol{q}^T(-\boldsymbol{R}\boldsymbol{q} + \boldsymbol{M}\boldsymbol{u}) \tag{4.46}$$

由于 $\boldsymbol{C}$ 具有反对称性,即 $\boldsymbol{C}(\boldsymbol{q}, \omega_1) = -\boldsymbol{C}^T(\boldsymbol{q}, \omega_1)$,所以 $\boldsymbol{q}^T\boldsymbol{C}\boldsymbol{q} = \boldsymbol{0}$,该项为配置系统无功分量,不影响系统的稳定性。

将式(4.46)两边积分可得

$$H(t) - H(t_0) = \int_{t_0}^{t}(\boldsymbol{q}^T\boldsymbol{M}\boldsymbol{u})\mathrm{d}t - \int_{t_0}^{t}(\boldsymbol{q}^T\boldsymbol{R}\boldsymbol{q})\mathrm{d}t < \int_{t_0}^{t}(\boldsymbol{q}^T\boldsymbol{M}\boldsymbol{u})\mathrm{d}t \tag{4.47}$$

通过式(4.47)可知,左边 DFIG 系统增加的能量小于右边电源提供的能量。因此,系统输入 $\boldsymbol{u} = \begin{bmatrix} u_{sd+}^+ & u_{sq+}^+ & u_{rd+}^+ & u_{rq+}^+ \end{bmatrix}^T$ 到输出 $\boldsymbol{q} = \begin{bmatrix} i_{sd+}^+ & i_{sq+}^+ & i_{rd+}^+ & i_{rq+}^+ \end{bmatrix}^T$ 的映射 $\boldsymbol{u} \mapsto \boldsymbol{q}$ 为严格无源的,也就是 DFIG 的正序模型是无源的。同理,可推导出 DFIG 的负序方程也是无源的。

当电网电压不平衡时,DFIG 系统的运动方程不变,即

$$T_L - T_e = \frac{J_g}{n_p}\frac{\mathrm{d}\boldsymbol{\omega}_r}{\mathrm{d}t} + \frac{D_g}{n_p}\boldsymbol{\omega}_r \tag{4.48}$$

由于发电机采用刚性轴连接,因此 DFIG 的机械系统只存储动能,能量方程为

$$H_{\mathrm{m}}=\frac{1}{2}\boldsymbol{\omega}_{\mathrm{r}}^{\mathrm{T}}J\boldsymbol{\omega}_{\mathrm{r}} \tag{4.49}$$

把式(4.49)对时间求导后代入式(4.48)中,将整理后的方程再进行积分得

$$H_{\mathrm{m}}(t)-H_{\mathrm{m}}(t_0)=\int_{t_0}^{t}\left[\boldsymbol{\omega}_{\mathrm{r}}^{\mathrm{T}}(T_{\mathrm{e}}-T_{\mathrm{L}})\right]\mathrm{d}t-\int_{t_0}^{t}(\boldsymbol{\omega}_{\mathrm{r}}^{\mathrm{T}}k\boldsymbol{\omega}_{\mathrm{r}})\mathrm{d}t$$
$$<\int_{t_0}^{t}\left[\boldsymbol{\omega}_{\mathrm{r}}^{\mathrm{T}}(T_{\mathrm{e}}-T_{\mathrm{L}})\right]\mathrm{d}t \tag{4.50}$$

式(4.50)表明 DFIG 机械子系统输入($T_{\mathrm{e}}-T_{\mathrm{L}}$)到输出 $\boldsymbol{\omega}_{\mathrm{r}}$ 的映射($T_{\mathrm{e}}-T_{\mathrm{L}}$)$\mapsto\boldsymbol{\omega}_{\mathrm{r}}$ 为严格无源,即 DFIG 的机械系统具有无源性。

通过以上分析可知,在电网电压不平衡时,整个 DFIG 系统保持严格无源输出。根据无源性理论可以分别设计出 DFIG 电气系统的正、负序无源控制器,而其机械子系统可看作一个无源干扰项。

传统 PI 矢量控制可对 DFIG 的定子输出有功、无功功率进行解耦控制,而在电网电压不平衡时,在上述控制的基础上,还可控制 DFIG 达到以下 4 种控制目标。

(1)控制目标 1。消除 DFIG 三相定子电流中的 2 倍频脉动成分,即 $i_{\mathrm{sd-}}^{-*}=i_{\mathrm{sq-}}^{-*}=0$,从而保证发电机三相定子绕组发热均衡。

(2)控制目标 2。消除双馈发电机定子输出有功功率中的 2 倍频波动分量,令 $P_{\mathrm{ssin2}}=P_{\mathrm{scos2}}=0$,使系统输送到电网的有功功率平衡,提高电能质量。

(3)控制目标 3。令 $P_{\mathrm{esin2}}=P_{\mathrm{ecos2}}=0$,稳定发电机的电磁转矩,从而减少风力发电机和齿轮箱中的机械应力,提高系统的安全性与可靠性。并且由前面的分析可知,在消除电磁转矩脉动的同时可抑制系统无功功率的脉动。

(4)控制目标 4。消除发电机转子电流中的 2 倍频负序分量,即 $i_{\mathrm{rd-}}^{-*}=i_{\mathrm{rq-}}^{-*}=0$,使三相转子电流平衡,防止系统过压、过流。

由不平衡电网条件下 DFIG 定子输出的瞬时功率方程式(4.28)和上面给出的不同控制目标,可分别计算出实现不同控制目标时控制器所需的定、转子电流的参考值。

控制目标 1,实现 $i_{\mathrm{sd-}}^{-*}=i_{\mathrm{sq-}}^{-*}=0$,即

$$\begin{bmatrix}i_{\mathrm{sd+}}^{+*}\\i_{\mathrm{sq+}}^{+*}\end{bmatrix}=-\frac{2}{3}\begin{bmatrix}u_{\mathrm{sd+}}^{+}&u_{\mathrm{sq+}}^{+}\\u_{\mathrm{sq+}}^{+}&-u_{\mathrm{sd+}}^{+}\end{bmatrix}^{-1}\begin{bmatrix}P_{\mathrm{s0}}^{*}\\Q_{\mathrm{s0}}^{*}\end{bmatrix} \tag{4.51}$$

控制目标 2,实现 $P_{\mathrm{ssin2}}=P_{\mathrm{scos2}}=0$,即

$$\begin{bmatrix} i_{sd+}^{+*} \\ i_{sq+}^{+*} \\ i_{sd-}^{-*} \\ i_{sq-}^{-*} \end{bmatrix} = -\frac{2}{3} \begin{bmatrix} u_{sd+}^{+} & u_{sq+}^{+} & u_{sd-}^{-} & u_{sq-}^{-} \\ u_{sq+}^{+} & -u_{sd+}^{+} & u_{sq-}^{-} & -u_{sd-}^{-} \\ u_{sd-}^{-} & u_{sq-}^{-} & u_{sd+}^{+} & u_{sq+}^{+} \\ u_{sq-}^{-} & -u_{sd-}^{-} & -u_{sq+}^{+} & u_{sd+}^{+} \end{bmatrix}^{-1} \begin{bmatrix} P_{s0} \\ Q_{s0} \\ 0 \\ 0 \end{bmatrix} \tag{4.52}$$

控制目标 3,实现 $P_{esin2} = P_{ecos2} = 0$,即

$$\begin{bmatrix} i_{sd+}^{+*} \\ i_{sq+}^{+*} \\ i_{sd-}^{-*} \\ i_{sq-}^{-*} \end{bmatrix} = -\frac{2}{3} \begin{bmatrix} u_{sd+}^{+} & u_{sq+}^{+} & u_{sd-}^{-} & u_{sq-}^{-} \\ u_{sq+}^{+} & -u_{sd+}^{+} & u_{sq-}^{-} & -u_{sd-}^{-} \\ -\dfrac{\omega_r}{\omega_1}u_{sq-}^{-} & \dfrac{\omega_r}{\omega_1}u_{sd-}^{-} & -\dfrac{\omega_r}{\omega_1}u_{sq+}^{+} & \dfrac{\omega_r}{\omega_1}u_{sd+}^{+} \\ -\dfrac{\omega_r}{\omega_1}u_{sd-}^{-} & -\dfrac{\omega_r}{\omega_1}u_{sq-}^{-} & \dfrac{\omega_r}{\omega_1}u_{sd+}^{+} & \dfrac{\omega_r}{\omega_1}u_{sq+}^{+} \end{bmatrix}^{-1} \begin{bmatrix} P_{s0} \\ Q_{s0} \\ 0 \\ 0 \end{bmatrix} \tag{4.53}$$

控制目标 4,实现 $i_{rd-}^{-*} = i_{rq-}^{-*} = 0$,由定子磁链表达式(4.24)可得

$$i_{rdq-}^{-} = \frac{\psi_{sdq-}^{-} - L_s i_{sdq-}^{-}}{L_m} \tag{4.54}$$

考虑 $i_{rd-}^{-*} = i_{rq-}^{-*} = 0$,可得负序电流、正序电流指令值为

$$\begin{cases} i_{sd-}^{-*} = \psi_{sd-}^{-}/L_s \\ i_{sq-}^{-*} = \psi_{sq-}^{-}/L_s \end{cases} \tag{4.55}$$

$$\begin{bmatrix} i_{sd+}^{+*} \\ i_{sq+}^{+*} \end{bmatrix} = \begin{bmatrix} u_{sd+}^{+} & u_{sq+}^{+} \\ u_{sq+}^{+} & -u_{sd+}^{+} \end{bmatrix}^{-1} \left\{ -\frac{2}{3} \begin{bmatrix} P_{s0}^{*} \\ Q_{s0}^{*} \end{bmatrix} - \frac{1}{L_s} \begin{bmatrix} u_{sd-}^{-} & u_{sq-}^{-} \\ u_{sq-}^{-} & -u_{sd-}^{-} \end{bmatrix} \begin{bmatrix} \psi_{sd-}^{-} \\ \psi_{sq-}^{-} \end{bmatrix} \right\} \tag{4.56}$$

考虑上述控制目标所得的定子电流期望值代入式(4.53),并结合定子电压和定子磁链的关系式(4.34),可分别得到相应的正、负序转子电流指令值为

$$i_{rdq+}^{+*} = \frac{u_{sdq+}^{+}/\omega_1 - L_s i_{sdq+}^{+*}}{L_m} \tag{4.57}$$

$$i_{rdq-}^{-*} = \frac{-u_{sdq-}^{-}/\omega_1 - L_s i_{sdq-}^{-*}}{L_m} \tag{4.58}$$

采用第 2 章所陈述的终端滑模对定子、转子的电流进行设计,取 DFIG 系统的误差方程为

$$D\dot{e} + (C+R)e = \xi \tag{4.59}$$

其中,$e$ 为定、转子电流的跟踪误差值,$e = q - q^*$;$\xi$ 为扰动量,形式为

$$\xi = Mu - \{D\dot{q}^* + (C+R)q^*\} \tag{4.60}$$

若选择系统 Lyapunov 能量函数为

$$H_d = \frac{1}{2}e^{\mathrm{T}}De \tag{4.61}$$

求导得

$$\dot{H}_{\mathrm{d}} = e^{\mathrm{T}} D \dot{e} = e^{\mathrm{T}} \xi - e^{\mathrm{T}} C e - e^{\mathrm{T}} R e = e^{\mathrm{T}} \xi - e^{\mathrm{T}} R e \tag{4.62}$$

根据 Lyapunov 定理,如果 $\xi \equiv \mathbf{0}$,由于 $R$ 正定,则有 $\lim\limits_{t \to \infty} e \to 0$。因此,考虑到

式(4.60)中 $D \dot{q}^* = \mathbf{0}$,$C$ 为反对称矩阵,可以得到正序滑模电流环无源控制器为

$$\begin{cases} u_{\mathrm{rd+}}^{+} = R_{\mathrm{r}} i_{\mathrm{rd+}}^{+*} - \omega_{\mathrm{s+}} L_{\mathrm{m}} i_{\mathrm{sq+}}^{+*} - \omega_{\mathrm{s+}} L_{\mathrm{r}} i_{\mathrm{rd+}}^{+*} - k_{1}(i_{\mathrm{rd+}} - i_{\mathrm{rd+}}^{+*}) \\ u_{\mathrm{rq+}}^{+} = R_{\mathrm{r}} i_{\mathrm{rq+}}^{+*} + \omega_{\mathrm{s+}} L_{\mathrm{m}} i_{\mathrm{sd+}}^{+*} + \omega_{\mathrm{s+}} L_{\mathrm{r}} i_{\mathrm{rd+}}^{+*} - k_{2}(i_{\mathrm{rq+}} - i_{\mathrm{rq+}}^{+*}) \end{cases} \tag{4.63}$$

同理,可得负序滑模电流环无源控制器表达式为

$$\begin{cases} u_{\mathrm{rd-}}^{-} = R_{\mathrm{r}} i_{\mathrm{rd-}}^{-*} - \omega_{\mathrm{s-}} L_{\mathrm{m}} i_{\mathrm{sq-}}^{-*} - \omega_{\mathrm{s-}} L_{\mathrm{r}} i_{\mathrm{rq-}}^{-*} - k_{3}(i_{\mathrm{rd-}} - i_{\mathrm{rd-}}^{-*}) \\ u_{\mathrm{rq-}}^{-} = R_{\mathrm{r}} i_{\mathrm{rq-}}^{-*} + \omega_{\mathrm{s-}} L_{\mathrm{m}} i_{\mathrm{sd-}}^{-*} + \omega_{\mathrm{s-}} L_{\mathrm{r}} i_{\mathrm{rd-}}^{-*} - k_{4}(i_{\mathrm{rq-}} - i_{\mathrm{rq-}}^{-*}) \end{cases} \tag{4.64}$$

式中,$k_1$、$k_2$、$k_3$、$k_4$ 为注入阻尼,通过适当调节 $k_1$、$k_2$、$k_3$、$k_4$ 可使 $e$ 渐进收敛为零,使控制系统具有较好的动、静态性能。

### 4.5.2 不对称跌落故障下 DFIG 网侧逆变器的无源性滑模控制

为了消除不对称跌落故障对网侧逆变器的影响,参考上一节的控制器设计思路,本节对网侧逆变器设计了如图 4.17 所示的双电流无源滑模控制方案。

正、负相序分离采用 $T/4$ 延时计算法,三相电流的控制采用陷波器法。电压外环采用 PI 控制,主要目的是控制直流侧电压稳定在指定值;外环输出结果作为有功功率参考值,从而计算出电流期望值;电流内环采用基于无源性的双电流控制,分别在正 SRF 中控制正序分量、负 SRF 中控制负序分量,使得各电磁量的正、负序分量在各自的坐标系中为直流量,便于控制。

当电网电压不平衡时,网侧逆变器的正、负序方程式(4.19)和式(4.20)具有相同的结构和系数,所以其具有相同的稳定特性,通过分析逆变器正序方程的无源性,即可知负序方程的无源性。

将网侧逆变器的正序方程式(4.19)整理成 EL 形式的方程为

$$L\dot{x} + Jx + R_{\mathrm{g}}x = u_{\mathrm{g}} \tag{4.65}$$

式中

$$u_{\mathrm{g}} = \begin{bmatrix} E_{\mathrm{d+}}^{+} - u_{\mathrm{gd+}}^{+} \\ E_{\mathrm{q+}}^{+} - u_{\mathrm{gq+}}^{+} \end{bmatrix}, \quad x = \begin{bmatrix} i_{\mathrm{gd+}}^{+} \\ i_{\mathrm{gq+}}^{+} \end{bmatrix}$$

$$J = \begin{bmatrix} 0 & -\omega_1 L \\ \omega_1 L & 0 \end{bmatrix}, \quad L = \begin{bmatrix} L & 0 \\ 0 & L \end{bmatrix}, \quad R_{\mathrm{g}} = \begin{bmatrix} R & 0 \\ 0 & R \end{bmatrix}$$

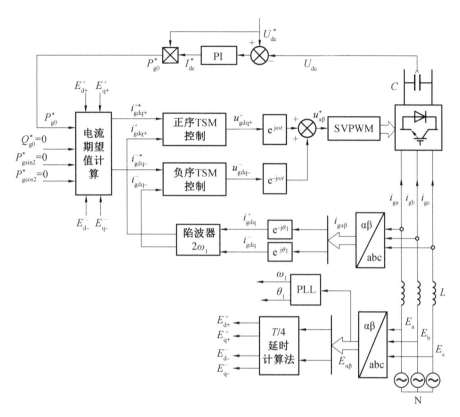

图 4.17　网侧逆变器的双 SRF 无源控制方案

式(4.65)中,电压向量 $\boldsymbol{u}_{\mathrm{g}}$ 为输入系统的能量;电流向量 $\boldsymbol{x}$ 为系统输出;$\boldsymbol{J}=-\boldsymbol{J}^{\mathrm{T}}$ 为反对称矩阵,可配置为系统的"无功量",不影响系统的稳定;$\boldsymbol{L}$ 为正定对角阵;正定阻尼矩阵 $\boldsymbol{R}_{\mathrm{g}}$ 反映了系统耗散特性。

取系统的能量存储函数为

$$H_{\mathrm{g}} = \frac{1}{2}\boldsymbol{x}^{\mathrm{T}}\boldsymbol{L}\boldsymbol{x} \tag{4.66}$$

对式(4.66)求导并整理,可得

$$\dot{H}_{\mathrm{g}} = \boldsymbol{x}^{\mathrm{T}}\boldsymbol{L}\dot{\boldsymbol{x}} = \boldsymbol{x}^{\mathrm{T}}(\boldsymbol{u}_{\mathrm{g}} - \boldsymbol{J}\boldsymbol{x} - \boldsymbol{R}_{\mathrm{g}}\boldsymbol{x}) = \boldsymbol{x}^{\mathrm{T}}\boldsymbol{u}_{\mathrm{g}} - \boldsymbol{x}^{\mathrm{T}}\boldsymbol{R}_{\mathrm{g}}\boldsymbol{x} \tag{4.67}$$

将式(4.67)两边积分可得

$$H_{\mathrm{g}}(t) - H_{\mathrm{g}}(t_0) = \int_{t_0}^{t}(\boldsymbol{x}^{\mathrm{T}}\boldsymbol{u}_{\mathrm{g}})\mathrm{d}t - \int_{t_0}^{t}(\boldsymbol{x}^{\mathrm{T}}\boldsymbol{R}_{\mathrm{g}}\boldsymbol{x})\mathrm{d}t < \int_{t_0}^{t}(\boldsymbol{x}^{\mathrm{T}}\boldsymbol{u}_{\mathrm{g}})\mathrm{d}t \tag{4.68}$$

式(4.68)表明系统输入到输出的映射 $\boldsymbol{u}_{\mathrm{g}} \mapsto \boldsymbol{x}$ 为严格无源,即网侧逆变器的

正序系统方程是无源的。同理,可得网侧逆变器的负序系统方程也是无源的。因此,根据无源性理论可以分别设计出网侧逆变器的正、负序无源控制器。

电网电压不平衡时,由于传统的 PI 控制策略未考虑电网不平衡时产生的负序分量,网侧逆变器输向电网的瞬时有功、无功功率中存在 2 倍电网频率波动 $P_{gsin2}$、$P_{gcos2}$、$Q_{gsin2}$ 和 $Q_{gcos2}$。而存在波动的交流侧有功功率 $P_g$ 传输到逆变器直流侧,将会导致直流母线电压产生 2 倍频波动。所以,为了稳定直流母线电压并向电网输送稳定的有功功率,需消除有功功率中的 2 倍频波动,即令 $P_{gsin2} = P_{gcos2} = 0$。同时,为了实现单位功率因数并网,令 $Q_{g0} = 0$。从而由网侧逆变器输出功率的瞬时值表达式得到正、负序电流指令值为

$$
\begin{bmatrix} i_{gd+}^{+*} \\ i_{gq+}^{+*} \\ i_{gd-}^{-*} \\ i_{gq-}^{-*} \end{bmatrix} = \begin{bmatrix} E_{gd+}^{+} & E_{gq+}^{+} & E_{gd-}^{-} & E_{gq-}^{-} \\ E_{gq+}^{+} & -E_{gd+}^{+} & E_{gq-}^{-} & -E_{gd-}^{-} \\ E_{gd-}^{-} & E_{gq-}^{-} & E_{gd+}^{+} & E_{gq+}^{+} \\ E_{gq-}^{-} & -E_{gd-}^{-} & -E_{gq+}^{+} & E_{gd+}^{+} \end{bmatrix}^{-1} \begin{bmatrix} -\dfrac{3}{2}P_{g0} \\ 0 \\ 0 \\ 0 \end{bmatrix} = -\frac{2P_{g0}}{3D} \begin{bmatrix} E_{gd+}^{+} \\ E_{gq+}^{+} \\ -E_{gd-}^{-} \\ -E_{gq-}^{-} \end{bmatrix}
$$

$$(4.69)$$

选择系统的误差能量存储函数为

$$
H_{ge} = \frac{1}{2} e_g^{\mathrm{T}} L e_g \tag{4.70}
$$

式中,误差 $e_g = x - x^*$,$x^*$ 为式(4.69)所得正序电流指令值。

无源系统必是能量耗散的,通过注入阻尼可加快能量耗散的速度,使误差能量函数快速趋近于零。设注入阻尼耗散项为

$$
R_d e_g = (R_g + R_a) e_g \tag{4.71}
$$

式中,$R_g$ 为正定对角阵。

可得正序电流环无源控制率为

$$
\begin{cases} u_{gd+}^{+} = E_{d+}^{+} - R_g i_{gd+}^{+*} + \omega_1 L i_{gq+}^{+*} + R_a (i_{gd+}^{+} - i_{gd+}^{+*}) \\ u_{gq+}^{+} = E_{q+}^{+} - R_g i_{gq+}^{+*} - \omega_1 L i_{gd+}^{+*} + R_a (i_{gq+}^{+} - i_{gq+}^{+*}) \end{cases} \tag{4.72}
$$

同理,可得负序电流环无源控制器为

$$
\begin{cases} u_{gd-}^{-} = E_{d-}^{-} - R_g i_{gd-}^{-*} - \omega_1 L i_{gq-}^{-*} + R_a (i_{gd-}^{-} - i_{gd-}^{-*}) \\ u_{gq-}^{-} = E_{q-}^{-} - R_g i_{gq-}^{-*} + \omega_1 L i_{gd-}^{-*} + R_a (i_{gq-}^{-} - i_{gq-}^{-*}) \end{cases} \tag{4.73}
$$

### 4.5.3 不对称跌落故障下两相静止坐标系网侧逆变器的 FOTSM 控制

由于是在两相静止坐标系下实现对电流的控制,所以只需对电网电压进行

相序分离,这样可使计算量减小、系统动态性能得到改善。同时,与在两相旋转坐标系下的控制相比,此种方法不需要旋转坐标变换、锁相环以及电流解耦等环节,可以使控制系统简单化。本节提出的 FOTSM 并网逆变器整体控制框图如图 4.18 所示。其具体控制策略为:以直流母线电压控制作为外环,通过控制器输出计算逆变器瞬时有功功率指令值,同时为了提高电压外环的响应速度,提出了基于机侧功率前馈的控制策略,实现了机侧与网侧的协调控制;为了达到不同的控制目标并提高抗干扰能力,电流内环采用全阶终端滑模控制器对电流进行无差跟踪,采用全阶滑模控制器达到了非奇异、去抖振的控制效果。

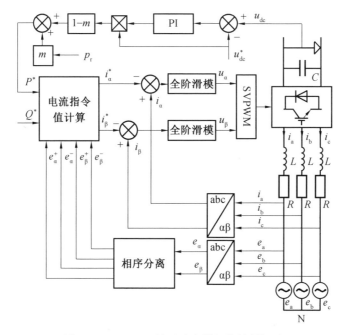

图 4.18　FOTSM 并网逆变器整体控制框图

为了分析简单,将逆变器模型式(4.43)中关于电流的表达式写为如下形式:

$$\dot{\boldsymbol{i}}_{\alpha\beta} = \boldsymbol{L}^{-1}(\boldsymbol{u}_{\alpha\beta} - \boldsymbol{R}\boldsymbol{i}_{\alpha\beta} - \boldsymbol{e}_{\alpha\beta}) \tag{4.74}$$

式中,$\dot{\boldsymbol{i}}_{\alpha\beta} = [\mathrm{d}i_\alpha/\mathrm{d}t, \ \mathrm{d}i_\beta/\mathrm{d}t]^{\mathrm{T}}$ 为电流微分值;$\boldsymbol{L} = \mathrm{diag}(L, L)$;$\boldsymbol{R} = \mathrm{diag}(R, R)$;$\boldsymbol{u}_{\alpha\beta} = [u_{\alpha N'}, u_{\beta N'}]^{\mathrm{T}}$;$\boldsymbol{i}_{\alpha\beta} = [i_\alpha, i_\beta]^{\mathrm{T}}$;$\boldsymbol{e}_{\alpha\beta} = [e_\alpha, e_\beta]^{\mathrm{T}}$。

针对系统式(4.74)设计如下 FOTSM:

$$\boldsymbol{s}_{\alpha\beta} = \Delta \dot{\boldsymbol{i}}_{\alpha\beta} + \boldsymbol{C} \, |\Delta \boldsymbol{i}_{\alpha\beta}|^{\mu} \mathrm{sgn}\,(\Delta \boldsymbol{i}_{\alpha\beta}) \tag{4.75}$$

式中,$\Delta \boldsymbol{i}_{\alpha\beta} = \boldsymbol{i}_{\alpha\beta} - \boldsymbol{i}_{\alpha\beta}^*$ 为电流偏差,$\boldsymbol{i}_{\alpha\beta}^*$ 为电流指令值;$\boldsymbol{C} = \mathrm{diag}(C_\alpha, C_\beta)$,$C_\alpha > 0$,

$C_\beta > 0$ 均为常数；$\boldsymbol{\mu} = \mathrm{diag}(\mu_\alpha, \mu_\beta)$，$\mu_\alpha \in (0, 2)$，$\mu_\beta \in (0, 2)$ 均为常数，且 $|\Delta \boldsymbol{i}_{\alpha\beta}|^\mu \mathrm{sgn}(\Delta \boldsymbol{i}_{\alpha\beta})$ 可以表示为如下形式：

$$|\Delta \boldsymbol{i}_{\alpha\beta}|^\mu \mathrm{sgn}(\Delta \boldsymbol{i}_{\alpha\beta}) = \left[ |\Delta \boldsymbol{i}_\alpha|^{\mu_\alpha} \mathrm{sgn}(\Delta \boldsymbol{i}_\alpha), \ |\Delta \boldsymbol{i}_\beta|^{\mu_\beta} \mathrm{sgn}(\Delta \boldsymbol{i}_\beta) \right]^\mathrm{T} \quad (4.76)$$

如果选取式(4.76)所示的 FOTSM，并设计如下控制策略，则能保证系统趋于稳定：

$$\boldsymbol{u}_{\alpha\beta} = \boldsymbol{u}_{\mathrm{eq}} + \boldsymbol{u}_\mathrm{n} \quad (4.77\ \mathrm{a})$$

$$\boldsymbol{u}_{\mathrm{eq}} = \boldsymbol{R} \boldsymbol{i}_{\alpha\beta} + \boldsymbol{e}_{\alpha\beta} + \boldsymbol{L} \tilde{\dot{\boldsymbol{i}}}_{\alpha\beta}^* - \boldsymbol{LC} |\Delta \boldsymbol{i}_{\alpha\beta}|^\mu \mathrm{sgn}(\Delta \boldsymbol{i}_{\alpha\beta}) \quad (4.77\ \mathrm{b})$$

$$\dot{\boldsymbol{u}}_\mathrm{n} + \boldsymbol{T} \boldsymbol{u}_\mathrm{n} = \boldsymbol{v}_{\alpha\beta} \quad (4.77\ \mathrm{c})$$

$$\boldsymbol{v}_{\alpha\beta} = -\boldsymbol{L}(k_\mathrm{T} \|\boldsymbol{L}^{-1}\| + k_\mathrm{d} + \eta) \mathrm{sgn}(\boldsymbol{s}_{\alpha\beta}) \quad (4.77\ \mathrm{d})$$

式中，$\boldsymbol{u}_{\mathrm{eq}} = [u_{\alpha\mathrm{eq}}, u_{\beta\mathrm{eq}}]^\mathrm{T}$；$\boldsymbol{u}_\mathrm{n} = [u_{\alpha\mathrm{n}}, u_{\beta\mathrm{n}}]^\mathrm{T}$；$\tilde{\dot{\boldsymbol{i}}}_{\alpha\beta}^* = [\tilde{\dot{i}}_\alpha^*, \tilde{\dot{i}}_\beta^*]^\mathrm{T}$ 为电流指令值 $\boldsymbol{i}_{\alpha\beta}^*$ 的微分估计值；$\boldsymbol{T} = \mathrm{diag}(T_\alpha, T_\beta)$，$T_\alpha > 0$，$T_\beta > 0$ 均为常数；$\boldsymbol{v}_{\alpha\beta} = [v_\alpha, v_\beta]^\mathrm{T}$；$k_\mathrm{T}$、$k_\mathrm{d}$、$\eta$ 均为大于 0 的常数。

具有良好控制性能的控制器必须使逆变器并网电流能够快速、准确地跟踪上指令值，下面证明本节所设计的全阶滑模控制器能够快速趋于稳定。

取如下 Lyapunov 函数：

$$W = \frac{1}{2} \boldsymbol{s}_{\alpha\beta}^\mathrm{T} \boldsymbol{s}_{\alpha\beta} \quad (4.78)$$

可得

$$\boldsymbol{s}_{\alpha\beta} = \boldsymbol{L}^{-1} (\boldsymbol{u}_{\mathrm{eq}} + \boldsymbol{u}_\mathrm{n} - \boldsymbol{R} \boldsymbol{i}_{\alpha\beta} - \boldsymbol{e}_{\alpha\beta}) - \dot{\boldsymbol{i}}_{\alpha\beta}^* + \boldsymbol{C} |\Delta \boldsymbol{i}_{\alpha\beta}|^\mu \mathrm{sgn}(\Delta \boldsymbol{i}_{\alpha\beta}) = \boldsymbol{L}^{-1} \boldsymbol{u}_\mathrm{n} - \boldsymbol{d}$$
$$(4.79)$$

式中，$\boldsymbol{d}$ 为 $\dot{\boldsymbol{i}}_{\alpha\beta}^*$ 的估计误差，即 $\boldsymbol{d} = \dot{\boldsymbol{i}}_{\alpha\beta}^* - \tilde{\dot{\boldsymbol{i}}}_{\alpha\beta}^*$。

采用 2 阶 Levent 微分估计器来估计电流指令值的微分值，根据其性质，并合理设计控制参数，总可以使微分估计误差满足如下关系：$\|\boldsymbol{d}\| \leqslant D$，$\|\dot{\boldsymbol{d}}\| \leqslant k_\mathrm{d}$。

对式(4.78)求导，并将式(4.79)代入到其导数可得到如下关系式：

$$\dot{W} = \boldsymbol{s}_{\alpha\beta}^\mathrm{T} \dot{\boldsymbol{s}}_{\alpha\beta} \leqslant \boldsymbol{s}_{\alpha\beta}^\mathrm{T} \left[ -(k_\mathrm{T} \|\boldsymbol{L}^{-1}\| + k_\mathrm{d} + \eta) \mathrm{sgn}(\boldsymbol{s}_{\alpha\beta}) + \lambda_{\max}(\boldsymbol{T}) \|\boldsymbol{u}_\mathrm{n}\| \|\boldsymbol{L}^{-1}\| + \|\dot{\boldsymbol{d}}\| \right]$$

$$\leqslant -(k_\mathrm{T} \|\boldsymbol{L}^{-1}\| + k_\mathrm{d} + \eta) \|\boldsymbol{s}_{\alpha\beta}\| + \lambda_{\max}(\boldsymbol{T}) \|\boldsymbol{u}_\mathrm{n}\| \|\boldsymbol{L}^{-1}\| \|\boldsymbol{s}_{\alpha\beta}\| + \|\dot{\boldsymbol{d}}\| \|\boldsymbol{s}_{\alpha\beta}\|$$

$$= -\left[ k_\mathrm{T} - \lambda_{\max}(\boldsymbol{T}) \|\boldsymbol{u}_\mathrm{n}\| \right] \|\boldsymbol{L}^{-1}\| \|\boldsymbol{s}_{\alpha\beta}\| - (k_\mathrm{d} - \|\dot{\boldsymbol{d}}\|) \|\boldsymbol{s}_{\alpha\beta}\| - \eta \|\boldsymbol{s}_{\alpha\beta}\| \quad (4.80)$$

可得

$$\dot{W} \leqslant -\eta \|\boldsymbol{s}_{\alpha\beta}\|, \quad \boldsymbol{s}_{\alpha\beta} \neq 0 \quad (4.81)$$

所以由 Lyapunov 稳定判据可知, $W$ 将在有限时间内收敛到 0, 这说明全阶滑模面 $s_{\alpha\beta}$ 在有限时间内能够趋于 0。

如果全阶滑模面 $s_{\alpha\beta}$ 能够在有限时间内收敛到 0, 可得

$$\Delta \dot{\boldsymbol{i}}_{\alpha\beta} = -\boldsymbol{C} \left| \Delta \boldsymbol{i}_{\alpha\beta} \right|^{\mu} \mathrm{sgn} \left( \Delta \boldsymbol{i}_{\alpha\beta} \right) \tag{4.82}$$

以 $\alpha$ 相为例进行分析: 当 $\Delta i_{\alpha} > 0$ 时, $\Delta \dot{i}_{\alpha} = -C_{\alpha} \left| \Delta i_{\alpha} \right|^{\mu} < 0$, 则 $\Delta i_{\alpha}$ 减小, 直到 $\Delta i_{\alpha} = 0$ 时, $\Delta \dot{i}_{\alpha} = 0$, 则 $\Delta i_{\alpha}$ 不再变化, 并保持为 0; 同理可分析, 当 $\Delta i_{\alpha} < 0$ 时, 其值最终仍旧可以收敛到 0。$\Delta i_{\beta}$ 的收敛分析过程与此完全一致。所以, 当 $s_{\alpha\beta} = 0$ 时, 电流偏差 $\Delta \boldsymbol{i}_{\alpha\beta} = \boldsymbol{i}_{\alpha\beta} - \boldsymbol{i}_{\alpha\beta}^{*}$ 总能够收敛到 0, 即能够保证 $\boldsymbol{i}_{\alpha\beta} = \boldsymbol{i}_{\alpha\beta}^{*}$。

电流内环采用 FOTSM 控制时会具有很多特殊性能, 下面对其进行说明。

采用 2 阶 Levent 微分估计器, 对电流指令值的微分进行估计, 以减小噪声信号对控制器性能的影响。其中 2 阶微分估计器设计如下:

$$\begin{cases} \dot{z}_0 = -80 \left| z_0 - i_x^{*} \right|^{2/3} \mathrm{sgn} \left( z_0 - i_x \right) + z_1 \\ \dot{z}_1 = -50 \left| z_1 - \dot{z}_0 \right|^{1/2} \mathrm{sgn} \left( z_1 - \dot{z}_0 \right) + z_2 \\ \dot{z}_2 = -30 \mathrm{sgn} \left( z_2 - \dot{z}_1 \right) \end{cases} \tag{4.83}$$

式中, $x = \alpha$、$\beta$, 即 $i_x^{*}$ 为电流指令值; $z_0$、$z_1$、$z_2$ 分别为 $i_x$ 的各阶微分估计值。

再考虑流过直流母线电容的电流为

$$i_{\mathrm{dc}} = C \frac{\mathrm{d} u_{\mathrm{dc}}}{\mathrm{d} t} = i_{\mathrm{r}} - i_{\mathrm{g}} \tag{4.84}$$

当忽略机侧、网侧逆变器的开关损耗以及并网逆变器滤波电感上的损耗时, 电流值为 $i_{\mathrm{r}} = p_{\mathrm{r}} / u_{\mathrm{dc}}, i_{\mathrm{g}} = p_{\mathrm{g}} / u_{\mathrm{dc}}$, 其中 $p_{\mathrm{r}}$、$p_{\mathrm{g}}$ 分别为机侧逆变器和网侧逆变器输出功率。因此由式(4.41)可得如下功率关系:

$$u_{\mathrm{dc}} C \frac{\mathrm{d} u_{\mathrm{dc}}}{\mathrm{d} t} = p_{\mathrm{r}} - p_{\mathrm{g}} \tag{4.85}$$

与式(4.85)相对应的系统能量流通图如图 4.19 所示。

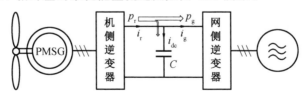

图 4.19　系统能量流通图

从上述分析可知, 不仅逆变器输出功率 $p_{\mathrm{g}}$ 影响直流母线电压的稳定, 机侧逆

变器馈入直流侧的功率 $p_r$ 同样会对直流母线电压的稳定性产生影响。由于风速具有随机性,永磁同步发电机运行状态会随风速实时发生变化,从而发电机输出功率也实时发生变化。并网逆变器输出功率如果不能及时发生变化,直流侧电容两端输出、输入功率必然出现不平衡,这会引起直流电容频繁的充放电,影响电容使用寿命以及逆变器性能。

电压外环所采用的 PI 调节器本身具有一定的滞后性,只有直流母线电压发生变化时才会进行调节,而不能随功率变化同步调节。为了改善上述控制策略的性能,可设计如图 4.20 所示的电压外环控制器:$p_r$ 作为功率前馈量与 PI 调节器计算得到的功率值联合控制并网逆变器输出有功功率指令值的计算。这样就能保证网侧逆变器输出有功功率与机侧逆变器输出有功功率基本平衡,从而达到稳定直流母线电压的作用。

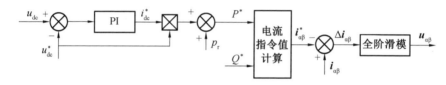

图 4.20　基于机侧逆变器功率前馈的电压外环控制框图

这种控制方法只需利用机侧逆变器控制器设计时的采样电流以及采样电压就能计算得到功率前馈值,而不需要额外的传感器。同时由于只是在功率指令值处加入了前馈信号,从而不会改变控制器的结构和电流指令值的计算方法。此时逆变器输出有功功率指令值为

$$P^* = \left(K_P \Delta u_{dc} + K_I \int \Delta u_{dc} dt\right) i_{dc}^* + m p_r \qquad (4.86)$$

式中,$P^*$ 为有功功率指令值;$\Delta u_{dc}$ 为电压偏差;$K_P$ 与 $K_I$ 为 PI 控制器参数。

但是,上述控制方案显然削弱了电压外环的控制能力。因为当电网出现故障导致 $p_g$ 发生变化时,$p_r$ 并不能短时间内发生变化,而直流母线电压只能靠 PI 调节器来调节,因此 $p_g$ 的全部变化量 $\Delta p_g$ 都需要通过 PI 调节器进行调节,影响电压外环响应速度。此时可以利用权重 $m(0 \leqslant m \leqslant 1)$ 的概念重新设计电压外环控制器,其控制框图如图 4.21 所示。这样当 $p_g$ 发生变化时,PI 调节器只需调节 $(1-m)$ 倍的 $\Delta p_g$ 而不是全部的 $\Delta p_g$ 即可实现输出功率的快速、平稳调节。

此时,逆变器输出有功功率指令值可由下式计算得到:

$$P^* = (1-m)\left(K_P \Delta u_{dc} + K_I \int \Delta u_{dc} dt\right) i_{dc}^* + m p_r \qquad (4.87)$$

电压外环设计是为了达到控制直流母线电压稳定的目的,但是由图 3.6 可

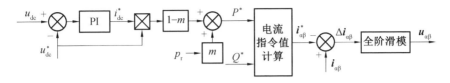

图 4.21　改进的基于机侧逆变器功率前馈的电压外环控制框图

知,由电压外环直接得到的不是电流内环所需的电流指令值,而是有功功率指令值,所以需要通过进一步计算得到并网电流指令值。

由于并网逆变器的控制策略均是在两相静止坐标系下设计完成的,因此无论电网电压正常还是电网电压故障情况下,所设计的控制器均适用。不同的是,当电网电压故障时,需要设计不同的电流指令值以达到不同的控制目的。

## 4.6　仿真分析

仿真采用的 DFIG 系统参数见表 4.2,电网电压不平衡度为 5%,风速为 12 m/s。通过一个阶梯函数和多通道开关模块可选择不同的定、转子电流参考值,仿真结果如图 4.22 所示。其中,图 4.22(a) 为 5% 的不对称跌落故障,图 4.22(b) 为转子电流 d、q 轴分量,图 4.22(c) 为定子电流 d、q 轴分量,图 4.22(d) 为定子输出有功、无功功率,图 4.22(e) 为电磁转矩。

通过与传统 PI 控制的仿真结果对比可知,采用不同控制目标的不平衡控制方案能更好地达到相应控制效果。其中 1.0 ~ 1.3 s 内实现控制目标 1,很好地消除了定子电流中的二倍频波动;1.3 ~ 1.6 s 内实现控制目标 2,有效地抑制定子有功功率的二倍频脉动;1.6 ~ 1.9 s 实现控制目标 3,抑制定子无功功率的二倍频脉动;1.9 ~ 2.2 s 内实现控制目标 4,有效地消除转子电流的负序分量。

为了验证系统的 MPPT 特性和动态响应速度,仿真过程中,在无源双电流控制实现控制目标 4 的基础上设置风速从 0.9 s 时的 10 m/s 变到 1.1 s 时的 13 m/s,定子输出无功功率在 1.5 s 时刻从 0 变化到 0.35 pu,仿真结果如图 4.23 所示。由图 4.23 可以看出,当风速变化时,d 轴电流随之变化,定子输出有功功率能随着风速的变化及时追踪到最大功率,当无功功率突变时,q 轴电流随之变化,输出无功功率也能迅速跟踪给定,系统动态响应速度快,鲁棒性强。

由仿真结果图 4.22 和图 4.23 可见,所提出的不平衡无源控制策略能够同时跟踪转子正、负序电流和定子正、负序电流变化,且在实现 4 种不同控制目标的同时,可实现 MPPT 控制,系统具有较快的动态响应速度和较强的鲁棒性。

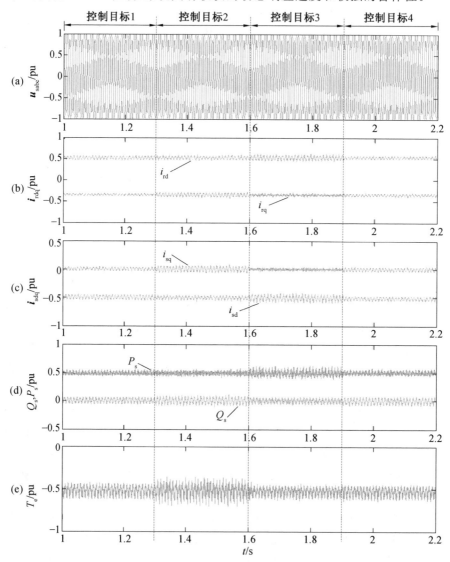

图 4.22   无源不平衡控制的仿真结果

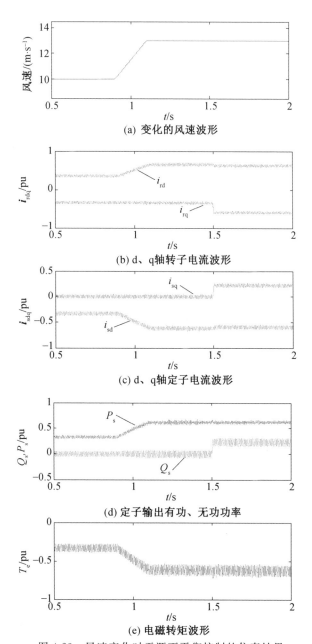

(a) 变化的风速波形

(b) d、q轴转子电流波形

(c) d、q轴定子电流波形

(d) 定子输出有功、无功功率

(e) 电磁转矩波形

图 4.23　风速变化时无源不平衡控制的仿真结果

为验证所提出的无源双电流控制方案的有效性,对该控制方案进行了仿真,仿真结果如图 4.24 所示。电网电压平衡时(0.2 s 之前),系统能达到很好的控制效果。而在 0.2 s 电压发生不平衡故障后(a 相电压跌落 20%),直流母线电压消除了 2 倍频谐波,纹波几乎与平衡状态时相同,均不到 0.1%。对比传统 PI 控制的仿真结果,直流母线电压稳定效果有一定的改善。

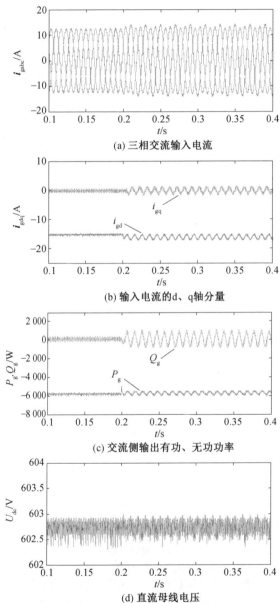

(a) 三相交流输入电流

(b) 输入电流的d、q轴分量

(c) 交流侧输出有功、无功功率

(d) 直流母线电压

图 4.24 采用无源双电流控制的网侧逆变器仿真结果

为了验证全阶无抖振控制策略的有效性,在 PLECS 中搭建了系统仿真模型,并在电网电压正常时对逆变器控制策略进行了仿真。其中并网逆变器参数设置见表 4.3。

表 4.3　并网逆变器模型参数

| 参数 / 单位 | 数 值 |
| --- | --- |
| 额定功率 /kW | 3 |
| 直流母线电压 /V | 600 |
| 直流侧电容 /μF | 6 800 |
| 滤波电感 /mH | 12 |
| 电感等效电阻 /Ω | 0.4 |
| 电网电压 /V | 220 |

然后,根据上述电路参数设计了电压外环以及电流内环控制器,其参数设置见表 4.4。

表 4.4　电压外环以及电流内环控制器参数

| 控制器仿真参数 | 数 值 |
| --- | --- |
| $C$ | diag(80,80) |
| $\mu$ | diag(3/5,3/5) |
| $T$ | diag(100,100) |
| $k_T$ | 60 |
| $k_d$ | 100 |
| $\eta$ | 100 |
| $\tau$ | $2 \times 10^{-4}$ |
| $K_P$ | 1.2 |
| $K_I$ | 11 |

仿真中设置机侧逆变器输出有功功率与无功功率分别为 3 kW 和 0 var。由于电网电压正常且发电机侧输出功率保持不变,所以此时协调控制参数对系统没有影响,这里设置前馈系数 $m=0$。仿真结果如图 4.25 所示。

由仿真结果图 4.25 可知,所设计的控制器在电网电压正常时能够输出稳定的瞬时功率,进而可以保证直流母线电压的稳定,并且能够保证逆变器输出三相正弦电流。对比图 4.25(a) 和 图 4.25(d) 可知,逆变器输出电流与电网电压的相位相同,因此通过本节所设计的控制策略可以实现单位功率因数并网,并且图 4.25(b)中瞬时无功功率为 0 也说明了这一点。

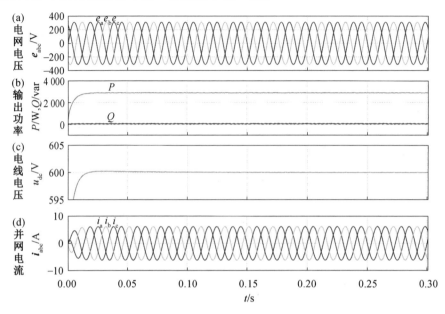

图 4.25　逆变器仿真结果

为了直观分析逆变器的快速收敛性以及非奇异、去抖振等特性,对仿真结果进行详细分析,可得如图 4.26 所示的关于逆变器性能相关仿真结果。

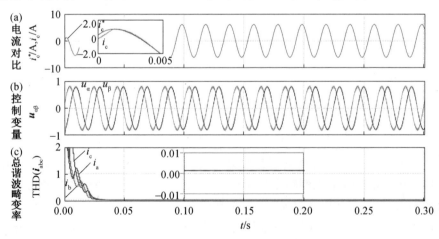

图 4.26　逆变器性能相关仿真结果

由仿真结果图 4.26(a) 可以看出电流内环能够很快跟踪上电流指令值;由图 4.26(b) 可以看出,控制量中抖振问题得到很好的抑制,与理论分析相一致;而由图 4.26(c) 所示的电流总谐波畸变率可以看出,电流基本无谐波,保证了输出电能的质量。

为了验证机侧功率前馈对直流母线电压的影响,在 0.5 s 时设置机侧逆变器输出有功功率由 3 kW 变为 2 kW,而 $m$ 值从 0.1 到 1.0 每隔 0.1 取一个值,分别进行仿真。仿真结果如图 4.27 所示。

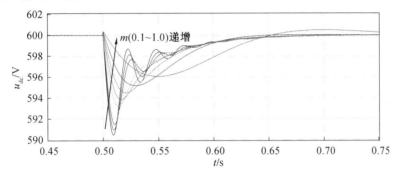

图 4.27　机侧功率前馈对直流母线电压影响的仿真结果

由仿真结果图 4.27 可以看出,在机侧输出功率发生变化的条件下,当 $m$ 较小时,由于机侧功率前馈基本不起作用,因此直流母线电压仍会出现较大波动;随着 $m$ 的增大,直流母线电压调节时间以及波动分量会逐渐减小;但是当 $m$ 趋于 1 时,由于 PI 调节器的调节作用被削弱,因此直流母线电压的调节速度会变慢,甚至有可能发生不受控的现象。同时,在风力发电系统中,当风速高于额定风速时,由于采用恒功率控制,机侧逆变器输出功率不变,此时可以适当减小 $m$ 的取值;而当风速低于额定风速时,机侧逆变器会进行 MPPT 控制,此时机侧逆变器输出功率会随风速的变化而变化,所以这种情况下可以选择较大的 $m$ 值以提高母线电压动态响应速度。

# 本 章 小 结

本章首先针对电网故障类型入手,然后分析了不对称跌落故障对 DFIG 运行特性的影响、对网侧逆变器的影响。由使用传统 PI 控制方法时 DFIG 的仿真波形可以看出,当电网电压不平衡时,DFIG 的定、转子电流,定子输出有功、无功功率及电磁转矩中均包含 2 倍频波动分量,将导致发电机绕组发热不平衡、过压、过流,以及机组中的机械应力增大等故障,并会进一步恶化电网运行质量。为改善电网电压不平衡时 DFIG 的运行特性,抑制负序分量的不良影响,本章设计的基于无源性理论的双电流控制方法,实现了正、负序电流的独立控制,达到抑制定、转子电流,有功、无功功率和电磁转矩中脉动的目的,有效地提高了不对称跌落故障条件下 DFIG 的不间断运行能力。同时,以 MPPT 原理计算出的最优功率为有功功率参考值,可实现 MPPT 捕获,快速跟踪风速变化。在两相静止坐标系下提出电流内环全阶滑模控制器,并证明了控制器的 Lyapunov 稳定性;最后提出基于机侧功率前馈的电压外环 PI 控制器,实现了机侧逆变器以及网侧逆变器协调控制直流母线电压的目的,改善了电压外环的动态性能。通过仿真验证了所提出的控制策略可有效抑制定、转子电流,有功、无功功率和电磁转矩中的 2 倍频脉动,达到所设定的控制目标。FOTSM 控制器具有非奇异、去抖振特性以及基于机侧功率前馈的电压外环快速的动态响应速度。

# 本章参考文献

[1] 孔宪国.双馈风力发电系统的低电压穿越性能分析与优化研究[D].北京:华北电力大学,2012.

[2] 迟永宁,土伟胜,戴慧珠.改善基于双馈感应发电机的并网风电场暂态电压稳定性研究[J].中国电机工程学报,2007,25(27):25-31.

[3] 毕天姝,刘素梅,薛安成,等.具有低电压穿越能力的双馈风力发电机组故障暂态特性分析[J].电力系统保护与控制,2013,41(2):26-31.

[4] 何金梅.不对称跌落故障下双馈风力发电系统的控制研究[D].哈尔滨:哈尔滨工业大学,2013.

[5] 李辉,赵猛,叶仁杰,等.电网故障下双馈风力发电机组暂态电流评估及分析[J].电机与控制学报,2010,14(8):45-51.

[6] 李辉,付博,杨超,等.双馈风力发电机组低电压穿越的无功电流分配及控制策略改进[J].中国电机工程学报,2012,32(22):24-31.

[7] 徐海亮,章玮,陈建生,等.考虑动态无功支持的双馈风力发电机组高电压穿越控制策略[J].中国电机工程学报,2013,33(36):112-119.

[8] PAN C T, JUAN Y L. A novel sensorless MPPT controller for a high-efficiency microscale wind power generation system[J]. IEEE Transactions on Energy Conversion,2010,25(1):207-216.

［9］南永辉，罗仁俊，彭勃，等.基于矢量控制的兆瓦级永磁同步电机能量回馈系统［J］.大功率变流技术，2012(1)：54-58.

［10］周羽生，郑剑武，向军，等.双馈风力发电系统网侧变流器联合控制策略［J］.电力系统及其自动化学报，2014，26(4)：25-29.

［11］ZHOU Y，BAUER P，FERRERIA J A，et al. Operation of grid-connected DFIG under unbalanced grid voltage condition［J］. IEEE Transactions on Energy Conversion，2009，24(1)：240-246.

［12］马浩森，高勇，杨媛，等.变速恒频风力发电用双 PWM 逆变器的协调控制研究［J］.西安理工大学学报，2011，27(3)：301-305.

［13］REYES M，RODRIGUEZ P，VAZQUEZ S，et al.Enhanced decoupled double synchronous reference frame current controller for unbalanced grid-voltage conditions［J］. IEEE Transactions on Power Electronics，2012，27(9)：3934-3943.

［14］HE Y K，XU H L. The grid adaptability problem of DFIG-based wind turbines and its solution by resonant control scheme［J］. Proceedings of the CSEE，2014，34(29)：5188-5203.

［15］CHEN H，DING K，ZHOU X，et al. A novel adaptive sliding mode control of PWM rectifier under unbalanced grid voltage conditions based on direct power control［C］//Control Conference (CCC)，2014 33rd Chinese IEEE，2014：98-103.

［16］HAO H，YONGHAI X. Control strategy of PV inverter under unbalanced grid voltage sag［C］// 2014 IEEE Energy Conversion Congress and Exposition (ECCE)，2014：1029-1034.

［17］郭小强，张学，卢志刚，等.不对称跌落故障下光伏并网逆变器功率／电流质量协调控制策略［J］.中国电机工程学报，2014，34(3)：346-353.

［18］CHEN X，ZHANG Y，YANG J，et al. Improved power control of photovoltaic generation system under unbalanced grid voltage conditions［C］//Power and Energy Engineering Conference (APPEEC)，2013 IEEE PES Asia-Pacific. IEEE，2013：1-6.

［19］FENG Y，HAN F，YU X. Chattering free full-order sliding-mode control［J］. Automatica，2014，50(4)：1310-1314.

# 第 5 章

# 网压畸变下 DFIG 的谐振滑模控制

    D  FIG 风力发电系统不仅定子端与电网直接相连,而且网侧 PWM 逆变器也与电网直接相连,所以当电网电压发生故障时,将对 DFIG 的运行产生巨大影响,尤其处于"弱电网"的环境下,电网电压谐波畸变的情况时有发生,将产生 5 次和 7 次等谐波。而网侧逆变器(Grid Side Converter,GSC) 主要起着维持直流母线电压稳定、向电网输出一定的有功和无功功率的作用,所以网侧逆变器在网压畸变下的运行性能评估及控制显得尤为重要。

## 5.1　网压畸变下网侧逆变器的建模分析

### 5.1.1　网压畸变下网侧逆变器在两相旋转坐标系下的建模

将第 3 章的网侧逆变器模型式(3.1)和式(3.2)转换到 dq 坐标系则得到下式：

$$\begin{cases} L_g \dfrac{\mathrm{d}i_{gd}}{\mathrm{d}t} = v_{gd} - i_{gd}R_g + \omega_1 L_g i_{gq} - u_{gd} \\[2mm] L_g \dfrac{\mathrm{d}i_{gq}}{\mathrm{d}t} = v_{gq} - i_{gq}R_g - \omega_1 L_g i_{gd} - u_{gq} \\[2mm] C \dfrac{\mathrm{d}U_{dc}}{\mathrm{d}t} = i_r - \dfrac{P_g}{U_{dc}} = i_r - \dfrac{3}{2U_{dc}}(u_{gd}i_{gd} + u_{gq}i_{gq}) \end{cases} \quad (5.1)$$

$$\begin{cases} P_g = \dfrac{3}{2}(u_{gd}i_{gd} + u_{gq}i_{gq}) \\[2mm] Q_g = \dfrac{3}{2}(u_{gq}i_{gd} - u_{gd}i_{gq}) \end{cases} \quad (5.2)$$

式中, $v_{gd}$、$v_{gq}$ 分别为网侧 PWM 逆变器输出相电压在 dq 坐标系下的 d 轴、q 轴分量。

式(5.1)、式(5.2)即为网侧逆变器在 dq 旋转坐标系下的数学模型(为了与第 3 章的网侧逆变器区别,在下标处除了表示 dq 轴的小标外,还加上了 g 表示网侧)。

当电网电压发生谐波畸变时(主要考虑的是含有 5 次和 7 次谐波),为了分析其在网压谐波畸变下完整的数学模型,将电网电压表示为复数形式,即 $\boldsymbol{u}_{gdq} = u_{gd} + \mathrm{j}u_{gq}$,j 为虚数单位,则定义含有 5 次和 7 次谐波的电网电压 $\boldsymbol{u}_{gdq}$ 在 dq 旋转坐

标系下为

$$\boldsymbol{u}_{gdq} = \boldsymbol{u}_{gdq+} + \boldsymbol{u}_{gdq5} + \boldsymbol{u}_{gdq7} \tag{5.3}$$

式中,$\boldsymbol{u}_{gdq+}$ 为电网电压的基频分量,$\boldsymbol{u}_{gdq+} = u_{gd+} + ju_{gq+}$;$\boldsymbol{u}_{gdq5}$ 为电网电压的 5 次谐波分量,$\boldsymbol{u}_{gdq5} = u_{gd5} + ju_{gq5}$;$\boldsymbol{u}_{gdq7}$ 为电网电压的 7 次谐波分量,$\boldsymbol{u}_{gdq7} = u_{gd7} + ju_{gq7}$。

表示成上述式(5.3)形式时,除了基频同步旋转坐标系外,还需建立 5 次和 7 次谐波各自的旋转坐标系,一般记逆时针旋转为正转,顺时针旋转为反转,则所建立的坐标系如图 5.1 所示。

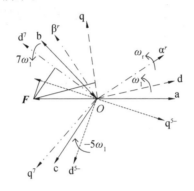

图 5.1 基频、5 次、7 次旋转坐标系空间图

图 5.1 中,基频和 7 次旋转坐标系为正转方向,5 次旋转坐标系为反转方向。$(\alpha\beta)^r$ 为各次谐波分量对应的两相静止坐标系,$r$ 可代表"+"5 和 7;$(\alpha\beta)^+$ 为相对于基频的两相静止坐标系,$dq^+$ 为基频旋转坐标系,旋转速度为 $\omega_1$;$(\alpha\beta)^5$ 为相对于 5 次基频反转的两相静止坐标系,$dq^{5-}$ 为 5 次反转坐标系,旋转速度为 $-5\omega_1$;$(\alpha\beta)^7$ 为相对于 7 次基频正转的两相静止坐标系,$dq^{7+}$ 为 7 次正转坐标系,旋转速度为 $7\omega_1$。

记 $\boldsymbol{F}$ 为任意矢量,$F_d$、$F_q$ 为 $\boldsymbol{F}$ 在 $dq$ 坐标系下的 d 轴和 q 轴分量,$F_\alpha$、$F_\beta$ 为 $\boldsymbol{F}$ 在 $\alpha\beta$ 坐标系下的 $\alpha$ 轴和 $\beta$ 轴分量,将其表示为复数形式,有

$$\boldsymbol{F}_{dq} = F_d + jF_q \tag{5.4}$$

$$\boldsymbol{F}_{\alpha\beta} = F_\alpha + jF_\beta \tag{5.5}$$

则在基频旋转坐标系下,有如下关系:

$$\boldsymbol{F}_{dq+} = \boldsymbol{F}_{\alpha\beta} e^{-j\omega_1 t} \tag{5.6}$$

式(5.6)的证明过程如下。

等式右边展开为

$$\begin{aligned}\boldsymbol{F}_{\alpha\beta} e^{-j\omega_1 t} &= (F_\alpha + jF_\beta)(\cos \omega_1 t - j\sin \omega_1 t) \\ &= (F_\alpha \cos \omega_1 t + F_\beta \sin \omega_1 t) + j(F_\beta \cos \omega_1 t - F_\alpha \sin \omega_1 t)\end{aligned} \tag{5.7}$$

等式左边展开为

$$\boldsymbol{F}_{dq+} = F_{d+} + jF_{q+} \tag{5.8}$$

根据 PARK 变化关系知道，αβ 坐标系和 dq 坐标系之间的变换关系为

$$\begin{bmatrix} F_{d+} \\ F_{q+} \end{bmatrix} = \boldsymbol{T}_{\alpha\beta/dq} \begin{bmatrix} F_{\alpha} \\ F_{\beta} \end{bmatrix} \tag{5.9}$$

其中 $\boldsymbol{T}_{\alpha\beta/dq} = \begin{bmatrix} \cos \omega_1 t & \sin \omega_1 t \\ -\sin \omega_1 t & \cos \omega_1 t \end{bmatrix}$ 为两相静止坐标系向两相旋转坐标系变换的转换矩阵。

同理有

$$\begin{cases} \boldsymbol{F}_{dq5}^{5-} = \boldsymbol{F}_{\alpha\beta5} e^{j5\omega_1 t} \\ \boldsymbol{F}_{dq7}^{7+} = \boldsymbol{F}_{\alpha\beta7} e^{-j7\omega_1 t} \end{cases} \tag{5.10}$$

式中，$\boldsymbol{F}_{dq5}^{5-}$ 为矢量 $\boldsymbol{F}$ 的 5 次谐波分量在 5 次反转坐标系下的 d、q 轴分量，$\boldsymbol{F}_{dq5}^{5-} = F_{d5}^{5-} + jF_{q5}^{5-}$；$\boldsymbol{F}_{\alpha\beta5}$ 为 5 次谐波分量在相对应的两相静止坐标系下的 α、β 轴分量，$\boldsymbol{F}_{\alpha\beta5} = F_{\alpha5} + jF_{\beta5}$；$\boldsymbol{F}_{dq7}^{7+}$ 为矢量 $\boldsymbol{F}$ 的 7 次谐波分量在 7 次正转坐标系下的 d、q 轴分量，$\boldsymbol{F}_{dq7}^{7+} = F_{d7}^{7+} + jF_{q7}^{7+}$；$\boldsymbol{F}_{\alpha\beta7}$ 为 7 次谐波分量在相对应的两相静止坐标系下的 α、β 轴分量，$\boldsymbol{F}_{\alpha\beta7} = F_{\alpha7} + jF_{\beta7}$。

综合起来，当含有 5 次和 7 次谐波时，矢量 $\boldsymbol{F}$ 在 αβ 坐标系下可表示为

$$\boldsymbol{F}_{\alpha\beta} = \boldsymbol{F}_{\alpha\beta+} + \boldsymbol{F}_{\alpha\beta5} + \boldsymbol{F}_{\alpha\beta7} \tag{5.11}$$

因为对于任意矢量 $\boldsymbol{F}$，在 dq 坐标系里面可表示为

$$\boldsymbol{F}_{dq} = \boldsymbol{F}_{\alpha\beta} e^{-j\omega_1 t} \tag{5.12}$$

将式(5.11)代入式(5.12)并结合式(5.8)和式(5.9)可得

$$\begin{aligned} \boldsymbol{F}_{dq} &= \boldsymbol{F}_{\alpha\beta} e^{-j\omega_1 t} = (\boldsymbol{F}_{\alpha\beta+} + \boldsymbol{F}_{\alpha\beta5} + \boldsymbol{F}_{\alpha\beta7}) e^{-j\omega_1 t} \\ &= (\boldsymbol{F}_{dq+} e^{j\omega_1 t} + \boldsymbol{F}_{dq5}^{5-} e^{-j5\omega_1 t} + \boldsymbol{F}_{dq7}^{7+} e^{j7\omega_1 t}) e^{-j\omega_1 t} \end{aligned}$$

所以有

$$\boldsymbol{F}_{dq} = \boldsymbol{F}_{dq+} + \boldsymbol{F}_{dq5}^{5-} e^{-j6\omega_1 t} + \boldsymbol{F}_{dq7}^{7+} e^{j6\omega_1 t} \tag{5.13}$$

所以根据式(5.13)，含有 5 次和 7 次谐波的电网电压 $\boldsymbol{u}_{gdq}$、并网电流 $\boldsymbol{i}_{gdq}$、网侧逆变器输出相电压 $\boldsymbol{v}_{gdq}$ 均可进一步表示成下述形式：

$$\begin{cases} \boldsymbol{u}_{gdq} = \boldsymbol{u}_{gdq+} + \boldsymbol{u}_{gdq5}^{5-} e^{-j6\omega_1 t} + \boldsymbol{u}_{gdq7}^{7+} e^{j6\omega_1 t} \\ \boldsymbol{i}_{gdq} = \boldsymbol{i}_{gdq+} + \boldsymbol{i}_{gdq5}^{5-} e^{-j6\omega_1 t} + \boldsymbol{i}_{gdq7}^{7+} e^{j6\omega_1 t} \\ \boldsymbol{v}_{gdq} = \boldsymbol{v}_{gdq+} + \boldsymbol{v}_{gdq5}^{5-} e^{-j6\omega_1 t} + \boldsymbol{v}_{gdq7}^{7+} e^{j6\omega_1 t} \end{cases} \tag{5.14}$$

式中，电压分量 $\boldsymbol{u}_{gdq+} = u_{d+} + ju_{q+}$ 为电网电压基频分量 $u_{d+}$ 和 $u_{q+}$ 矢量之和；$\boldsymbol{u}_{gdq5}^{5-} = u_{gd5}^{5-} + ju_{gq5}^{5-}$ 为电网电压 5 次谐波分量在 5 次反转坐标系下 d、q 轴分量 $u_{gd5}^{5-}$ 和 $u_{gq5}^{5-}$ 矢量之和；$\boldsymbol{u}_{dq7}^{7+} = u_{d7}^{7+} + ju_{q7}^{7+}$ 为电网电压 7 次谐波分量在 7 次正转坐标系下 d、q 轴

分量 $u_{gd7}^{7+}$ 和 $u_{gq7}^{7+}$ 矢量之和。

电流分量 $\boldsymbol{i}_{gdq+} = i_{d+} + j i_{q+}$ 为并网电流基频分量 $i_{gd+}$ 和 $i_{gq+}$ 的矢量之和;$\boldsymbol{i}_{gdq5}^{5-} = i_{gd5}^{5-} + j i_{gq5}^{5-}$ 为并网电流 5 次谐波分量在 5 次反转坐标系下 d、q 轴分量 $i_{gd5}^{5-}$ 和 $i_{gq5}^{5-}$ 的矢量之和;$\boldsymbol{i}_{gdq7}^{7+} = i_{gd7}^{7+} + j i_{gq7}^{7+}$ 为并网电流 7 次谐波分量在 7 次正转坐标系下 d、q 轴分量 $i_{gd7}^{7+}$ 和 $i_{gq7}^{7+}$ 的矢量之和。

$\boldsymbol{v}_{gdq+} = v_{gd+} + j v_{gq+}$ 为网侧逆变器输出相电压基频分量 $v_{gd+}$ 和 $v_{gq+}$ 的矢量和;$\boldsymbol{v}_{gdq5}^{5-} = v_{gd5}^{5-} + j v_{gq5}^{5-}$ 为网侧逆变器输出相电压 5 次谐波分量在 5 次反转坐标系下 d、q 轴分量 $v_{gd5}^{5-}$ 和 $v_{gq5}^{5-}$ 的矢量和;$\boldsymbol{v}_{gdq7}^{7+} = v_{gd7}^{7+} + j v_{gq7}^{7+}$ 为网侧逆变器输出相电压 7 次谐波分量在 7 次正转坐标系下 d、q 轴分量 $v_{gd7}^{7+}$ 和 $v_{gq7}^{7+}$ 的矢量和。将式(5.14)代入式(5.1),并考虑当电网电压含有 5 次、7 次谐波分量时,dq 坐标系下的状态方程如下所示:

$$
\begin{cases}
L_g \dfrac{di_{gd+}}{dt} = v_{gd+} - i_{gd+} R_g + \omega_1 L_g i_{gq+} - u_{gd+} \\[2mm]
L_g \dfrac{di_{gq+}}{dt} = v_{gq+} - i_{gq+} R_g - \omega_1 L_g i_{gd+} - u_{gq+} \\[2mm]
L_g \dfrac{di_{gd5}^{5-}}{dt} = v_{gd5}^{5-} - i_{gd5}^{5-} R_g - 5\omega_1 L_g i_{gq5}^{5-} - u_{gd5}^{5-} \\[2mm]
L_g \dfrac{di_{gq5}^{5-}}{dt} = v_{gq5}^{5-} - i_{gq5}^{5-} R_g + 5\omega_1 L_g i_{gd5}^{5-} - u_{gq5}^{5-} \\[2mm]
L_g \dfrac{di_{gd7}^{7+}}{dt} = v_{gd7}^{7+} - i_{gd7}^{7+} R_g + 7\omega_1 L_g i_{gq7}^{7+} - u_{gd7}^{7+} \\[2mm]
L_g \dfrac{di_{gq7}^{7+}}{dt} = v_{gq7}^{7+} - i_{gq7}^{7+} R_g - 7\omega_1 L_g i_{gd7}^{7+} - u_{gq7}^{7+}
\end{cases}
\tag{5.15}
$$

当默认机侧功率 $P_r$ 与网侧功率 $P_g$ 相等时,直流母线侧有

$$
\begin{aligned}
C \frac{dU_{dc}}{dt} &= i_r - \frac{P_g}{U_{dc}} = i_r - \frac{P_r}{U_{dc}} \\
&= i_r - \frac{3}{2U_{dc}} \mathrm{Re}(\boldsymbol{u}_{gdq+} + \boldsymbol{u}_{gdq5}^{5-} e^{-j6\omega_1 t} + \boldsymbol{u}_{gdq7}^{7+} e^{j6\omega_1 t}) \times \\
&\qquad (\overset{\wedge}{\boldsymbol{i}}_{gdq+} + \overset{\wedge}{\boldsymbol{i}}_{gdq5}^{5-} e^{-j6\omega_1 t} + \overset{\wedge}{\boldsymbol{i}}_{gdq7}^{7+} e^{j6\omega_1 t})
\end{aligned}
\tag{5.16}
$$

式中,$\overset{\wedge}{\boldsymbol{i}}_{gdq+}$ 为 $\boldsymbol{i}_{gdq+}$ 的共轭,$\overset{\wedge}{\boldsymbol{i}}_{gdq+} = i_{gd+} - j i_{gq+}$;$\overset{\wedge}{\boldsymbol{i}}_{gdq5}^{5-}$ 为 $\boldsymbol{i}_{gdq5}^{5-}$ 的共轭,$\overset{\wedge}{\boldsymbol{i}}_{gdq5}^{5-} = i_{gd5}^{5-} - j i_{gq5}^{5-}$;$\overset{\wedge}{\boldsymbol{i}}_{gdq7}^{7+}$ 为 $\boldsymbol{i}_{gdq7}^{7+}$ 的共轭,$\overset{\wedge}{\boldsymbol{i}}_{gdq7}^{7+} = i_{gd7}^{7+} - j i_{gq7}^{7+}$。

上述式(5.15)和式(5.16)即为电网电压含有 5 次、7 次谐波时网侧逆变器在 dq 旋转坐标系下的完整数学模型。

则此时由瞬时功率理论,式(5.10)可以写为

$$P_\mathrm{g} + \mathrm{j}Q_\mathrm{g} = \frac{3}{2}(\boldsymbol{u}_{\mathrm{gdq+}} + \boldsymbol{u}_{\mathrm{gdq5}}^{5-} \cdot \mathrm{e}^{-\mathrm{j}6\omega_1 t} + \boldsymbol{u}_{\mathrm{gdq7}}^{7+} \cdot \mathrm{e}^{\mathrm{j}6\omega_1 t}) \times$$

$$(\overset{\wedge}{\boldsymbol{i}}_{\mathrm{gdq+}} + \overset{\wedge}{\boldsymbol{i}}_{\mathrm{gdq5}}^{5-} \cdot \mathrm{e}^{-\mathrm{j}6\omega_1 t} + \overset{\wedge}{\boldsymbol{i}}_{\mathrm{gdq7}}^{7+} \cdot \mathrm{e}^{\mathrm{j}6\omega_1 t}) \tag{5.17}$$

即

$$\begin{cases} P_\mathrm{g} = P_\mathrm{g0} + P_{\mathrm{gcos}\,6} \cdot \cos 6\omega_1 t + P_{\mathrm{gsin}\,6} \cdot \sin 6\omega_1 t + P_{\mathrm{gcos}\,12} \cdot \cos 12\omega_1 t + P_{\mathrm{gsin}\,12} \cdot \sin 12\omega_1 t \\ Q_\mathrm{g} = Q_\mathrm{g0} + Q_{\mathrm{gcos}\,6} \cdot \cos 6\omega_1 t + Q_{\mathrm{gsin}\,6} \cdot \sin 6\omega_1 t + Q_{\mathrm{gcos}\,12} \cdot \cos 12\omega_1 t + Q_{\mathrm{gsin}\,12} \cdot \sin 12\omega_1 t \end{cases}$$

式中，$P_\mathrm{g0}$、$Q_\mathrm{g0}$ 分别为 GSC 输出平均有功功率和无功功率；$P_{\mathrm{gcos}\,6}$、$P_{\mathrm{gsin}\,6}$、$Q_{\mathrm{gcos}\,6}$、$Q_{\mathrm{gsin}\,6}$ 分别为 GSC 输出有功功率、无功功率的 6 倍频正、余弦分量幅值；$P_{\mathrm{gcos}\,12}$、$P_{\mathrm{gsin}\,12}$、$Q_{\mathrm{gcos}\,12}$、$Q_{\mathrm{gsin}\,12}$ 分别为 GSC 输出有功功率、无功功率的 12 倍频正、余弦分量幅值。具体的表达式如下所示：

$$\begin{cases} P_\mathrm{g0} = \dfrac{3}{2}(u_{\mathrm{gd+}} i_{\mathrm{gd+}} + u_{\mathrm{gq+}} i_{\mathrm{gq+}} + u_{\mathrm{gd5}}^{5-} i_{\mathrm{gd5}}^{5-} + u_{\mathrm{gq5}}^{5-} i_{\mathrm{gq5}}^{5-} + u_{\mathrm{gd7}}^{7+} i_{\mathrm{gd7}}^{7+} + u_{\mathrm{gq7}}^{7+} i_{\mathrm{gq7}}^{7+}) \\ Q_\mathrm{g0} = \dfrac{3}{2}(u_{\mathrm{gq+}} i_{\mathrm{gd+}} - u_{\mathrm{gd+}} i_{\mathrm{gq+}} + u_{\mathrm{gq5}}^{5-} i_{\mathrm{gd5}}^{5-} - u_{\mathrm{gd5}}^{5-} i_{\mathrm{gq5}}^{5-} + u_{\mathrm{gq7}}^{7+} i_{\mathrm{gd7}}^{7+} - u_{\mathrm{gd7}}^{7+} i_{\mathrm{gq7}}^{7+}) \end{cases} \tag{5.18}$$

$$\begin{cases} P_{\mathrm{gcos}\,6} = \dfrac{3}{2}(u_{\mathrm{gd5}}^{5-} i_{\mathrm{gd+}} + u_{\mathrm{gd7}}^{7+} i_{\mathrm{gd+}} + u_{\mathrm{gq5}}^{5-} i_{\mathrm{gq+}} + u_{\mathrm{gq7}}^{7+} i_{\mathrm{gq+}} + u_{\mathrm{gd+}} i_{\mathrm{gd5}}^{5-} + u_{\mathrm{gq+}} i_{\mathrm{gq5}}^{5-} + u_{\mathrm{gd+}} i_{\mathrm{gd7}}^{7+} + u_{\mathrm{gq+}} i_{\mathrm{gq7}}^{7+}) \\ P_{\mathrm{gsin}\,6} = \dfrac{3}{2}(u_{\mathrm{gq5}}^{5-} i_{\mathrm{gd+}} - u_{\mathrm{gq7}}^{7+} i_{\mathrm{gd+}} + u_{\mathrm{gd7}}^{7+} i_{\mathrm{gq+}} - u_{\mathrm{gd5}}^{5-} i_{\mathrm{gq+}} - u_{\mathrm{gq+}} i_{\mathrm{gd5}}^{5-} + u_{\mathrm{gd+}} i_{\mathrm{gq5}}^{5-} + u_{\mathrm{gq+}} i_{\mathrm{gd7}}^{7+} - u_{\mathrm{gd+}} i_{\mathrm{gq7}}^{7+}) \\ Q_{\mathrm{gcos}\,6} = \dfrac{3}{2}(u_{\mathrm{gq5}}^{5-} i_{\mathrm{gd+}} + u_{\mathrm{gq7}}^{7+} i_{\mathrm{gd+}} - u_{\mathrm{gd5}}^{5-} i_{\mathrm{gq+}} - u_{\mathrm{gd7}}^{7+} i_{\mathrm{gq+}} + u_{\mathrm{gq+}} i_{\mathrm{gd5}}^{5-} - u_{\mathrm{gd+}} i_{\mathrm{gq5}}^{5-} + u_{\mathrm{gq+}} i_{\mathrm{gd7}}^{7+} - u_{\mathrm{gd+}} i_{\mathrm{gq7}}^{7+}) \\ Q_{\mathrm{gsin}\,6} = \dfrac{3}{2}(u_{\mathrm{gd7}}^{7+} i_{\mathrm{gd+}} - u_{\mathrm{gd5}}^{5-} i_{\mathrm{gd+}} + u_{\mathrm{gq7}}^{7+} i_{\mathrm{gq+}} - u_{\mathrm{gq5}}^{5-} i_{\mathrm{gq+}} + u_{\mathrm{gd+}} i_{\mathrm{gd5}}^{5-} + u_{\mathrm{gq+}} i_{\mathrm{gq5}}^{5-} - u_{\mathrm{gd+}} i_{\mathrm{gd7}}^{7+} - u_{\mathrm{gq+}} i_{\mathrm{gq7}}^{7+}) \end{cases} \tag{5.19}$$

$$\begin{cases} P_{\mathrm{gcos}\,12} = \dfrac{3}{2}(u_{\mathrm{gd7}}^{7+} i_{\mathrm{gd5}}^{5-} + u_{\mathrm{gq7}}^{7+} i_{\mathrm{gq5}}^{5-} + u_{\mathrm{gd5}}^{5-} i_{\mathrm{gd7}}^{7+} + u_{\mathrm{gq5}}^{5-} i_{\mathrm{gq7}}^{7+}) \\ P_{\mathrm{gsin}\,12} = \dfrac{3}{2}(-u_{\mathrm{gq7}}^{7+} i_{\mathrm{gd5}}^{5-} + u_{\mathrm{gd7}}^{7+} i_{\mathrm{gq5}}^{5-} + u_{\mathrm{gq5}}^{5-} i_{\mathrm{gd7}}^{7+} - u_{\mathrm{gd5}}^{5-} i_{\mathrm{gq7}}^{7+}) \\ Q_{\mathrm{gcos}\,12} = \dfrac{3}{2}(u_{\mathrm{gq7}}^{7+} i_{\mathrm{gd5}}^{5-} - u_{\mathrm{gd7}}^{7+} i_{\mathrm{gq5}}^{5-} + u_{\mathrm{gq5}}^{5-} i_{\mathrm{gd7}}^{7+} - u_{\mathrm{gd5}}^{5-} i_{\mathrm{gq7}}^{7+}) \\ Q_{\mathrm{gsin}\,12} = \dfrac{3}{2}(u_{\mathrm{gd7}}^{7+} i_{\mathrm{gd5}}^{5-} + u_{\mathrm{gq7}}^{7+} i_{\mathrm{gq5}}^{5-} - u_{\mathrm{gd5}}^{5-} i_{\mathrm{gd7}}^{7+} - u_{\mathrm{gq5}}^{5-} i_{\mathrm{gq7}}^{7+}) \end{cases} \tag{5.20}$$

经上述建模分析可得,当发生网压谐波畸变(含有 5 次和 7 次谐波)工况时,DFIG 网侧逆变器输出的有功功率和无功功率将会产生 6 倍频和 12 倍频波动,并且其对应的有功、无功幅值表达形式复杂,均涉及 5 次和 7 次谐波电流,尤其以 6 倍频波动的形式最为复杂。通过本节建模分析可知,同时含有 5 次和 7 次谐波的电网电压会使得网侧逆变器输出电流也发生相应的 5 次、7 次谐波畸变,严重的话将达不到公用电网并网要求。而谐波电流和谐波电压的存在又会使得网侧逆变器输出有功、无功功率发生 6 倍频和 12 倍频波动,以上这些问题如果不能得到有效解决,将会继续互相影响,形成恶性循环,对公用电网造成严重污染。本节所建立的数学模型为后续理论分析奠定了基础。

### 5.1.2　网压畸变下对电压、电流、功率的影响

为了验证当电网电压含有 5 次、7 次谐波畸变时所建立数学模型的正确性,在 PLECS 软件中搭建 dq 坐标系下网侧逆变器的数学模型,并采用传统的电压电流双闭环控制,设定电网电压 5 次谐波含有率为 4.8%,7 次谐波含有率为 3.2%(各次谐波含有率为各次谐波与基波幅值之比),直流母线电压设定为 690 V,网侧逆变器输出给定有功功率 3.3 kW,无功功率给定 0 var。

图 5.2 所示为理想电网电压情况下的三相电网电压、并网电流、GSC 输出有功功率和无功功率、直流母线电压的波形图。由图 5.2 可以看出,理想情况下,传统的电压电流双闭环能实现很好的控制效果,网侧逆变器输出的有功功率和无功功率没有明显脉动,电流正弦化程度非常好,直流母线电压也稳定无明显波动。图 5.3 所示为电网电压谐波畸变下 PI 控制的波形图。对比图 5.2 和图 5.3 可以看出,基于传统矢量的双闭环控制在电网电压理想情况下能实现有效的控制;但是当电网电压含有 5 次和 7 次谐波畸变时,传统双闭环 PI 控制下,三相并网电流正弦化程度下降,网侧逆变器输出有功功率和无功功率也出现了明显的波动,直流母线电压也在参考值上下产生脉动。对电网电压、电流、有功功率、无功功率进行 THD 分析如图 5.4 ~ 5.6 所示。

由图 5.5 中的电流 THD 分析图看出,电流的谐波成分主要集中在 250 Hz 和 350 Hz,含量分别为 3.5% 和 1.5%,与前面建模分析电流谐波成分主要是 5 次和 7 次一致;从图 5.6 所示有功功率和无功功率的 THD 分析来看,主要是在 300 Hz 处的波动,即产生 6 倍频脉动,与前面建模分析得出的结论一致,所以实际仿真验证了所建立数学模型的正确性。

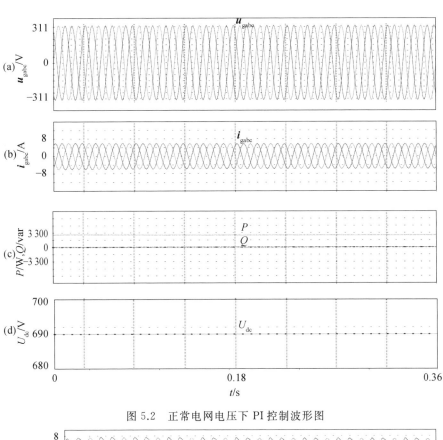

图 5.2　正常电网电压下 PI 控制波形图

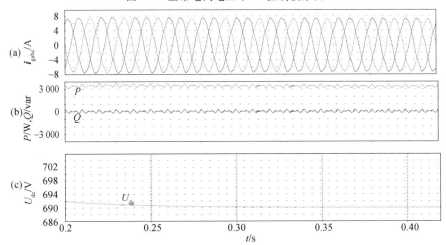

图 5.3　电网电压谐波畸变下 PI 控制波形图

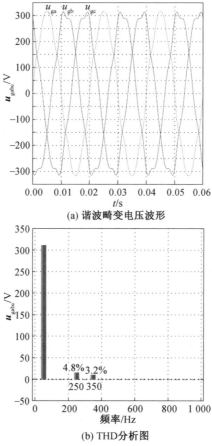

(a) 谐波畸变电压波形

(b) THD 分析图

图 5.4　电网电压 THD 分析图

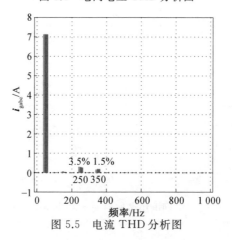

图 5.5　电流 THD 分析图

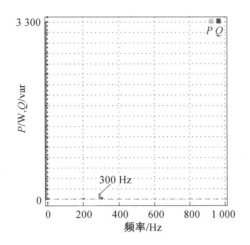

图 5.6　有功功率、无功功率 THD 分析图

### 5.1.3　网压畸变下 GSC 传统矢量控制性能分析

为了便于分析传统矢量控制在网压畸变下 GSC 的控制性能,将 GSC 传统矢量控制流程图画为如图 5.7 所示。

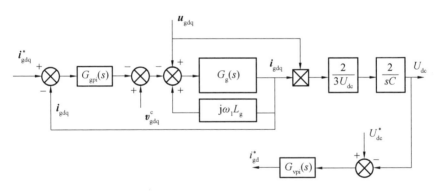

图 5.7　GSC 传统矢量控制流程图

图中,$G_{gpi}(s)=K_{gp}+\dfrac{K_{gi}}{s}$,为电流内环 PI 调节器;$G_{vpi}(s)=K_{vp}+\dfrac{K_{vi}}{s}$,为电压外环 PI 调节器;$G_g(s)=\dfrac{1}{R_g+sL_g}$;$v_{gdq}^c$ 为 d 轴和 q 轴电流解耦及电压补偿项,本次分析认为在加入解耦及电压补偿项之后能实现 d 轴和 q 轴电流完全解耦控制。

由前面分析已知,电网电压同时含有 5 次和 7 次谐波时,在 dq 旋转坐标系下,会造成网侧逆变器输出电流的 5 次、7 次谐波畸变,而目前 DFIG 网侧逆变器大都还是采用传统的矢量控制,所以有必要对这种工况下基于电网电压定向的传统矢量控制性能进行分析。如图 5.7 所示,dq 坐标系下有电压补偿和解耦项,所以进行分析时忽略 $j\omega_1 L_g$ 的影响即可。根据图 5.7 定义如下两个传递函数。

在 d、q 轴电流参考输入 $i_{gdq}^*$ 作用下的电流闭环传递函数 $G_{gi}(s)$ 为

$$G_{gi}(s) = \frac{i_{gdq}(s)}{i_{gdq}^*(s)} = \frac{G_g(s)G_{gpi}(s)}{1 + G_g(s)G_{gpi}(s)} = \frac{sK_{gp} + K_{gi}}{s^2 L_g + s(K_{gp} + R_g) + K_{gi}} \quad (5.21)$$

电流内环对于外部电压干扰下的闭环传递函数 $G_{gid}(s)$ 为

$$G_{gid}(s) = \frac{i_{gdq}(s)}{u_{gdq}(s)} = \frac{G_g(s)}{1 + G_g(s)G_{gpi}(s)} = \frac{s}{s^2 L_g + s(K_{gp} + R_g) + K_{gi}} \quad (5.22)$$

传递函数 $G_{gi}(s)$ 反映了电流环采用 PI 控制时,电流实际值对电流参考指令值的跟踪性能,一般来说,$G_{gi}(s)$ 的幅值增益越大,那么电流实际值对参考电流指令值的跟踪性能越好;传递函数 $G_{gid}(s)$ 反映了 PI 控制下,实际电流对电网电压扰动的敏感程度,$G_{gid}(s)$ 的幅值增益越大,那么实际电流对电网电压扰动越敏感,也就是说,电网电压发生的谐波畸变程度越大,那么实际电流因此而产生的畸变程度也就越大,从侧面反映了 PI 电流环的谐波抑制性能越弱。当发生电网电压谐波畸变时,将从以下方面对 GSC 双闭环控制系统谐波抑制能力和电流跟踪能力进行分析。

(1) 不同滤波进线电感 $L_g$ 对 GSC 控制系统谐波电流的抑制能力的影响。

因主要考虑的是电网电压含有 5 次和 7 次谐波时的工况,并且由前面分析可知,电网电压含有 5 次和 7 次谐波时,在 dq 坐标系下电网谐波电压、并网谐波电流是以 6 倍频正、余弦量出现,GSC 输出有功功率和无功功率、直流母线电压主要产生 6 倍频脉动,本节系统选取的基频是 50 Hz,于是讨论在电流开环传递函数穿越频率为 300 Hz 时,选取不同 PI 调节器的 $K_{gi}$ 和 $K_{gp}$ 的参数,见表 5.1,并且对应表 5.1 的伯德图如图 5.8 所示。

表 5.1  $K_{gi}$ 和 $K_{gp}$ 的参数表

| $L_g$/mH | 0.1 | 0.3 | 0.5 | 0.7 | 0.9 |
|---|---|---|---|---|---|
| $K_{gp}$ | 0.187 | 0.562 | 0.941 | 1.313 | 1.690 |
| $K_{gi}$ | 35.354 | 106.062 | 176.772 | 247.480 | 318.188 |

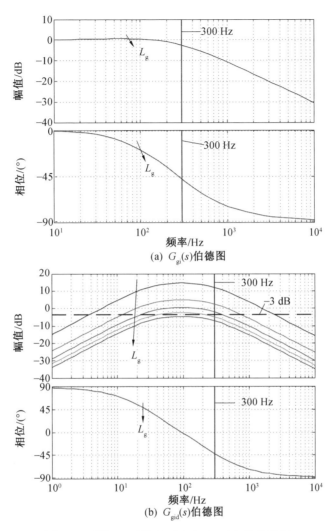

图 5.8　不同 $L_g$ 下的 $G_{gi}(s)$ 和 $G_{gid}(s)$ 的伯德图

　　从图 5.8(a) 可以看出,随着电感值 $L_g$ 的增大,参考输入 $i_{gdq}^*(s)$ 下电流内环传递函数 $G_{gi}(s)$ 的幅值增益基本不变,所以不同进线电感值对电流内环的指令跟踪能力并无太大影响。由前面谐波畸变的建模分析可知,网压谐波畸变(电网电压含有 5 次、7 次谐波)时,dq 坐标系里的谐波电流会以 6 倍频脉动出现,所以在 300 Hz 处可以看出,$G_{gi}(s)$ 的幅值增益并不是特别大,甚至低于 $-3$ dB。而从 $G_{gid}(s)$ 的伯德图可以明显地看出,随着滤波进线电感值的增大,$G_{gid}(s)$ 的增益越来越小,说明电感值增大,GSC 系统电流内环对电网电压 5 次、7 次谐波畸变的敏感度减弱,即实际电流质量不会因为网压谐波畸变程度的增加而进一步恶化,系统的谐波抑制性能越来越好。特别地,在 300 Hz 处,当电感值取 0.7 mH 和 0.9 mH 时,$G_{gi}(s)$ 的增益小于 $-3$ dB。所以,增大网侧逆变器的滤波进线电感,对系统的谐波抑制性能的提高有所帮助。然而考虑到整个 DFIG 的效率和直流母线电压的利用率问题,电感值并不可能无限大,因此,通过增大进线电感来实现滤波的作用是有限的。

（2）不同的电流环带宽对网侧逆变器控制系统谐波抑制性能影响的分析。

本节选定网侧进线电感 $L_g = 0.5$ mH,为了使电流环的带宽不同,所选取的 $K_{gi}$ 和 $K_{gp}$ 参数见表 5.2。

表 5.2　不同电流环带宽下 $K_{gi}$ 和 $K_{gp}$ 的参数表

| 穿越频率/Hz | 100 | 300 | 500 | 700 | 900 |
|---|---|---|---|---|---|
| $K_{gp}$ | 0.313 | 0.941 | 1.562 | 2.188 | 2.813 |
| $K_{gi}$ | 19.641 | 176.771 | 491.031 | 962.422 | 159.101 |

实际 DFIG 网侧逆变器的电流环采用 PI 控制时,往往要求系统带宽小于开关频率的二分之一,所以本节用穿越频率的十分之一作为电流内环 PI 控制器的零点转折频率。与表 5.2 相对应的 $G_{gi}(s)$ 和 $G_{gid}(s)$ 的伯德图如图 5.9 所示。

由 $G_{gi}(s)$ 的伯德图可以看出,随着穿越频率的增大,带宽也逐渐增大,进而 $G_{gi}(s)$ 的增益也增大,说明带宽的增大可使实际电流跟踪性能有所提高;而在 300 Hz 处,随着带宽的增大,$G_{gi}(s)$ 的增益增速缓慢,即增大带宽并不能无限提高电流指令跟踪能力。从 $G_{gid}(s)$ 的伯德图可以看出,随着带宽增大的方向,在 300 Hz 处 $G_{gid}(s)$ 的增益逐渐减小,可降到 $-3$ dB 以下,说明高带宽有助于减弱实际电流对网压谐波畸变的敏感程度,即使系统的谐波抑制性能有所增强。然而在目前的实际应用中,常常将电流闭环的控制带宽限定在一定的范围之内,并且高带宽意味着高成本,因此,用增大带宽来实现良好的谐波抑制性能的方法也是有一定局限性的。

通过以上分析可知,GSC 传统矢量控制系统对电网电压谐波的抗干扰能力是有限的。虽然增大进线电感和提高电流环带宽能使谐波抑制能力增强,但是从工程的实际情况看,过大的电感值会影响整个 DFIG 的效率,并且"高带宽意味着高成本",所以这两种方法并不可取。如果电网电压谐波成分更为复杂,如更高次谐波和分数次谐波的引入,GSC 传统矢量控制在这种复杂谐波畸变的非理想工况下的控制性能会进一步下降,进而使得 DFIG 输出电能的质量更加恶化。

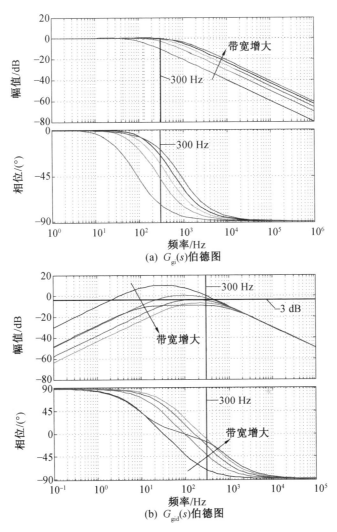

图 5.9　不同电流环带宽下的 $G_{gi}(s)$ 和 $G_{gid}(s)$ 的伯德图

## 5.2　网压谐波畸变下 DFIG 网侧逆变器的 PIR 控制

目前现有的 DFIG 系统多采用 PI 电流控制器,为了最大限度地保留原有结构不变,将 DFIG 的 GSC 侧双闭环控制中的电流内环 PI 控制器换成 PIR 控制器,而电压环则仍保持 PI 控制。其完整的控制框图如图 5.10 所示。首先用改进的锁相环(PLL)技术取得基频信息 $\omega$ 和 $\theta_g$,用于电网电压和并网电流由 abc 坐标系向 dq 坐标系的转换,再根据控制目标的选取计算谐波电流 $i^*_{gdq5}$ 和 $i^*_{gdq7}$ 的参考值,基频参考电流 $i^*_{gdq+}$ 则是由电压外环 PI 控制器获得,最后获得电流完整的参考值 $i^*_{gdq}$,用 6 倍频的 PIR 控制器对电流进行无静差调节,再经解耦补偿以及坐标变换,对 GSC 进行 SVPWM 控制。

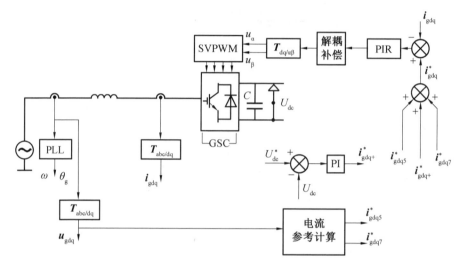

图 5.10 基于 PIR 的改进矢量控制框图

下面对基于 PIR 的改进矢量控制和传统 PI 电流控制器进行对比分析。根据图 5.10,可以画出基于 PIR 电流控制器的结构流程图,如图 5.11 所示。

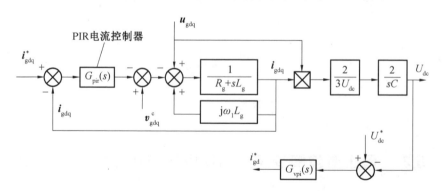

图 5.11 基于 PIR 电流控制器的结构流程图

由图 5.11 可见,基于 PIR 的改进矢量控制将电流内环控制器换成了 PIR 控制器,其余则最大限度地保留了原有双闭环的结构,$G_{vpi}(s)=K_{vp}+\dfrac{K_{vi}}{s}$,电压外

环仍为 PI 控制;$G_{gpir}(s)=K_{gp}+\dfrac{K_{gi}}{s}+\dfrac{sK_{gr}}{s^2+2\omega_c s+(6\omega)^2}$,电流内环变为 PIR 控

制;解耦补偿项 $v_{gdq}^c$ 和 $G_g(s)$ 与前面定义的一样。根据图 5.11 所示改进后的控制系统流程框图,电流参考输入 $i_{gdq}^*$ 作用下电流内环的闭环传递函数为

$$G_{gi}(s)=\frac{i_{gdq}^*}{i_{gdq}}=\frac{G_g(s)G_{gpir}(s)}{1+G_g(s)G_{gpir}(s)} \tag{5.23}$$

电流内环对电压扰动作用下的闭环传递函数为

$$G_{gid}(s)=\frac{i_{gdq}}{u_{gdq}}=\frac{G_g(s)}{1+G_g(s)G_{gpir}(s)} \tag{5.24}$$

当电网电压含有 5 次和 7 次谐波畸变时,在 dq 坐标系下 5 次和 7 次谐波电流以 6 倍频(300 Hz)正弦量存在。为了与传统的 PI 电流内环控制器进行比较,选取进线电感 $L_g=0.3$ mH,PI 穿越频率为 300 Hz 时,分别绘出电流参考输入作用下电流闭环传递函数 $G_{gi}(s)$ 和电流内环对电压扰动作用下的闭环传递函数 $G_{gid}(s)$ 的伯德图。图 5.12 所示为基于 PI 控制器和 PIR 控制器的 $G_{gi}(s)$ 的伯德图对比。

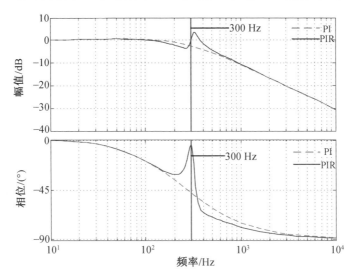

图 5.12　PI 及 PIR 控制器下 $G_{gi}(s)$ 的伯德图对比

从图 5.12 所示的 $G_{gi}(s)$ 的伯德图中可见,在 300 Hz 处,PIR 控制器的幅值和相位增益明显大于 PI 控制器,可见,300 Hz 谐振控制项的引入会增强系统对 6 倍频交流量的跟踪性能,加强系统对交流量的调节能力。图 5.13 所示为基于 PI 控

制器和基于 PIR 控制器的 $G_{gid}(s)$ 的伯德图对比。

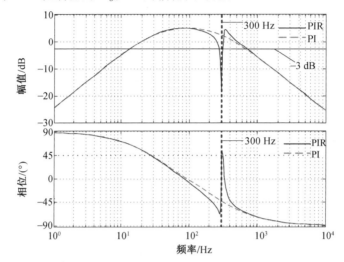

图 5.13　PI 及 PIR 控制器下 $G_{gid}(s)$ 的伯德图对比

　　从图 5.13 所示的 $G_{gid}(s)$ 的伯德图中可见,在 300 Hz 处,PIR 控制器的增益明显小于 $-3$ dB,但是 PI 控制器的增益很大,因此,300 Hz 谐振项的引入同样会减弱系统对网压 5 次、7 次谐波扰动的敏感程度,增强其谐波抑制性能。

　　为了验证电网电压含有 5 次和 7 次谐波畸变工况下 DFIG 网侧基于 PIR 的改进控制策略的有效性,电网电压谐波畸变下 PI 控制和 PIR 控制的仿真对比如图 5.14 所示。

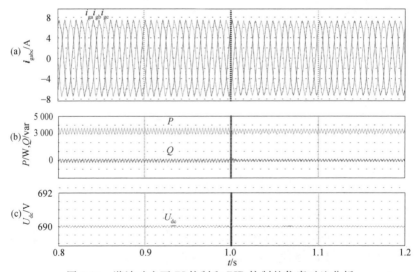

图 5.14　谐波畸变下 PI 控制和 PIR 控制的仿真对比分析

图 5.15 所示为 PI 控制和 PIR 控制下电流的 THD 对比分析图。

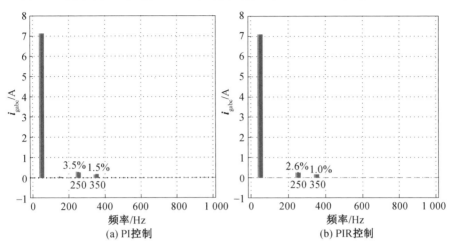

图 5.15    PI 控制和 PIR 控制下电流的 THD 对比分析图

由图 5.14 可以看出,在 1.0 s 之前,采用 PI 控制时,电流出现明显的谐波畸变。1.0 s 之后,切换为 PIR 控制时,电网电流正弦化程度提高,谐波含量减小,并且由图 5.15 可知,5 次谐波含量下降了 0.9%,7 次谐波含量下降了 0.5%;输出有功功率和无功功率脉动也明显减小,有功功率脉动在参考值3.3 kW 的变化范围由 ±200 W 变为 ±50 W,无功功率脉动在参考值 0 var 的变化范围由 ±80 var 变为 ±20 var;并且由于并网电流 5 次和 7 次谐波含量的减小,直流母线电压的脉动也明显减小。所以,若选取的是实现 GSC 输出电流正弦化程度提高的目标,PI 控制下对 $i_{gd}^*$ 和 $i_{gq}^*$ 的跟踪能力不如 PIR 控制下的跟踪调节性能,PI 控制效果略差于 PIR。GSC 输出有功功率和无功功率突变情况下 PIR 控制的动态性能仿真图如图 5.16 所示。

由图 5.16 可知,在电网电压谐波畸变的基础上,1.0 s 之前有功功率给定为 3.3 kW,无功功率给定为 0 var;1.0 s 时有功功率给定突减为 2.7 kW,无功功率给定由 0 var 变为 400 var,电网电压 5 次谐波含量仍为 4.8%,7 次谐波含量为 3.2%。经仿真分析可得,在 1.0 s 时刻 GSC 输出有功功率和无功功率的突变并没有影响 PIR 控制性能,GSC 输出三相电流仍能保持较好的正弦度,且在突变时刻,电流的突变值并不是特别明显;直流母线电压也能在突变时刻后短时间内跟踪上指令值,突变时刻并无过压现象出现;有功功率和无功功率的动态响应也比较快,且有功功率的响应稍微慢于无功功率的响应,这是因为有功功率的调节取决于 $i_{gd}$,而 $i_{gd}$ 的参考指令值是通过电压外环给定的,然后再进入电流内环进行调节,因此有功功率的动态响应速度稍慢于无功功率。

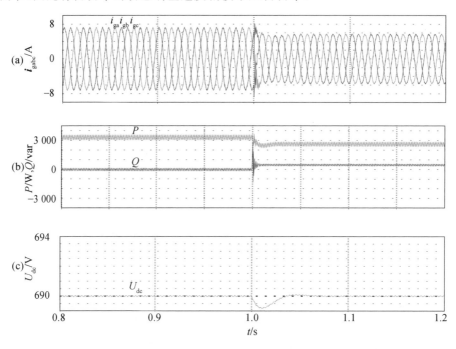

图 5.16　GSC 输出有功功率和无功功率突变情况下 PIR 控制的动态性能仿真图

## 5.3　网压畸变下 DFIG 并网逆变器谐振滑模控制研究

### 5.3.1　网压谐波畸变下网侧逆变器的控制结构

为了增强 FOTSM 控制对谐波的抑制能力,将谐振项加入所设计的全阶滑模面里,形成谐振滑模控制。当电网电压含有 5 次和 7 次谐波畸变时,本节提出的基于两相静止坐标系的控制策略整体框图如图 5.17 所示。

由图 5.17 可以看出,两相静止坐标系下的控制结构省去了锁相环节和电压解耦补偿环节,多了相序分离环节来提取电网电压的基频信号,总体上使系统的动态性能得到了改善。并且从整体的结构框图来看,该控制策略采用的是准直接功率控制思想:通过电压外环计算瞬时有功功率的参考值,再根据不同的控制目标计算电流的参考值。之所以称为准直接功率控制,是因为内环控制物理量不再是功率,而变为了电流,此处电流内环控制器采用的是 FOTSM 控制,最后得到 SVPWM 所需的 $u_{\alpha n}$ 和 $u_{\beta n}$。

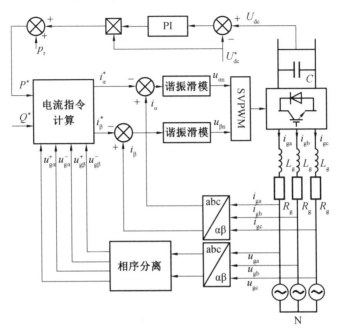

图 5.17　谐振滑模整体控制框图

## 5.3.2　网压谐波畸变下网侧逆变器的谐振滑模设计

为了分析方便,将加入谐振项的全阶滑模面式(4.75)写成复频域的形式,即

$$\boldsymbol{S}_{\alpha\beta}(s)=\Delta\dot{\boldsymbol{i}}_{\alpha\beta}(s)G_{\mathrm{r}}(s) \tag{5.25}$$

此时滑模面成了微分项、谐振项和非线性项之和的形式,即

$$G_{\mathrm{r}}(s)=s+\frac{K_{\mathrm{gr}}s}{s^{2}+2\omega_{\mathrm{c}}s+(6\omega)^{2}}+C\frac{u!}{s^{u+1}} \tag{5.26}$$

式中,$u!$ 表示 $u$ 的阶乘。

为了得到更好的谐波抑制能力,网侧电压表示为

$$\begin{cases}u_{\mathrm{g}\alpha}=u_{\mathrm{g}\alpha+}+u_{\mathrm{g}\alpha5}+u_{\mathrm{g}\alpha7}\\u_{\mathrm{g}\beta}=u_{\mathrm{g}\beta+}+u_{\mathrm{g}\beta5}+u_{\mathrm{g}\beta7}\end{cases} \tag{5.27}$$

式中,$u_{\mathrm{g}\alpha+}$、$u_{\mathrm{g}\alpha5}$、$u_{\mathrm{g}\alpha7}$ 分别为电网电压基频、5 次谐波、7 次谐波在 $\alpha$ 轴上的分量;$u_{\mathrm{g}\beta+}$、$u_{\mathrm{g}\beta5}$、$u_{\mathrm{g}\beta7}$ 分别为电网电压基频、5 次谐波、7 次谐波在 $\beta$ 轴上的分量。

实际期望的有功功率和无功功率应该是由基频电压和基频电流计算出来的,即

$$\begin{cases} P^* = \dfrac{3}{2}(u_{g\alpha+}i^*_{g\alpha+} + u_{g\beta+}i^*_{g\beta+}) \\ Q^* = \dfrac{3}{2}(u_{g\beta+}i^*_{g\alpha+} - u_{g\alpha+}i^*_{g\beta+}) \end{cases} \tag{5.28}$$

所以电流参考指令值应该由下式计算而得：

$$\begin{cases} i^*_{g\alpha+} = \dfrac{2(u_{g\beta+}Q^* - u_{g\alpha+}P^*)}{3(u^2_{g\alpha+} + u^2_{g\beta+})} \\ i^*_{g\beta+} = \dfrac{2(u_{g\beta+}P^* - u_{g\alpha+}Q^*)}{3(u^2_{g\alpha+} + u^2_{g\beta+})} \end{cases} \tag{5.29}$$

式(5.29)是 $i_\alpha$ 和 $i_\beta$ 所要跟踪的期望电流，其中参考电流的计算要涉及电网电压的基频分量，所以要提取出电网电压基频。本节采用"$T/4$ 周期延时法"来提取，该方法计算简单，电网电压在基波周期内延时 1/4 个周期后变为

$$\begin{cases} \hat{u}_{g\alpha} = u_{g\beta+} - u_{g\beta5} - u_{g\beta7} \\ \hat{u}_{g\beta} = -u_{g\alpha+} + u_{g\alpha5} + u_{g\alpha7} \end{cases} \tag{5.30}$$

式中，$\hat{u}_{g\alpha}$、$\hat{u}_{g\beta}$ 分别为 $u_{g\alpha}$、$u_{g\beta}$ 延时 1/4 周期后的电网电压，可以得出基频正序分量的表达计算式为

$$\begin{cases} u_{g\alpha+} = \dfrac{1}{2}(u_{g\alpha} - \hat{u}_{g\beta}) \\ u_{g\beta+} = \dfrac{1}{2}(u_{g\beta} + \hat{u}_{g\alpha}) \end{cases} \tag{5.31}$$

在 PLECS 软件里面对所提取谐振滑模控制进行仿真，$\alpha$ 轴电流跟踪指令时序图如图 5.18 所示，误差电流相平面图如图 5.19 所示，FOTSM 时序图如图 5.20 所示。从图 5.18 ～ 5.20 可以看出，$\alpha$ 轴电流跟踪参考值良好，并且稳定后会围绕在原点附近小范围波动。

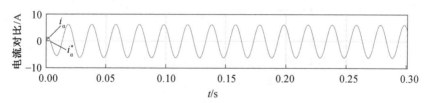

图 5.18　$\alpha$ 轴电流跟踪指令时序图

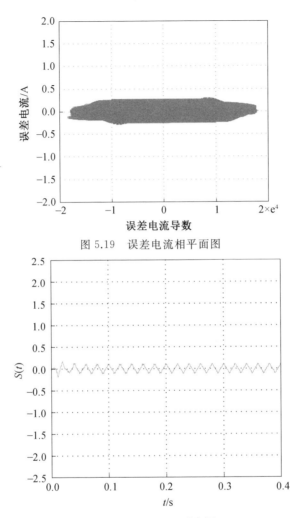

图 5.19　误差电流相平面图

图 5.20　FOTSM 时序图

## 5.4　仿真分析

电网电压谐波畸变下采用 FOTSM 控制时,仿真波形如图 5.21 所示。由图 5.21 可以看出,当电网电压含有 5 次、7 次谐波畸变时,并网电流的波形正弦化程度降低,有功、无功功率的波动频率增加。图 5.22 所示为电流 THD 分析图。

由图 5.22 可见,电流 5 次谐波含量为 3.2%,7 次谐波含量为 5.7%,所以所提出 FOTSM 控制策略在电网电压谐波畸变时对谐波电流的抑制能力有一定局限性,基于所讲的谐振控制对谐波抑制的优势,可以考虑将谐振项引入到所设计的 FOTSM 中,以此来增强 FOTSM 对谐波的抑制能力。

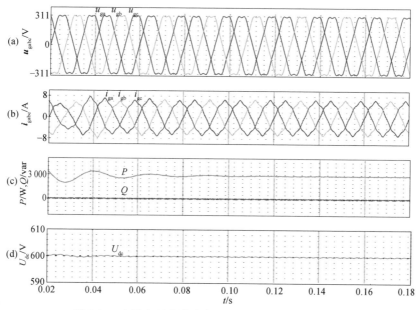

图 5.21　电网电压谐波畸变下 FOTSM 控制仿真波形

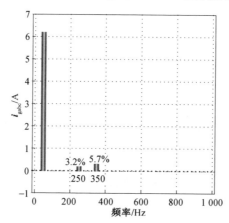

图 5.22　电网电压谐波畸变下 FOTSM 控制的电流 THD 分析图

采用谐振滑模控制后的整体仿真波形图如图 5.23 所示,对比未加入谐振项的波形可以看出,并网电流的正弦化程度有所提高,有功功率、无功功率、直流母线电压的脉动也很小。

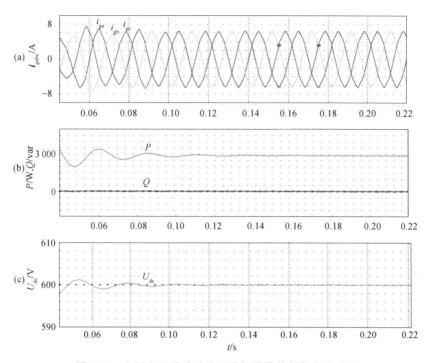

图 5.23　电网电压谐波畸变下谐振滑模控制仿真波形图

图 5.24 所示为并网电流的 THD 分析图,由图可见电流的 5 次谐波和 7 次谐波含量由之前的 3.2% 和 5.7% 分别降到了 2.5% 和 3.7%,所以电流的波形正弦化程度得到了一定改善。

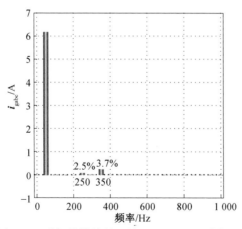

图 5.24　谐振滑模控制下并网电流 THD 分析图

# 本 章 小 结

本章主要针对滑模控制在 DFIG 网侧逆变器中的应用进行研究。首先在 αβ 坐标系下设计了准直接功率控制,电流内环采用 FOTSM 控制,电压外环用准直接功率的思想计算出电流内环所需的参考电流指令,并且电压外环可以与机侧逆变器输出功率相结合使系统的模型更具实际意义;其次针对电网电压谐波畸变情况,对 FOTSM 控制的谐波抑制能力进行了评估,在所提出滑模控制策略的基础上,结合谐振控制,形成谐振滑模控制,并对参考指令电流计算进行了优化,来增强滑模控制的谐波抑制能力;最后在 PLECS 软件里面搭建了仿真模型,进行了验证。

# 本章参考文献

[1] 国家技术监督局. 电能质量公用电网谐波:GB/T 14549—1993[S].北京:中国标准出版社,1993.

[2] RAMOS C J, MARTINS A P, CARVALHO A S. Rotor current controller with voltage harmonics compensation for a DFIG operating under unbalanced and distorted stator voltage[C]// The 33rd Annual Conference of the IEEE Industrial Electronics Society (IECON). Nov. 5-8,Taipei, 2007:1287-1292.

[3] PHAN V T, LEE H H. Stationary frame control scheme for a stand-alone doubly fed induction generator system with effective harmonic voltages rejection[J]. IET Electric Power Applications, 2011, 5(9):697-707.

[4] QUAN Y,NIAN H, NI S Y, et al. A novel approach to obtain constant DC-link voltage of the grid-connected converter under harmonically grid voltage conditions[C]. International Conference on Electrical Machines and Systems. Aug. 20-23,Beijing,2011:1-6.

[5] 年珩,全宇. 谐波电网电压下 PWM 整流器增强运行控制技术[J]. 中国电机工程学报,2012,32(9):41-48.

[6] 胡家兵. 双馈异步风力发电机系统电网故障穿越(不间断)运行研究 —— 基

础理论与关键技术[D]. 杭州:浙江大学,2009.

[7] 陈炜,陈成,宋战锋,等. 双馈风力发电系统双 PWM 逆变器比例谐振控制 [J]. 中国电机工程学报,2009,29(15):1-7.

[8] 王剑,郑琼林,高吉磊. 基于根轨迹法的单相 PWM 整流器比例谐振电流调 节器设计[J]. 电工技术学报,2012,27(9):251-256.

[9] HU J B, XU H L, HE Y K. Coordinated control of DFIG'S RSC and GSC under generalized unbalanced and distorted grid voltage conditions[J]. IEEE Transactions on Industrial Electronics,2013,60(7):2808-2819.

[10] 陈思哲,章云,吴捷. 不对称跌落故障下双馈风力发电系统的比例 - 积 分 - 谐振并网控制[J]. 电网技术,2012,36(8):62-68.

[11] 郑雪梅,李琳,徐殿国. 双馈风力发电系统低电压过渡的高阶滑模控制仿 真研究[J]. 中国电机工程学报,2009,29:178-183.

[12] 吴忠强,马宝明,庄述燕. 双馈风力发电系统终端滑模控制研究[J]. 电力 系统自动化,2012,16(8):94-100.

[13] 全宇,年珩. 不平衡及谐波电网下并网逆变器的谐振滑模控制技术[J]. 中 国电机工程学报,2014,9:004.

[14] 姚骏,夏先锋,陈西寅,等. 风电并网用全功率变流器谐波电流抑制研究 [J]. 中国电机工程学报,2012,32(16):17-25.

# 第6章

# 不平衡故障下风力发电系统的协调控制

通 过前面第3章、第4章的内容了解了风力发电系统在理想电网电压下,电压外环实现稳定直流母线电压的作用,同时电流内环通过直接控制逆变器使其输出稳定的正弦电流。但是电网电压不平衡故障下,逆变器输出有功功率会出现2倍频波动,进而导致直流母线电压出现2倍频波动,并且逆变器输出电流会出现3次谐波畸变。因此不平衡故障下需要对逆变器输出功率以及输出电流进行控制。在电网电压不平衡的情形下如何实现机侧、网侧的协调控制、网侧逆变器的输出功率—电流的协调控制,以及有功功率—无功功率的协调控制是本章的主要内容。

## 6.1    不对称跌落故障下 DFIG 网侧与机侧协调控制

前面的第 4 章、第 5 章分别对 DFIG 在电网电压出现对称跌落和不对称跌落情况下的系统进行了研究。本节将对 DFIG 的机侧与网侧协调控制进行研究。

### 6.1.1    DFIG 的运行功率关系

DFIG 结构和功率关系如图 6.1 所示。

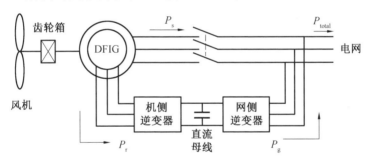

图 6.1    DFIG 主电路功率关系图

系统输出的总功率 $P_{\text{total}}$ 为定子输出功率 $P_s$ 和网侧逆变器输出功率 $P_g$ 之和,即

$$P_{\text{total}} = P_s + P_g = (P_{s0} + P_{g0}) + (P_{ssin2} + P_{gsin2}) \sin 2\omega_s t +$$
$$(P_{scos2} + P_{gcos2}) \cos 2\omega_s t \tag{6.1}$$

忽略网侧逆变器中电抗器的损耗以及系统中功率开关器件的损耗,PWM 逆变器中间母线上电容的瞬时功率等于 DFIG 转子侧瞬时功率 $P_r$ 减去网侧逆变器输出功率 $P_g$,即

$$C\frac{\mathrm{d}U_{dc}}{\mathrm{d}t} \cdot U_{dc} = P_r - P_g = \frac{3}{2} \cdot \boldsymbol{u}_{rdq}\hat{\boldsymbol{i}}_{rdq} - P_g \tag{6.2}$$

式中，$\boldsymbol{u}_{rdq}$、$\hat{\boldsymbol{i}}_{rdq}$ 分别为 DFIG 转子侧电压、电流的 d、q 轴分量。

由图 6.1 可见，DFIG 转子侧的双 PWM 逆变器通过中间的直流母线和直流电容相连。当电网正常运行时，DFIG 的定子电压和网侧逆变器的交流输入电压均保持平衡状态，此时背靠背式 PWM 逆变器采用传统 PI 矢量控制策略即可达到控制目标，直流母线电压稳定。而当电网电压发生不平衡等故障时，发电机定、转子电流会发生畸变，DFIG 机侧和网侧逆变器的输出（或输入）功率会产生 2 倍频波动，两者相互影响，导致母线电容频繁地充、放电，母线电压中也产生 2 倍频脉动。

### 6.1.2　DFIG 的网侧与发电机侧协调控制策略

DFIG 的转子采用背靠背式双 PWM 逆变器与电网相连，二者之间通过直流母线电容进行直流稳压，因此可采用独立控制方式，分别控制机侧逆变器和网侧逆变器，即第 3 章和第 4 章的内容。对机侧的控制实现了 DFIG 在不平衡电网下的稳定运行，有效抑制定、转子电流，电磁转矩或定子输出有功功率、无功功率脉动；对网侧逆变器的控制可稳定直流母线电压并抑制输送到电网的功率脉动。这种独立控制的方式具有控制结构清晰、耦合性弱等优点。

但是，单个逆变器的独立控制也具有局限性。由第 4 章电网电压不平衡下 DFIG 的瞬时功率分析可知，一方面，即使采用所提出的不平衡控制策略，也不能同时消除输出有功功率、无功功率和电磁转矩等的脉动；另一方面，由于风能的随机性，发电机转速频繁变化，机侧逆变器瞬时功率随之改变，并会传递给网侧逆变器，这些都加剧了直流母线电压的波动，在电路设计时需要加大母线电容。

引入大电容的风力发电系统也具有严重缺陷。首先，大的母线电容一般为电解电容，由于化学反应，其使用寿命与其他元件相比要短得多，且体积大、成本高、可靠性差；其次，大电容会使系统的惯性增大，不能及时追踪风速变化和电网的不平衡，降低系统的动态性能，影响发电机的控制效果。

为了减小直流母线电压波动，降低直流母线电容容量，本节研究了机侧逆变器和网侧逆变器协调控制策略，完整的 DFIG 风力发电系统仿真图如图 6.2 所示。

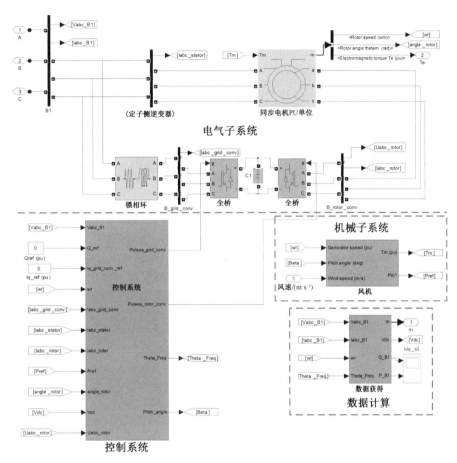

图 6.2　完整的 DFIG 风力发电系统仿真图

在本书的第 4 章分别针对 DFIG 的机侧和网侧逆变器设计了不对称跌落故障条件下的无源滑模双电流控制策略。为研究 DFIG 的机侧与网侧的协调整体控制性能,在此基础上进行研究。机侧和网侧都采取无源的滑模控制,图 6.2 中 BI 端的 A、B、C 端子接入不平衡的三相电网电压。协调控制下的网侧逆变器仿真图如图 6.3 所示。

考虑 DFIG 转子侧功率对网侧逆变器的影响,可将机侧逆变器看作一个整体,作为网侧逆变器直流负载。由式(6.2)可知,母线电容存储的能量为转子侧瞬时功率与网侧逆变器输出功率的差值,因此,在电压外环的输出项中加入 DFIG 转子侧功率前馈补偿后一起作为网侧逆变器输出有功功率的给定值,控制

网侧逆变器控制系统

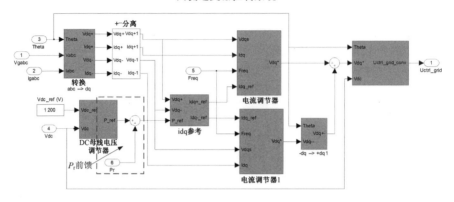

图 6.3　协调控制下的网侧逆变器仿真图

$P_{r} = P_{g}$ 可减小直流母线电压的波动。此时,机侧逆变器所受到的影响不大。

# 6.2　电网电压跌落时 D－PMSG 的功率协调控制策略

相比于 DFIG,D－PMSG 的结构简单、运行可靠、控制系统更加灵活。传统的低电压穿越控制策略的做法附加卸荷或储能电路,消耗低电压期间的不匹配能量,保证风机的不脱网运行。本节在分析 D－PMSG 风力发电系统的低电压穿越问题产生原因的基础上,提出了全新的低电压功率协调控制策略,并将其与传统的基于卸荷电路的低电压穿越策略进行对比,验证功率协调控制策略的优越性。

## 6.2.1　D－PMSG 风力发电系统的功率流向分析

D－PMSG 风力发电系统功率流动示意图如图 6.4 所示。其中,箭头所指的方向为各个环节中各功率的流动指向。图中,$P_{m}$ 表示风机捕获的风能;$P_{s}$ 表示发电机的输出功率;$P_{dcin}$ 表示机侧变流器的输出功率;$P_{dcout}$ 表示流入直流母线电容的功率;$P_{dc}$ 表示流入网侧变流器的功率;$P_{t}$ 表示流入电网的功率。

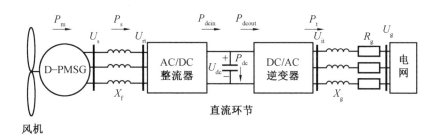

图 6.4    D－PMSG 风力发电系统功率流动示意图

根据风机捕获的功率式(2.1)可将电网吸收的功率表示为

$$P_t = \frac{U_{it} U_g \sin \theta}{X_g} \tag{6.3}$$

为了便于分析 D－PMSG 风力发电系统的功率流向关系,忽略线路中能量损耗和直流母线充放能量的情况下,可以得到 D－PMSG 转速的关系式为

$$J \omega_m \frac{\mathrm{d}\omega_m}{\mathrm{d}t} = P_m - P_t \tag{6.4}$$

理想电网下,忽略能量在传输过程中的损耗,当 D－PMSG 运行在稳态时,可以得到

$$P_m = P_s = P_{dcin} = P_{dcout} = P_t, \quad P_{dc} = 0 \tag{6.5}$$

电网电压跌落时,由式(6.4)可知,网侧吸收功率 $P_t$ 会根据电网电压跌落的程度有不同程度的下降。风机捕获功率 $P_m$ 大于电网吸收功率 $P_t$,即

$$P_m > P_t \tag{6.6}$$

此时流入 D－PMSG 风力发电系统的功率大于流出 D－PMSG 风力发电系统的功率,即 D－PMSG 的功率平衡状态被打破,产生的不匹配能量 $\Delta E$ 聚集在 D－PMSG 风力发电系统中,引起直流母线电压的升高和并网电流的增大,不匹配能量的表达式为

$$\Delta E = \int_{t_0}^{t_r} (P_m - P_t) \, \mathrm{d}t \tag{6.7}$$

式中,$t_0$ 为低电压发生时刻;$t_r$ 为电压恢复后,系统再次达到功率平衡的时刻。

在实际中,网侧逆变器的热容量有限,并网电流不可能无限制地增大,限制并网电流的同时也限制了并网功率,不匹配能量会积聚在直流母线环节,造成直流母线功率不断升高,进而损坏双侧 PWM 变流器。

### 6.2.2  电网电压跌落时机侧功率控制策略

从上一节的分析可以看出,D-PMSG 低电压穿越问题的本质是低压暂态期间功率不平衡。即机侧吸收能量相对过剩,网侧能量消纳能力不足。本节从调节发电机输出功率的角度出发,设计了电网电压跌落时的功率协调控制策略。通过在电网电压跌落时降低发电机输出功率的方法,消除不匹配能量,使 D-PMSG 风力发电系统始终运行在功率平衡的状态。

(1) 机侧功率特性的分析。

图 6.5 所示为在不同风速下,风力发电机(简称风机)捕获功率与桨距角和风力发电机转速的关系曲线。从图中可以看出,在风速一定时,风机吸收风能随着桨距角 $\beta$ 的增大而减小。因此在电网电压跌落期间,增大风机桨距角,可以减少风机捕获的能量。

目前变桨距执行机构所能达到的最大变桨距速度为 $10(°)/s$。用 $P_f$ 表示流过风机桨叶的风能,则风机捕获的风能可以表示为

$$P_m = C_p P_f \tag{6.8}$$

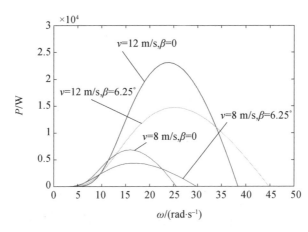

图 6.5  风力发电机捕获功率与桨距角和风力发电机转速的关系曲线

假设低电压暂态持续时间为 $0.625$ s,忽略风速和发电机转速的变化,以最大的桨距角变化率增大桨距角,则低电压暂态期间,风机捕获的风能为

$$
\begin{aligned}
W &= \int_0^t C_p P_f \mathrm{d}t = \int_0^{0.625} C_p(\beta(t),\lambda) P_f \mathrm{d}t \\
&= P_f \int_0^{0.625} 0.517\,6 \times \left[116 \frac{1}{\lambda_i} - 0.4\beta(t) - 5\right] \mathrm{e}^{-21\frac{1}{\lambda_i}} \mathrm{d}t = 0.207\,1 P_f
\end{aligned}
\tag{6.9}
$$

式中,$W$ 表示低电压暂态期间,采用变桨距控制策略时风机捕获的能量。

若不采用变桨距控制策略,则低电压期间风机捕获功率为

$$\hat{W} = \int_0^{0.625} C_p(\beta, \lambda) P_f dt = 0.265\ 6 P_f \qquad (6.10)$$

式中,$\hat{W}$ 表示低电压暂态期间,不采用变桨距控制策略时风机捕获的能量。从计算结果可以看出,采用变桨距控制策略可以使风机捕获的能量降低约 22%。

若低电压持续时间为 2 s,则计算结果分别为 $0.849\ 9P_f$ 和 $0.370\ 7P_f$,低电压暂态期间风机捕获能量可降低约 56%。因此,在低电压暂态期间,采用变桨距控制策略,可以显著降低风机捕获功率,减少不匹配能量,电网跌落的时间越长,效果越明显。从图 6.5 中可以看出,在不同风速下,风机存在最优转速,在低压暂态期间,使风机转速偏离最优值,也可以降低风机捕获的功率。

（2）电网电压跌落时机侧控制策略分析。

在电网电压跌落期间,为了降低发电机输出的功率,可采用图 6.6 所示的控制策略。将母线电压外环 PI 控制器的输出作为机侧 q 轴参考电流信号 $i_{sq}^*$,当电网电压跌落时,直流母线处会聚集不匹配能量,导致母线电压的升高。母线电压实际值与指令值的误差经过 PI 控制器得到电流内环 q 轴电流指令信号,通过调节发电机电磁转矩来降低发电机的输出功率 $P_s$,减少不匹配能量。发电机输出功率的减少会使发电机转速上升,偏离最优转速,从而进一步降低风机捕获的能量 $P_m$。同时,风机转速的上升会将部分不匹配能量转化为桨叶的转动动能储存起来,等到电网电压恢复后,重新馈入电网。

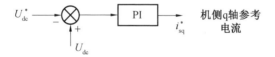

图 6.6　电压跌落期间机侧控制框图

### 6.2.3　电网电压跌落时网侧无功补偿控制

在电网电压跌落时,网侧无功补偿控制框图如图 6.7 所示。在电网电压跌落时,网侧 d 轴电流的给定为零,q 轴电流的给定为最大值。这样可以保证并网电流不越限,同时充分利用变流器容量,向电网传送尽可能多的无功功率,支撑电网电压恢复。

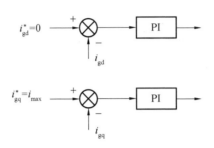

图 6.7　网侧无功补偿控制框图

### 6.2.4　直流母线电压控制策略

低电压期间 D－PMSG 风力发电系统不再与电网交换有功功率。则由式 (6.4) 可知,不匹配能量会导致风机转速上升。D－PMSG 传动轴在电网电压跌落时会承担较大的力矩,有可能造成机械系统的损伤。

为了减少低电压期间风力发电系统传动轴所承担的力矩,就必须减少电网电压跌落时风机转子所承担的不匹配能量。直流母线电容的充放电伴随着能量的储存和释放,在低电压暂态期间,提高直流母线电压参考值,可以将部分不匹配能量储存在电容上。直流母线电压上升得越多,所承担的不匹配能量就越多。直流母线电压的安全值上限为 1.1(标幺值),因此在低压暂态期间,机侧电压外环的给定为稳态时母线电压额定值的 1.1 倍。

考虑到直流母线电流与电压的关系式(3.1),若机侧直流母线电压阶跃上升,则过大的电压变化率会产生过大的电流,导致机侧变流器的有功电流越限,可能对机侧变流器造成损害。因此,应将母线电压的增量经惯性环节后附加在母线电压的额定值上,如图 6.8 所示。

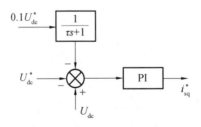

图 6.8　直流母线电压控制框图

通过调节惯性环节的时间常数可以调节母线电压上升的速率,使母线电压上升的速率在安全允许范围内取得最大,在电压暂态期间能够达到安全上限,从

而快速地分担尽可能多的不匹配能量。综上所述,电网电压跌落时,D－PMSG
风力发电系统功率协调控制策略整体框图如图 6.9 所示。

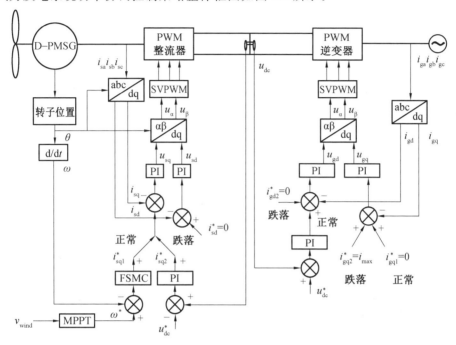

图 6.9　电网电压跌落时功率协调控制策略整体框图

## 6.3　电网电压不平衡故障下逆变器的协调控制

　　当出现不平衡故障时,电网电压 $e_{abc}$ 中正序分量 $e_{abc}^+$ 将减小,同时会产生负
序分量 $e_{abc}^-$。负序分量的存在会对逆变器性能以及控制器设计造成很大影响。
因此不平衡故障下需要对逆变器输出功率以及输出电流进行控制。不同的控制
目标需要不同的电流指令值。前面第 4 章对电网故障下 DFIG 的功率协调控制
进行了研究,本节主要对 D－PMSG 系统在两相静止坐标系下根据不同的电流指
令值实现不同的控制目标进行了研究,并提出了协调控制策略,实现了逆变器输
出功率－电流的协调控制以及有功功率－无功功率的协调控制。

### 6.3.1 瞬时功率平衡控制

式(4.85)表明,当机侧输出功率恒定时,若要保证直流母线电压稳定,需要并网逆变器输出瞬时有功功率恒定。因此可令功率指令值 $P^*$ 与 $Q^*$ 为恒定值,则计算得到的电流指令值即可保证瞬时功率恒定。此时通过计算可得电流指令值为

$$\begin{cases} i_\alpha^* = \dfrac{2}{3} \times \dfrac{1}{D_1} \left[ (e_\alpha^+ + e_\alpha^-) P^* + (e_\beta^+ + e_\beta^-) Q^* \right] \\ i_\beta^* = \dfrac{2}{3} \times \dfrac{1}{D_1} \left[ (e_\beta^+ + e_\beta^-) P^* - (e_\alpha^+ + e_\alpha^-) Q^* \right] \end{cases} \tag{6.11}$$

式中, $D_1 = (e_\alpha^+ + e_\alpha^-)^2 + (e_\beta^+ + e_\beta^-)^2$。

如果逆变器输出电流能够准确跟踪电流指令值,则由式(6.11)可知,此时逆变器输出功率为

$$\begin{bmatrix} P \\ Q \end{bmatrix} = \frac{3}{2} \begin{bmatrix} e_\alpha & e_\beta \\ e_\beta & -e_\alpha \end{bmatrix} \begin{bmatrix} i_\alpha^* \\ i_\beta^* \end{bmatrix} = \begin{bmatrix} P^* \\ Q^* \end{bmatrix} \tag{6.12}$$

由式(6.12)可以看出,逆变器输出功率能够严格跟随指令功率,即可以保证逆变器输出瞬时功率平衡,进而可以保证直流母线电压稳定。

针对上述电流指令值,对控制策略进行仿真。在 $0.5\,\mathrm{s}$ 设置电网电压 a 相跌落 $50\%$,与之对应的电网电压波形如图 6.10 所示,此时电网电压的不平衡度为 $20\%$。

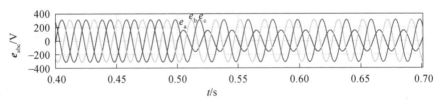

图 6.10 不平衡故障下电网电压波形

与第 4 章中仿真参数一致,并设置机侧逆变器输出有功功率与无功功率分别为 $3\,\mathrm{kW}$ 和 $0\,\mathrm{var}$。瞬时功率平衡控制策略下的仿真结果如图 6.11 所示。

由仿真结果图 6.11 可以看出,在此种电流指令值下基本可以实现瞬时功率平衡控制,并能够保证直流母线电压稳定。但是从电流波形可以看出,逆变器输出电流波形出现较大的畸变。此时对三相电流进行分析可得如图 6.12 所示的电流谐波分析图。

由仿真结果图 6.12(a)可以看出,在此种控制目标下,电流中会包含大量的 3

次、5 次以及更高次奇次谐波,并且图 6.12(b) 表明电流总谐波畸变率为 20% 左右。而根据国际电工委员会的标准,并网电流总谐波畸变率要低于 5%。显然,此时逆变器的输出电流不符合并网标准。

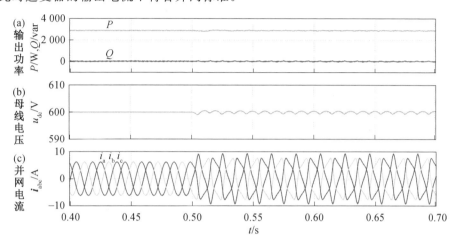

图 6.11　瞬时功率平衡控制策略下仿真图

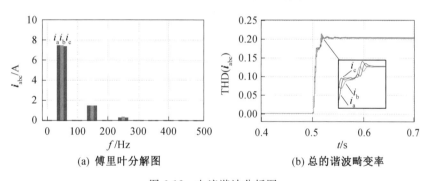

(a) 傅里叶分解图　　　　　　(b) 总的谐波畸变率

图 6.12　电流谐波分析图

为了进一步分析在这种控制目标下每一相电流总谐波畸变率 THD($i$) 与不平衡度 ε 的关系,可以将 THD($i$) 写为关于 ε 的表达式。将式中电流表达式转换到三相静止坐标系下,由于三相电流总谐波畸变率相同,此时通过计算可得每一相的电流总谐波畸变率为

$$\text{THD}(i) = \frac{\varepsilon}{\sqrt{1-\varepsilon^2}} \quad (6.13)$$

因此,在 THD($i$) < 5% 的要求下,根据式(6.13)计算可得电网电压不平衡度 ε 只能小于 5%;而 ε > 5% 时,虽然图 6.12(a) 表明此时逆变器输出瞬时功率

仍旧恒定,但是这种控制算法下逆变器输出电流已经无法满足并网要求。而造成电流谐波畸变的原因是电流指令值的分母表达式 $D_1$ 中包含 2 倍频分量,即

$$D_1 = (e_\alpha^+ + e_\alpha^-)^2 + (e_\beta^+ + e_\beta^-)^2 = E^{+2} + E^{-2} + 2E^+ E^- \cos(2\omega t + \theta_e^+ + \theta_e^-)$$

(6.14)

### 6.3.2 电流谐波抑制控制

如果能够消除电流指令值表达式(6.14)中的 2 倍频分量 $2E^+ E^- \cos(2\omega t + \theta_e^+ + \theta_e^-)$,则并网电流指令值即为正弦波,且不再包含奇次谐波分量。因此可以将电流指令值设计为如下形式:

$$\begin{cases} i_\alpha^* = \dfrac{2}{3D_2}\left[(e_\alpha^+ + e_\alpha^-)P^* + (e_\beta^+ + e_\beta^-)Q^*\right] \\ i_\beta^* = \dfrac{2}{3D_2}\left[(e_\beta^+ + e_\beta^-)P^* - (e_\alpha^+ + e_\alpha^-)Q^*\right] \end{cases}$$

(6.15)

式中,$D_2 = (e_\alpha^{+2} + e_\beta^{+2}) + (e_\alpha^{-2} + e_\beta^{-2}) = E^{+2} + E^{-2}$。

同理,由式(6.12)计算得到逆变器输出功率表达式为

$$\begin{cases} P = P^*\left[1 + \dfrac{2E^+ E^-}{E^{+2} + E^{-2}}\cos(2\omega t + \theta_e^+ + \theta_e^-)\right] \\ Q = Q^*\left[1 + \dfrac{2E^+ E^-}{E^{+2} + E^{-2}}\cos(2\omega t + \theta_e^+ + \theta_e^-)\right] \end{cases}$$

(6.16)

由式(6.16)可以看出,此时逆变器输出功率会出现 2 倍频波动。同时,还有一个问题不能忽略,即当有功功率出现 2 倍频波动时,直流母线电压也会随之出现 2 倍频波动,而由式(4.86)可知有功功率指令值 $P^*$ 的计算与直流母线电压 $u_{dc}$ 相关,所以此时 $P^*$ 也会随之产生波动,而根据式(6.15)计算得到的电流指令值也不会严格正弦,并且会包含一定量的谐波成分。

同样根据式(6.12)可知,由于在逆变器电压外环控制中加入了机侧功率前馈,并且仿真时假设机侧输出功率不变,因此可以通过适当选择前馈系数 $m$ 的值以降低直流母线电压对有功功率指令值计算的影响,这里令 $m = 0.7$。在上述指令值下系统的仿真结果如图 6.13、图 6.14 所示。

由图 6.13 与图 6.14 可以看出,与前面分析一致:虽然逆变器输出功率会出现 2 倍频波动分量,但是输出电流中基本不再包含奇次谐波,且电流总谐波畸变率能够控制在 5% 以下。

另外,对电压外环不加入机侧功率前馈,即 $m = 0$ 时的控制进行仿真,并对输出电流进行详细分析,可得如图 6.15 所示的分析图。

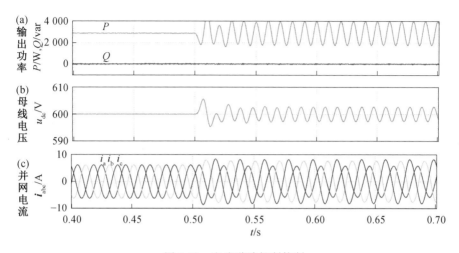

图 6.13　电流谐波抑制控制

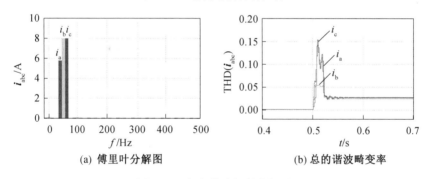

(a) 傅里叶分解图　　　　　(b) 总的谐波畸变率

图 6.14　电流谐波抑制分析图

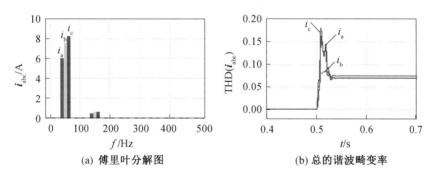

(a) 傅里叶分解图　　　　　(b) 总的谐波畸变率

图 6.15　无功率前馈时电流谐波分析图

由仿真结果图 6.15 可知,如前述分析,此时逆变器输出电流中包含一定量的奇次谐波,并且电流总谐波畸变率大于 5%,不再符合并网标准。对比图 6.14 与

图 6.15 可以看出,机侧功率前馈控制不仅能够提高直流母线电压动态响应速度,还能够在电网不平衡故障时抑制逆变器输出电流的奇次谐波分量。所以,在后面的仿真中均取前馈系数 $m=0.7$。

### 6.3.3 有功功率平衡控制

当采用两相旋转坐标系下控制时,烦琐的计算过程会导致逆变器动态响应速度变慢,但是这种控制策略的优点是,能够保证在逆变器输出电流无谐波的基础上实现有功功率或无功功率的平衡控制。所以为了提高逆变器动态响应速度,并达到与 dq 坐标系下相同的控制效果,在两相静止坐标系下得到类似于两相旋转坐标系下的功率表达式。此时功率值为式(4.28)所示的恒定分量与二倍频波动分量之和的形式,即

$$\begin{cases} P = P_0 + P_{2\cos}\cos 2\omega t + P_{2\sin}\sin 2\omega t \\ Q = Q_0 + Q_{2\cos}\cos 2\omega t + Q_{2\sin}\sin 2\omega t \end{cases} \tag{6.17}$$

式中,各个分量具体表达式如下:

$$\begin{cases} P_0 = 1.5(e_\alpha^+ i_\alpha^+ + e_\beta^+ i_\beta^+ + e_\alpha^- i_\alpha^- + e_\beta^- i_\beta^-) \\ P_{2\cos} = 1.5(K_{P1}\cos 2\omega t - K_{P2}\sin 2\omega t) \\ P_{2\sin} = 1.5(K_{P2}\cos 2\omega t - K_{P2}\sin 2\omega t) \\ K_{P1} = e_\alpha^- i_\alpha^+ + e_\beta^- i_\beta^+ + e_\alpha^+ i_\alpha^- + e_\beta^+ i_\beta^- \\ K_{P2} = e_\beta^- i_\alpha^+ - e_\alpha^- i_\beta^+ - e_\beta^+ i_\alpha^- + e_\alpha^+ i_\beta^- \end{cases}$$

$$\begin{cases} Q_0 = 1.5(e_\beta^+ i_\alpha^+ - e_\alpha^+ i_\beta^+ + e_\beta^- i_\alpha^- - e_\alpha^- i_\beta^-) \\ Q_{2\cos} = 1.5(K_{Q1}\cos 2\omega t - K_{Q2}\sin 2\omega t) \\ Q_{2\sin} = 1.5(K_{Q2}\cos 2\omega t - K_{Q1}\sin 2\omega t) \\ K_{Q1} = e_\beta^- i_\alpha^+ - e_\alpha^- i_\beta^+ + e_\beta^+ i_\alpha^- - e_\alpha^+ i_\beta^- \\ K_{Q2} = -e_\alpha^- i_\alpha^+ - e_\beta^- i_\beta^+ + e_\alpha^+ i_\alpha^- + e_\beta^+ i_\beta^- \end{cases}$$

式中,$P_0$、$Q_0$ 分别为逆变器输出功率恒定值;$P_{2\cos}$、$P_{2\sin}$ 以及 $Q_{2\cos}$、$Q_{2\sin}$ 分别为有功功率与无功功率的 2 倍频波动分量。

由式(6.17)可知,需要输出有功功率恒定时,要求有功功率 2 倍频波动分量 $P_{2\cos}$、$P_{2\sin}$ 为 0,只需令 $K_{P1}=K_{P2}=0$ 即可满足条件。因此将 $K_{P1}=K_{P2}=0$ 的表达式与 $P_0$、$Q_0$ 的数学表达式构成如下 4 阶方程组:

$$\begin{bmatrix} P_0 \\ Q_0 \\ 0 \\ 0 \end{bmatrix} = \frac{3}{2}\begin{bmatrix} e_\alpha^+ & e_\beta^+ & e_\alpha^- & e_\beta^- \\ e_\beta^+ & -e_\alpha^+ & e_\beta^- & -e_\alpha^- \\ e_\alpha^- & e_\beta^- & e_\alpha^+ & e_\beta^+ \\ e_\beta^- & -e_\alpha^- & -e_\beta^+ & e_\alpha^+ \end{bmatrix}\begin{bmatrix} i_\alpha^+ \\ i_\beta^+ \\ i_\alpha^- \\ i_\beta^- \end{bmatrix} \tag{6.18}$$

求解方程组式(6.18)可得此时的电流指令值为

$$\begin{cases} i_\alpha^* = \dfrac{2P^*}{3D_3}(e_\alpha^+ - e_\alpha^-) + \dfrac{2Q^*}{3D'_3}(e_\beta^+ + e_\beta^-) \\[4mm] i_\beta^* = \dfrac{2P^*}{3D_3}(e_\beta^+ - e_\beta^-) - \dfrac{2Q^*}{3D'_3}(e_\alpha^+ + e_\alpha^-) \end{cases} \tag{6.19}$$

式中

$$D_3 = (e_\alpha^{+2} + e_\beta^{+2}) - (e_\alpha^{-2} + e_\beta^{-2}) = E^{+2} - E^{-2}$$

$$D'_3 = (e_\alpha^{+2} + e_\beta^{+2}) + (e_\alpha^{-2} + e_\beta^{-2}) = E^{+2} + E^{-2}$$

此时逆变器输出功率表达式为

$$\begin{cases} P = P^* \\[2mm] Q = Q^* \left[ 1 - \dfrac{2E^+ E^-}{E^{+2} + E^{-2}} \cos(2\omega t + \theta_e^+ + \theta_e^-) \right] - \dfrac{2P^* E^+ E^-}{E^{+2} - E^{-2}} \sin(2\omega t + \theta_e^+ + \theta_e^-) \end{cases}$$

$$\tag{6.20}$$

由式(6.20)可以看出,此时逆变器输出无功功率会出现较大波动。针对上述指令值对系统进行仿真,仿真结果如图 6.16 所示。

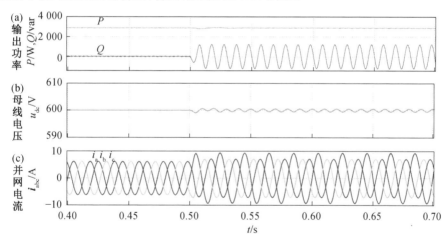

图 6.16　有功功率平衡控制仿真结果

由图 6.16 可以看出,在此种控制策略下逆变器输出有功功率恒定,因而也能实现抑制直流母线 2 倍频波动的目的。但是,逆变器输出无功功率 $Q$ 大幅度波动的问题不能忽略。电流谐波抑制控制与有功功率平衡控制的区别是:电流谐波抑制控制时,由式(6.16)可知,有功功率波动量只正比于有功功率指令值 $P^*$,且无功功率波动量只正比于无功功率指令值 $Q^*$;但是在有功功率平衡控制时,无功功率波动幅度不仅正比于无功功率指令值 $Q^*$,而且还与有功功率指令值 $P^*$

有关,且为两者之和的形式,此时无功功率波动幅度势必会很大。因此可以认为,有功功率平衡控制是以增大无功功率波动为代价来实现的。

同样对电流进行傅里叶分解以及电流谐波分析,结果如图 6.17 所示。

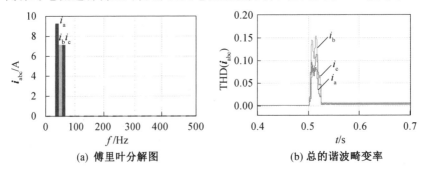

(a) 傅里叶分解图　　　　(b) 总的谐波畸变率

图 6.17　有功功率平衡控制下电流谐波分析图

由仿真结果图 6.16 及其分析可知,由于直流母线电压基本无波动,进而可以保证有功功率指令值基本恒定。由仿真结果图 6.17 可以看出,逆变器输出电流包含谐波较少,因此电流总谐波畸变率也较小,能够满足并网标准。

### 6.3.4　无功功率平衡控制

由于在式(6.17)中有 6 个关于功率的被控变量,但是受方程组维数所限,逆变器只能同时对其中 4 个变量加以控制,所以控制器不能同时实现有功功率与无功功率平衡控制的目标。当需要控制无功功率恒定时,只需令 $K_{Q1}=K_{Q2}=0$,此时并网逆变器电流指令值表达式为

$$\begin{cases} i_\alpha^* = \dfrac{2P^*}{3D_4}(e_\alpha^+ + e_\alpha^-) + \dfrac{2Q^*}{3D_4'}(e_\beta^+ - e_\beta^-) \\ i_\beta^* = \dfrac{2P^*}{3D_4}(e_\beta^+ + e_\beta^-) - \dfrac{2Q^*}{3D_4'}(e_\alpha^+ - e_\alpha^-) \end{cases} \tag{6.21}$$

式中

$$D_4 = (e_\alpha^{+2} + e_\beta^{+2}) + (e_\alpha^{-2} + e_\beta^{-2}) = E^{+2} + E^{-2}$$
$$D_4' = (e_\alpha^{+2} + e_\beta^{+2}) - (e_\alpha^{-2} + e_\beta^{-2}) = E^{+2} - E^{-2}$$

相应地,此时逆变器输出有功功率会出现较大的 2 倍频波动,即

$$\begin{cases} P = P^*\left[1 + \dfrac{2E^+ E^-}{E^{+2} + E^{-2}}\cos(2\omega t + \theta_e^+ + \theta_e^-)\right] + \dfrac{2Q^* E^+ E^-}{E^{+2} - E^{-2}}\sin(2\omega t + \theta_e^+ + \theta_e^-) \\ Q = Q^* \end{cases}$$

$$\tag{6.22}$$

当无功功率指令值为 0 时,仿真结果与电流谐波抑制时相同,这里不再重复给出。但是与有功功率平衡控制相类似,这种控制策略是以增大有功功率波动幅值为代价来实现无功功率平衡控制的。可以看出它的优点是:当无功功率指令值不为 0 时,此种控制策略仍旧能够保证无功功率稳定。但是在电流谐波抑制控制中,只要无功功率指令值不为 0,无功功率波动就一定会存在。当 $P^* = 3 \text{ kW}, Q^* = 1 \text{ kvar}$ 时,对上述两种控制策略分别进行仿真,此时逆变器输出功率如图 6.18 所示。图 6.18(a) 所示为电流谐波抑制控制时逆变器输出功率;图 6.18(b) 所示为无功功率平衡控制时逆变器输出功率。

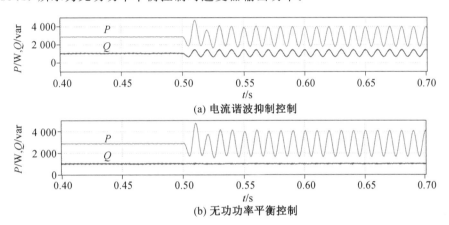

(a) 电流谐波抑制控制

(b) 无功功率平衡控制

图 6.18　电流谐波抑制控制与无功功率平衡控制对比

仿真结果图 6.18 验证了上述理论分析的正确性。因此可以根据实际需要,设定不同的电流指令值以达到不同的控制目标。

## 6.4　功率协调控制仿真分析

### 6.4.1　DFIG 协调控制仿真研究

对 DFIG 进行仿真研究,仿真过程中在 1.5 s 时设置风速从 10 m/s 突变到 12 m/s。采用机侧和网侧逆变器独立控制时,网侧逆变器的仿真结果如图 6.19 所示,其中图 6.19(a) 所示为直流母线电压,风速为 10 m/s 时,直流母线电压波动为 2.6%,风速为 12 m/s 时,直流母线电压波动为 3.7%;图 6.19(b)、(c)、(d) 所示分别为网侧逆变器的三相交流输入电流及其 d、q 轴分量波形;图 6.19(e)、(f) 所示分别为网侧逆变器交流侧输出有功功率、无功功率。

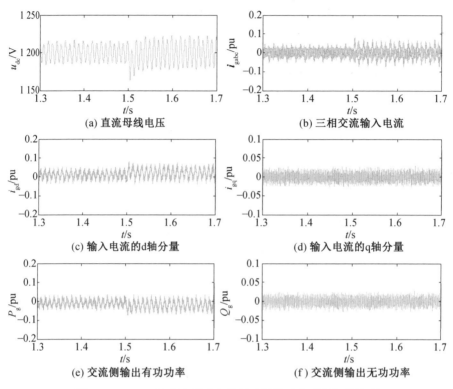

(a) 直流母线电压

(b) 三相交流输入电流

(c) 输入电流的d轴分量

(d) 输入电流的q轴分量

(e) 交流侧输出有功功率

(f) 交流侧输出无功功率

图 6.19 双 PWM 逆变器独立控制时网侧逆变器的相关波形

DFIG 机侧逆变器控制策略还是采用的与第 4 章一样的无源滑模控制。各变量仿真波形不变,此时,DFIG 输送到电网的总有功功率、无功功率和电网三相电流如图 6.20 所示。

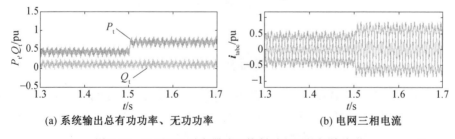

(a) 系统输出总有功功率、无功功率

(b) 电网三相电流

图 6.20 双 PWM 逆变器独立控制时电网的相关波形

机侧和网侧逆变器进行协调控制时,网侧逆变器的仿真结果如图 6.21 所示。由图 6.21(a) 可以算出,风速为 10 m/s 时,直流母线电压波动为0.75%;风速为 12 m/s 时,直流母线电压波动为 1.17%。协调控制下 DFIG 输送到电网的总有功功率、无功功率和电网三相电流如图 6.22 所示。

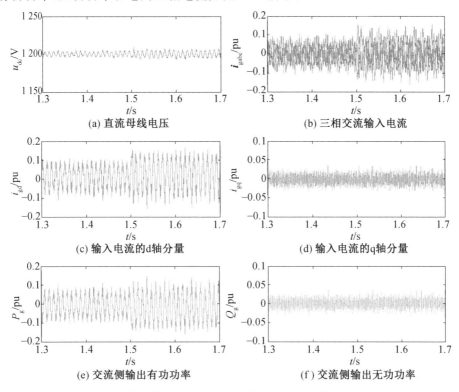

(a) 直流母线电压　　(b) 三相交流输入电流
(c) 输入电流的d轴分量　　(d) 输入电流的q轴分量
(e) 交流侧输出有功功率　　(f) 交流侧输出无功功率

图 6.21　协调控制双 PWM 逆变器时网侧逆变器的相关波形

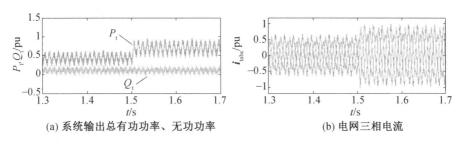

(a) 系统输出总有功功率、无功功率　　(b) 电网三相电流

图 6.22　协调控制双 PWM 逆变器时输送到电网总功率和电网电流波形

　　对比研究图 6.19 与图 6.21 中直流母线电压波形可见,采用机侧和网侧逆变器协调控制对稳定直流母线电压有非常明显的改善作用。当风速突变时,独立控制的直流母线电压动态延时较大,而协调控制可提高系统响应速度,几乎看不到延时,有效地验证了理论分析的正确性。对比电流和功率波形,引入 $P_r$ 前馈

补偿会使得网侧逆变器的电流和输出功率波动增大,从而导致输送到电网的功率波动增大,但相对于直流母线电压的改善效果来说,此影响并不大。在保证满足并网要求的条件下,采用协调控制来减小滤波电容的体积和成本,改善系统动态性能是不错的选择。

### 6.4.2　D－PMSG 风电系统协调控制仿真研究

在 Matlab/Simulink 中搭建 D－PMSG 风力发电系统低电压穿越仿真模型。$t=0.2$ s 时电网电压跌落,$t=0.825$ s 时电网电压恢复。理想电网下,风机运行在 MPPT 状态。仿真参数选择如下:$\rho=1.25$ kg/m³,$R=5$ m,$P_{en}=20$ kW,$J=20$ kg·m²,$p_n=6$,$\psi_f=0.8$ Wb,$R_s=2.875$ Ω,$L_d=33$ mH,$L_q=33$ mH。

为了便于对比分析,首先给出电网电压跌落时,不施加低电压穿越控制策略的仿真波形,如图 6.23 所示。

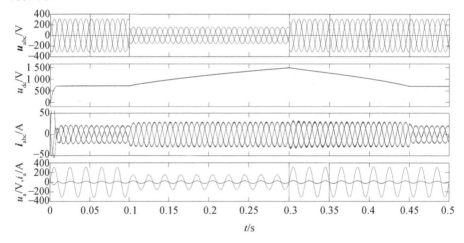

图 6.23　电网电压跌落时不施加低电压穿越控制策略的仿真波形

图 6.23 所示为不施加低电压穿越控制策略时,直流母线电压 $u_{dc}$,并网电流 $i_{abc}$,a 相电压 $u_a$、电流 $i_a$ 的仿真波形。从图 6.23 中可以看出,电网电压跌落时,并网电流 $i_{abc}$ 会增大至上限(网侧逆变器限流控制)。因电压跌落期间并网功率的下降所产生的不匹配能量全部积聚在母线电容处,母线电压 $u_{dc}$ 在低电压发生(0.2 s)时,由给定值 700 V 上升到了 1 500 V,给 D－PMSG 风力发电系统带来了严重的冲击,影响系统的安全运行。

采用本章所提出的功率协调控制策略,电网电压跌落 50% 时仿真结果如图 6.24 和图 6.25 所示。

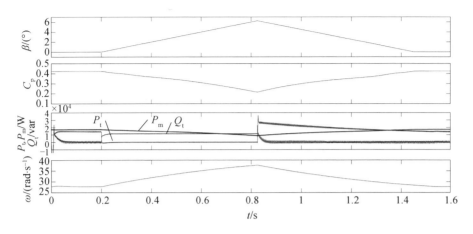

图 6.24　电压跌落 50% 时机侧仿真结果

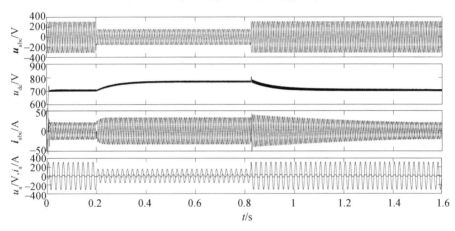

图 6.25　电压跌落 50% 时网侧仿真结果

图 6.24 所示为桨距角 $\beta$、风能利用系数 $C_p$、风机捕获功率 $P_m$、并网有功功率 $P_t$、并网无功功率 $Q_t$、风机转速 $\omega$ 的仿真波形。从图 6.24 中可以看出，电网电压跌落时，网侧吸收有功功率 $P_t$ 受控为零，风力发电系统向网侧注入无功功率 $Q_t$，支撑电网电压恢复。风机桨距角 $\beta$ 受控增大，风机转速 $\omega$ 增加，风能利用系数 $C_p$ 降低，风机捕获的功率 $P_m$ 下降。可以看出，当风机捕获功率 $P_m$ 大于并网有功功率 $P_t$ 时，风机转速上升，风机捕获的过剩能量转化为风轮动能储存起来。电网电压恢复后，风机桨距角受控减小到零。网侧吸收功率 $P_t$ 大于风机捕获功率 $P_m$，风机转速回落，将储存的转动动能回馈给电网。风能利用系数回升到最大值，风力发电系统重新运行在最大风能追踪状态。

图 6.25 所示为三相电压 $u_{abc}$，直流母线电压 $u_{dc}$，并网电流 $i_{abc}$，a 相电压 $u_a$、电流 $i_a$ 的仿真波形。从图中可以看出，电网电压跌落时，直流母线电压 $u_{dc}$ 上升至安全上限，分担部分不匹配能量，并网有功功率 $P_t$ 受控为零，无功功率 $Q_t$ 为最大值，并网电流和电压相位相差 90°。电网电压恢复后，直流母线电压重新回到额定值 700 V，并网电流和电压恢复同相位，将风机捕获的风能馈入电网。

电网电压跌落 80% 时仿真结果如图 6.26 和图 6.27 所示。由图 6.26 和图 6.27 可以看出，由于在电压跌落期间，电网不吸收有功功率，不匹配能量全部由风轮和直流母线承担，电网电压跌落的深度只与低压暂态期间风力发电系统馈入电网的无功功率的大小有关，对其他物理量的影响不大。因此，所设计低电压穿越控制策略在电网电压跌落不同程度时，均能在一定程度上提高 D-PMSG 风力发电系统的低电压穿越能力。

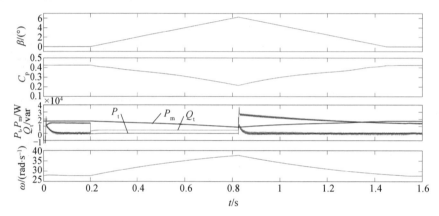

图 6.26　电压跌落 80% 时机侧仿真结果

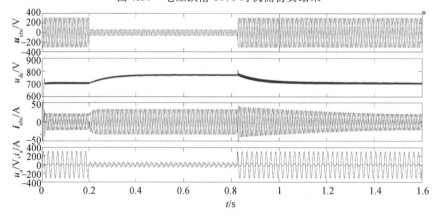

图 6.27　电压跌落 80% 时网侧仿真结果

为了验证所设计控制策略的优越性,将本节所设计控制策略和传统的基于卸荷电路的低电压穿越控制策略进行对比。图 6.28 所示为基于卸荷电路的低电压穿越控制系统结构,图 6.29 所示为该系统结构在电网电压跌落 50% 时机侧响应,图 6.30 所示为该系统结构在电网电压跌落 50% 时网侧响应。

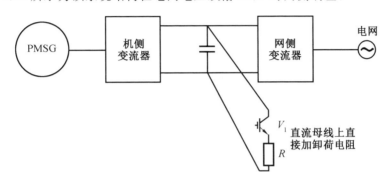

图 6.28　基于卸荷电路的低电压穿越控制系统结构

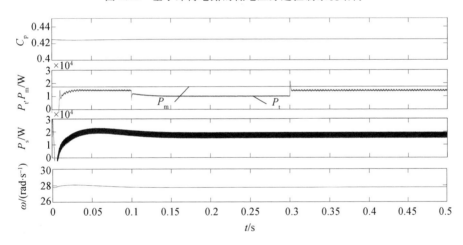

图 6.29　电网电压跌落 50% 时机侧响应

　　图 6.29 所示为风能利用系数 $C_m$、风机捕获功率 $P_m$、并网有功功率 $P_t$、发电机输出功率 $P_s$ 和风机转速 $\omega$ 的仿真波形。从图 6.29 中可以看出,低电压暂态期间,风机转速 $\omega$、风能利用系数 $C_p$、风机捕获功率 $P_m$、发电机输出功率 $P_s$ 均无明显变化。发电机持续地向风力发电系统中注入能量,是产生不匹配能量的原因之一。

　　图 6.30 所示为三相电压 $u_{abc}$,直流母线电压 $u_{dc}$,并网电流 $i_{abc}$,a 相电压 $u_a$、电流 $i_a$ 的仿真波形。从图 6.30 中可以看出,由于在直流母线处并入了卸荷电路,不

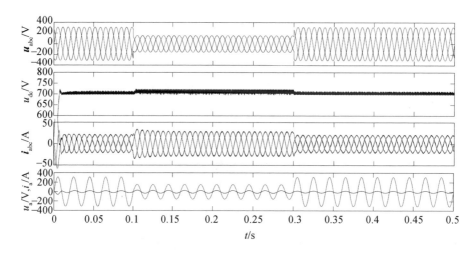

图 6.30　电网电压跌落 50％ 时网侧响应

匹配能量通过卸荷电路释放,低电压期间的母线电压 $u_{dc}$ 可以稳定。然而卸荷电路中的功率开关器件在母线电压实际值与给定相差到一定程度时才会导通,因而直流母线电压 $u_{dc}$ 的波动较大。同时,卸荷电路的性能必须按照电网故障最严重的情况设计,才能保证系统的电压穿越能力,这样会增加系统的成本。

　　综上所述,本章所设计的电网电压跌落时功率协调控制策略,在无须任何附加电路的情况下,充分发挥了 D－PMSG 风力发电系统控制的灵活性,在一定程度上,提高了 D－PMSG 风力发电系统的低电压穿越能力。

# 本 章 小 结

　　在电网电压故障的情形下,本章研究了机侧逆变器和网侧逆变器的协调控制策略,DFIG 的机侧和网侧逆变器同时采用所提出的无源不平衡控制策略,并将 DFIG 转子侧看作一个整体,作为网侧逆变器的负载,在网侧逆变器的外环中加入转子功率作为前馈补偿。另外,从分析 D－PMSG 风力发电系统低电压穿越问题产生机理入手,说明了 D－PMSG 风力发电系统低电压穿越问题产生的本质是电网电压跌落期间,网侧吸收功率的下降导致不匹配能量积聚。在无须附加电路的情况下,设计了一种新型的功率协调控制策略,对网侧逆变器的功率、电流等协调控制进行了研究。最后,对 DFIG 及 D－PMSG 的机侧和网侧逆变器的独立控制和协调控制方式分别进行了仿真研究,通过对比可以看出采用协调控制方法可有效减小直流母线电压的波动,提高系统的动态响应速度,验证了所设计功率协调控制策略的有效性。

# 本章参考文献

[1] 郑雪梅,李琳,徐殿国.双馈风力发电系统低电压过渡的高阶滑模控制仿真研究[J].中国电机工程学报,2009,29：178-182.

[2] 徐殿国,王伟,陈宁.基于撬棒保护的双馈电机风电场低电压穿越动态特性分析[J].中国电机工程学报,2010,30(22)：29-36.

[3] 李巍.小型永磁直驱风力发电系统网侧逆变器研究[D].哈尔滨:哈尔滨工业大学,2011.

[4] 郭玲.永磁直驱风力发电系统机侧控制算法的研究[D].哈尔滨:哈尔滨工业大学,2012.

[5] 刘其辉,贺益康,张建华.交流励磁变速恒频风力发电机的运行控制及建模仿真[J].中国电机工程学报,2006,26(5)：43-50.

[6] HAQUE M E, NEGNEVITSKY M, MUTTAQI K M.A novel control strategy for a variable-speed wind turbine with a permanent-magnet synchronous generator[J].IEEE Transactions on Industry Applications, 2010,46(1)：331-339.

[7] 迟永宁,王伟胜,戴慧珠.改善基于双馈感应发电机的并网风电场暂态电压稳定性研究[J].中国电机工程学报,2007,27(25)：25-31.

[8] 张学广,徐殿国,李伟伟.双馈风力发电机无速度传感器控制[J]. 太阳能学报,2009,30(10)：1234-1239.

[9] 李琳.双馈风力发电机滑模控制策略的研究[D]. 哈尔滨:哈尔滨工业大学,2009.

[10] 高勇,张文娟,杨媛,等.基于无源性的变速恒频双馈风力发电机控制系统[J]. 电工技术学报,2010(7)：130-136.

[11] 郑雪梅,李晓磊,任毅,等.无源高阶终端滑模控制双馈风力发电系统[J].电机与控制学报,2012,16(8)：81-86.

[12] 刘军,蒋说东.不对称跌落故障下双馈感应发电机无源控制[J]. 控制理论与应用,2012,29(10)：1331-1338.

[13] 胡家兵,贺益康,王宏胜,等.不对称跌落故障下双馈感应发电机转子侧逆变

器的比例 — 谐振电流控制策略[J]. 中国电机工程学报，2010，30(6)：48-56.

[14] 肖帅，杨耕，耿华. 抑制载荷的大型风力发电机组滑模变桨距控制[J]. 电工技术学报，2013，28(7):145-150.

[15] 姚骏，陈西寅，夏先锋，等. 含飞轮储能单元的永磁直驱风力发电系统低电压穿越控制策略[J]. 电力系统自动化，2012，36(13):38-44.

[16] 王成山，于波，肖峻，等. 平滑可再生能源发电系统输出波动的储能系统容量优化方法[J]. 中国电机工程学报，2012，32(16):1-8.

第 7 章

# 光伏发电、储能系统的建模及滑模观测的控制

在 新能源发电系统中,除风力发电系统外,光伏发电系统也是主要
的发电单元,其能充分地利用太阳能进行发电。本章将对新能源
中的光伏发电系统及其储能模型进行研究,并采用滑模观测器对锂离子
电池的状态进行估计和控制,最后通过仿真验证所提控制策略的有
效性。

# 7.1　光伏发电单元建模

光伏发电单元由光伏阵列和光伏接口逆变器组成,其输出侧与直流母线相连,能利用光伏电池的光生伏特效应将太阳能转化为电能,为系统提供能量。

## 7.1.1　光伏电池建模

有光照时,光伏电池的输出特性类似二极管,其电流随电压近似指数变化。将光生电流看作恒流源,可以得到图 7.1 所示光伏电池的单二极管等效电路。图中,$I$ 为输出电流;$I_{ph}$ 为光生电流;$I_D$ 为二极管结电流;$R_{sh}$ 为并联等效电阻;$I_{sh}$ 为流经等效电阻的电流;$R_s$ 为串联等效电阻;$U$ 为输出电压。

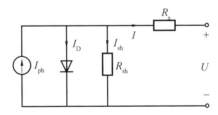

图 7.1　光伏电池的单二极管等效电路

图 7.1 中,光伏输出电流可由下式得到:

$$I = I_{ph} - I_D - I_{sh} = I_{ph} - I_o \left\{ \exp\left[ \frac{q(U + R_s I)}{U_t A} \right] - 1 \right\} - \frac{U + R_s I}{R_{sh}} \quad (7.1)$$

$$U_t = kT/q \quad (7.2)$$

式中,$I_o$ 为反向饱和电流;$U_t$ 为温度电动势;$T$ 为温度;$k$ 为玻尔兹曼常数,取 $1.38 \times 10^{-23}$ J/kW·h;$q$ 为电子电荷常数,取 $1.6 \times 10^{-19}$ C;$A$ 为二极管 PN 结因子,取$(1 \sim 5)$。

设光伏电池的短路电流为 $I_{sc}$、开路电压为 $U_{oc}$、光伏电池最大功率点 (Maximum Power Point，MPP) 电流为 $I_m$、最大功率点电压为 $U_m$，令

$$C_1 = \frac{I_o}{I_{sc}} \tag{7.3}$$

$$C_2 = \ln(C_1 + 1) \tag{7.4}$$

则在精度允许的范围内，考虑到 $R_{sh}$ 很大，有 $U + R_s I \approx U$；$R_s$ 很小，有 $I_{sc} \approx I_{ph}$。在光照强度 $S_{ref} = 1\,000\ \text{W/m}^2$、参考环境温度 $T_{ref} = 25\ ℃$ 的标准参考环境下，式 (7.1) 可表示为

$$I = I_{sc} - I_{sc} C_1 \left[ \exp\left( \frac{U}{C_2 U_{oc}} \right) - 1 \right] \tag{7.5}$$

根据最大功率点相关情况和开路条件，可得

$$C_1 = \left( 1 - \frac{I_m}{I_{sc}} \right) \exp\left( - \frac{U_m}{C_2 U_{oc}} \right) \tag{7.6}$$

$$C_2 = \left( \frac{U_m}{U_{oc}} - 1 \right) \Big/ \ln\left( 1 - \frac{I_m}{I_{sc}} \right) \tag{7.7}$$

考虑环境因数，$\Delta S$ 和 $\Delta T$ 分别为实际环境与标准环境的光照强度差和温度差，即

$$\Delta S = \frac{S}{S_{ref}} - 1 \tag{7.8}$$

$$\Delta T = T - T_{ref} \tag{7.9}$$

得到 $I_{sc}$、$U_{oc}$、$I_m$ 和 $U_m$ 的修正值如下：

$$U_{oc\_n} = U_{oc} (1 - c\Delta T) \cdot \ln(1 + b\Delta S) \tag{7.10}$$

$$I_{sc\_n} = I_{sc} \cdot \frac{S}{S_{ref}} (1 + a\Delta T) \tag{7.11}$$

$$I_{m\_n} = I_m \cdot \frac{S}{S_{ref}} (1 + a\Delta T) \tag{7.12}$$

$$U_{m\_n} = U_m (1 - c\Delta T) \cdot \ln(1 + b\Delta S) \tag{7.13}$$

式中，$a = 0.002\,5\ ℃^{-1}$；$b = 0.5\ ℃^{-1}$；$c = 0.002\,88\ ℃^{-1}$。

为明确光照强度和温度对光伏电池输出特性的影响，根据上述数学模型和表 7.1 中数据在 Matlab/Simulink 中搭建了光伏电池模型并进行分析，结果如图 7.2 和图 7.3 所示。

表 7.1　光伏电池基本参数

| 名称 | 参数 | 名称 | 参数 |
|---|---|---|---|
| 开路电压 $U_{oc}$ | 35.4 V | 最大功率点的工作电压 $U_m$ | 28.8 V |
| 短路电流 $I_{sc}$ | 7.44 A | 最大功率点的工作电流 $I_m$ | 6.94 A |

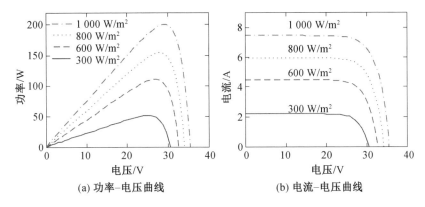

图 7.2　光照对光伏电池输出特性的影响

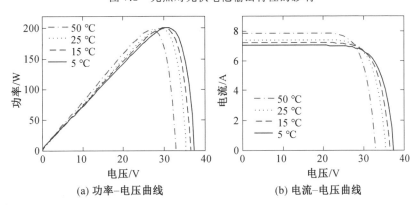

图 7.3　温度对光伏电池输出特性的影响

　　从图 7.2 和图 7.3 中可以看出,光伏电池的输出特性受光照强度和温度影响呈非线性特征。从图 7.2 中可以看出随着光照强度增加,光伏电池的开路电压增加,输出功率则随工作电压先增大后减小,有且只有一个 MPP;工作电压较小时,电流基本不变,过某点工作电压增大,电流显著减小。从图 7.3 中可以看出随着温度升高,光伏电池开路电压减小,而温度对光伏电池输出功率的影响则与光照强度相似,有且只有一个 MPP。总体来看,光照强度对光伏电池输出特性的影响比温度对其影响要大。

### 7.1.2 光伏发电单元控制方法

本章中光伏发电单元可以工作在三种工作模式下:最大功率点追踪(MPPT)、直流母线恒压控制(CVC)和空闲状态(停机)。当光伏阵列发出的能量小于后级能量需求(调度功率、蓄电池吸收的能量)或者系统工作在满功率发电模式时,选择 MPPT 模式;当光伏阵列发出的能量大于后级能量需求时选择CVC 模式,以限制其发出的能量,维持母线电压稳定;当光伏阵列发出的能量远大于后级所需能量或不足以满足蓄电池充电功率时,选择停机模式。光伏发电单元控制方法框图如图 7.4 所示。

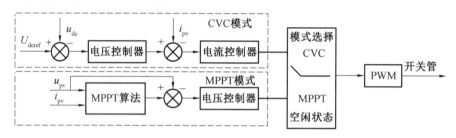

图 7.4　光伏发电单元控制方法框图

(1) 光伏 CVC 方法。

光伏恒压控制采用母线电压外环、光伏电流内环的双环控制结构。其结构图如图 7.4 中 CVC 模式部分所示。

(2) 光伏 MPPT 算法。

光伏电池的输出特性受光照强度和温度影响呈非线性特征,但光照强度和温度固定时,MPP 仅有一个。所以为了最大限度利用光伏能量,需要采用MPPT技术。现有的 MPPT 算法有扰动观察法(爬山法)、电导增量法、细菌觅食法等。分了分析方便,采用扰动观察法。

扰动观察法测量参数少、控制方法简单、易于实现。其工作原理是给光伏电池电压施加一个小的扰动,观察扰动前后光伏输出功率变化情况。若改变后输出功率增加,则表明该变化方向可使输出功率增加,下一追踪周期输出电压继续沿此方向变化;若改变后输出功率减小,则表明变化趋势与给定扰动相反,下一追踪周期输出电压向相反方向变化。

传统扰动观察采用定步长法,其缺点是不能同时满足稳态和动态特性要求:

步长太大,追踪速度快,但 MPP 处功率振荡较大,稳态精度低、能量损失多;步长太小,稳态精度高、能量损失少,但迭代次数多,追踪速度慢。针对传统定步长扰动观察法的以上缺点,本章选择了变步长改进方案,该方法设置功率变化系数 $A$,若前后两次功率变化绝对值大于 $A$,则采用大步长 $u_{\text{long}}$;否则,采用小步长 $u_{\text{short}}$。变步长扰动观察法控制流程图如图 7.5 所示。

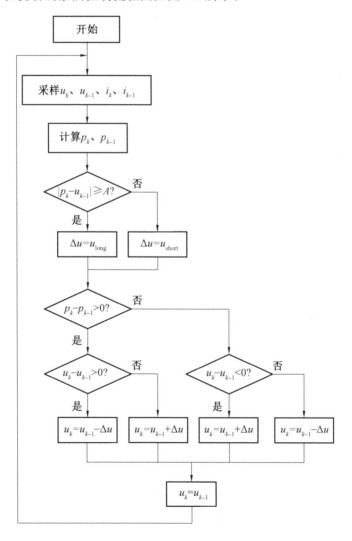

图 7.5　变步长扰动观察法控制流程图

### 7.1.3　光伏发电单元控制方法仿真

为验证光伏发电单元控制方法的可行性,本书在 Matlab 软件环境中搭建了光伏发电单元的仿真模型,对以上各控制方法进行验证。其中,光伏阵列参数 $U_{oc} = 672.6\ \mathrm{V}, I_{sc} = 14.88\ \mathrm{A}, U_m = 547.2\ \mathrm{V}, I_m = 13.88\ \mathrm{A}$;开关频率 $f_{pv} = 20\ \mathrm{kHz}$,电感 $L = 3\ \mathrm{mH}$,电容 $C = 120\ \mu\mathrm{F}$。

(1) 光伏发电单元恒压控制方法仿真。

仿真中,母线电压给定值为 720 V。初始光照强度 $S = 1\,000\ \mathrm{W/m^2}$,温度 $T = 25\ ℃$,母线侧接 72 Ω 负载;在 0.2 s 时负载切换至 104 Ω;在 0.3 s 时光照强度降至 600 W/m²。得到的光伏发电单元恒压控制方法仿真波形如图 7.6 所示。从仿真结果来看,当母线侧负载和光照条件分别发生变化时,母线电压均能经过一定的超调后迅速稳定回 720 V,该控制方法下系统的稳态、动态性能良好。

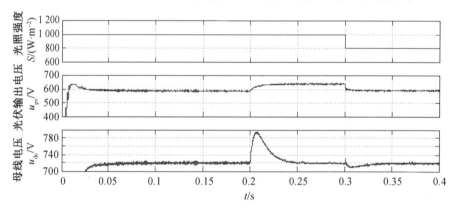

图 7.6　光伏发电单元恒压控制方法仿真波形

(2) 光伏发电单元 MPPT 方法仿真。

仿真中,母线侧接入 720 V 直流电压源。初始光照强度 $S = 1\,000\ \mathrm{W/m^2}$,温度 $T = 25\ ℃$;在 0.2 s 时光照强度突降至 600 W/m²;在 0.4 s 时光照强度突升至 800 W/m²;在 0.6 ~ 0.7 s 时温度线性升至 60 ℃。得到的光伏发电单元 MPPT 方法仿真波形如图 7.7 所示。

从仿真结果来看,当光照强度、温度变化时,光伏发电单元 MPPT 控制器能迅速追踪到新的 MPP,该控制方法下系统的稳态、动态性能良好。

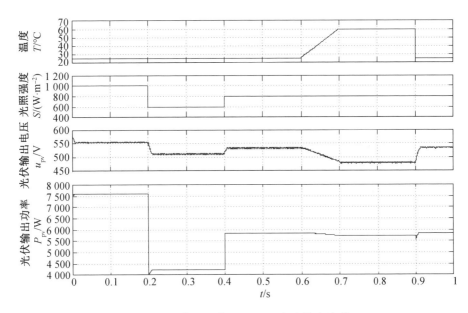

图 7.7　光伏发电单元 MPPT 方法仿真波形

## 7.2　储能单元建模

储能单元由蓄电池和双向升降压直流逆变器两部分组成,其可在光伏能量充裕时消纳多余能量,光伏能量不充裕时补充不足能量,对系统的能量平衡、母线稳定有着重要意义。

### 7.2.1　蓄电池选型

光伏发电单元发电具有间歇性和波动性,所以需要配置储能单元来平抑系统的功率波动、稳定母线电压,进而提高供电质量、优化系统运行。应用于多端口能量路由器的蓄电池,作为储能单元的重要组成部件,需要满足以下几个要求:较高的能量密度,具有较低的质量和较小的体积;较高的充放电倍率,满足可再生能源功率的变化;良好的安全性,保证系统的可靠运行和使用者的安全;较高的充放电效率、较低的自放电率,实现能源的高效利用;较高的循环使用次数,保障电池的使用寿命;较为低廉的价格,降低运营成本。

目前,常用于储能项目的蓄电池有:铅酸蓄电池、镍镉电池、锂电池、镍氢电池以及钠硫电池等。几种常用蓄电池的性能对比见表 7.2。

表 7.2　常用蓄电池的性能对比

| 名称 | 铅酸蓄电池 | 锂电池 | 镍氢电池 | 钠硫电池 |
|---|---|---|---|---|
| 体积能量密度 /(W·h·L$^{-1}$) | 64 ~ 72 | 350 ~ 600 | 240 ~ 380 | 100 ~ 700 |
| 质量能量密度 /(W·h·kg$^{-1}$) | 25 ~ 30 | 120 ~ 200 | 60 ~ 80 | 100 ~ 200 |
| 自放电率 /(%·月$^{-1}$) | 3 | 6 ~ 10 | 25 ~ 35 | 几乎没有 |
| 倍率特性 /C | 0.1 ~ 1 | 5 ~ 15 | 1 ~ 5 | 5 ~ 10 |
| 效率 /% | 86 ~ 92 | 94 ~ 98 | 55 ~ 65 | 94 ~ 98 |
| 寿命 / 次 | 400 ~ 600 | > 2 000 | > 500 | > 2 500 |
| 价格 /(元·W$^{-1}$·h$^{-1}$) | 0.7 ~ 1.0 | 2.2 ~ 2.8 | 3.5 ~ 4.0 | 23.0 ~ 30.0 |
| 安全性能 | 可接受，但废旧电池会造成污染 | 可接受，需对单体监控 | 好 | 不可过充；存在渗漏的隐患 |
| 关注点 | 一致性 | 一致性 | 一致性 | 安全、成本 |

通过对比上述蓄电池性能指标,考虑多端口能量路由器对蓄电池的要求,选择锂电池作为应用于多端口能量路由器的蓄电池。

### 7.2.2　蓄电池的等效模型

常见蓄电池等效模型有:理想内阻模型、Thevenin 模型、PNGV 模型和通用等效模型等。理想内阻模型、Thevenin 模型、PNGV 模型如图 7.8 所示。

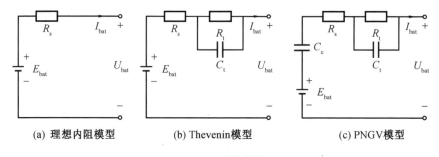

(a) 理想内阻模型　　　　(b) Thevenin模型　　　　(c) PNGV模型

图 7.8　蓄电池等效模型

理想内阻模型将蓄电池进行简单建模,等效为理想电压源 $E_{bat}$ 和固定电阻 $R_s$ 串联,该模型不能体现等效电阻随蓄电池工作状态变化的特性;Thevenin 模型考虑到电池极化特性对其参数的影响,将蓄电池等效为理想电压源 $E_{bat}$、电阻

$R_s$ 和 RC 振荡网络(极化电阻 $R_t$ 和极化电容 $C_t$)串联,但其不能准确控制电池工作状态和反映电池的稳态状态;PNGV 模型在 Thevenin 模型基础上引入了反映输出电流和电压的时间积分关系的电容 $C_c$,通过该参量可以反映出电池的稳态和暂态状态,但其过分理想化,建模上仍有不足;通用等效模型在考虑到内部参数的基础上,充分考虑了其他因素对各参数的影响,模型更完善,实用性更强。为了建模具有普适性,采用通用等效模型,如图 7.9 所示。

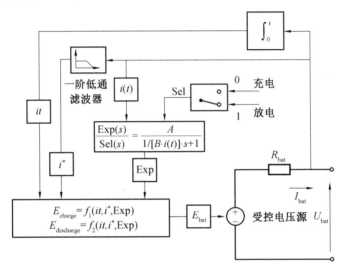

图 7.9　通用等效模型

图 7.9 中,$i(t)$ 为蓄电池电流 $I_{bat}$;$it$ 为期望容量,是对电池电流 $I_{bat}$ 的积分;$i^*$ 为电池电流 $I_{bat}$ 的低频部分;$Exp(s)$ 为指数区域的动态电压;$Sel(s)$ 为电池的充放电模式(0 为电池充电模式,1 为电池放电模式);$E_{bat}$ 为等效电压。

荷电状态(State of Charge,SoC)为蓄电池剩余能量和最大容量的比值,其表达式为

$$SoC = \left(1 - \frac{\int i_{bat} dt}{Q}\right) \times 100\% \tag{7.14}$$

式中,$Q$ 为蓄电池最大容量。

当 $i^* > 0$ 时,电池工作在放电模式下,锂离子电池的等效电压 $E_{bat}$ 为

$$f_1(it, i^*, Exp) = E_0 - K \cdot \frac{Q}{Q - it} \cdot i^* - K \cdot \frac{Q}{Q - it} \cdot it + A \cdot \exp(-B \cdot it) \tag{7.15}$$

当 $i^* < 0$ 时,电池工作在充电模式下,锂离子电池的等效电压 $E_{bat}$ 为

$$f_2(it, i^*, \text{Exp}) = E_0 - K \cdot \frac{Q}{|it| - 0.1Q} \cdot i^* - K \cdot \frac{Q}{Q - it} \cdot it +$$
$$A \cdot \exp(-B \cdot it) \tag{7.16}$$

式中,$E_0$ 为稳定电压;$K$ 为极化常数;$A$ 为指数形式电压;$B$ 为指数形式电池容量。

### 7.2.3 蓄电池充放电控制方法

常用的蓄电池充电方法有:固定电流法、固定电压法、阶段式充电法和脉冲充电法等。固定电流法以恒定的电流进行充电,也称恒流充电法;固定电压法以恒定蓄电池端电压进行充电,也称恒压充电法;阶段式充电法是按某种原则来划分充电阶段,不同的阶段选择不同的充电方式进行充电,阶段充电法中较为常用的是两段式充电,该充电方式在充电前期、后期分别采用恒流充电和恒压充电方式;脉冲充电法是利用脉冲电压对蓄电池进行间隔性冲电,不适合应用于本章的控制方法中,所以不做讨论。

对恒流充电法、恒压充电法和两段式充电法的充电过程和优缺点的对比见表 7.3。

表 7.3 常用蓄电池充电方式对比

| 充电方式 | 充电曲线 | 优点 | 缺点 |
|---|---|---|---|
| 恒流充电法 | $U/I$ $U$ $I$ $O$ $t$ | 充电时间可量化 | 电流固定,前期电流太小,末期电流太大,易过充,效率低 |
| 恒压充电法 | $U/I$ $U$ $I$ $O$ $t$ | 充电快,能耗小,效率高 | 前期电流较大,易引起电池温升,伤害电池 |
| 两段式充电法 | $U/I$ 恒流阶段 恒压阶段 $U$ $I$ $O$ $t$ | 结合两种充电方法的优点 | 控制上更复杂,需对充电模式切换点进行设置 |

对比发现两段式充电更具优势,因此储能单元采用两段式充电。

常用的蓄电池放电方法有:恒流放电、恒压放电、恒功率放电等。在本设计中,直流母线只能由一个设备控制,为充分利用光伏能量需使其工作在 MPPT 方

式,所以蓄电池放电时,只能工作在恒压放电模式(控母线电压)。

通过对蓄电池的特性研究发现,当蓄电池 SoC 在 $40\%\sim90\%$ 范围内时,端电压变化很小,合适的恒流充电值不会造成蓄电池过压问题;同时为防止充放电过程中发生过充和过放现象而损坏蓄电池,将蓄电池的工作 SoC 范围设置为 $40\%\sim90\%$,并将蓄电池充电模式切换点设置为 SoC$=80\%$。

蓄电池充放电控制方法框图如图 7.10 所示,蓄电池存在 4 种工作状态,即恒流充电、恒压充电、恒压放电和空闲状态(待机)。

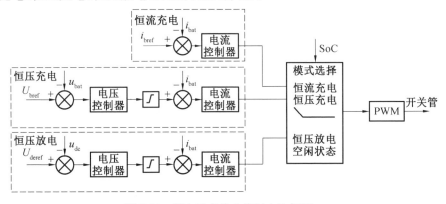

图 7.10　蓄电池充放电控制方法框图

当光伏能量充裕时,储能单元进入充电模式以消纳光伏单元多余的能量,充电方式根据蓄电池荷电状态确定,前期采用恒流方式;蓄电池 SoC 达到 $80\%$ 时,转入恒压方式;蓄电池 SoC 上升到 $90\%$ 时,储能单元进入空闲状态,双向升降压直流逆变器待机。当光伏发电单元所能提供的能量不足以满足后级电路的能量需求时,储能单元进入恒压放电模式而向系统提供能量,当电池的荷电状态下降至 $40\%$ 时,储能单元切换到空闲状态。

(1)恒流充电、恒压充电控制。

蓄电池工作在恒流充电状态时,接口逆变器采用电流单环控制,受控变量为实际充电电流 $i_{bat}$(蓄电池电流),控制实现如图 7.10 所示。

蓄电池工作在恒压充电状态时,接口逆变器采用蓄电池电压外环、蓄电池电流内环的双闭环控制。为了防止在充电过程中出现过流而损坏电池,在电压外环输出加入限幅环节以限制电流。

(2)恒压放电控制。

恒压放电时,接口逆变器采用电压电流双闭环控制,与恒压充电不同,此时外环为母线电压环。 为防止在放电时出现过流,在外环输出也加入了限幅环节。

（3）均流控制。

由于工艺水平等因素的影响，交错并联双向 DC/DC 逆变器两相的参数很难完全一致，采用传统的电流单环控制，两相电流会出现不均衡。常用的均流控制方法有：双电流环对两相间电流单独控制、占空比校正器均流控制等。由于双电流环方法需要对 4 个控制参数进行调节，过程复杂，所以本书采用占空比校正器的均流控制策略。

带占空比校正器的控制结构如图 7.11 所示。通过占空比校正器对占空比二次分配来实现均流。占空比校正器的数学原理可用下式表示：

$$D_n = D + \Delta D_n = D + k_n D = D + \frac{|I_{avr}| - |I_n|}{|I_{avr}|} D \tag{7.17}$$

式中，$D$ 为电流环输出占空比；$I_{avr}$ 为电流平均值；$D_n$、$\Delta D_n$、$k_n$ 分别为第 $n$ 路校正后占空比、修正值、电感电流比值系数，$n$ 可取 1、2。

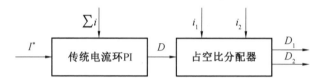

图 7.11　带占空比校正器的控制结构

### 7.2.4　蓄电池充放电控制方法仿真

为验证前面提出的控制方法的有效性，本书在 Matlab/Simulink 中搭建了储能单元的仿真模型。其中，电感 $L_1 = L_2 = 3$ mH，蓄电池侧电容 $C_1 = 11$ μF，母线侧电容 $C_2 = 80$ μF，开关频率 $f_b = 25$ kHz；蓄电池选择锂电池，额定电压为 370 V，额定容量为 24 A·h。

（1）均流控制策略仿真。

为验证均流控制策略的有效性，本书在蓄电池恒流充电时，分别采用传统单电流环和带占空比校正器的均流控制两种控制策略进行仿真。母线侧接 720 V 直流电源，蓄电池初始 SoC＝60％，电流给定值为 12 A，为模拟两相电路参数不一致，在第一路电感中加入 0.1 Ω 电阻。恒流充电仿真波形如图 7.12 所示。

仿真结果表明，在没有采用均流控制条件下，即传统控制策略无法实现对两相的均流控制，系统发生了严重的不均流现象；加入占空比校正器后，两相电流大小一致，可以实现均流控制。

（2）蓄电池充放电控制方法仿真。

为验证充放电控制方法的有效性，对如下情况进行了仿真研究。

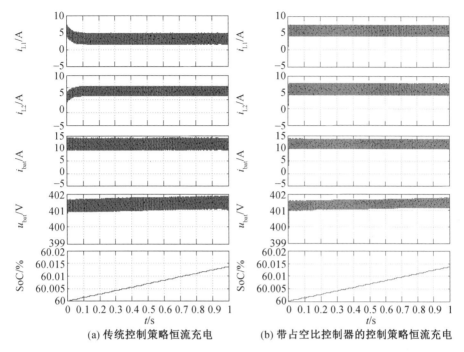

(a) 传统控制策略恒流充电　　　(b) 带占空比控制器的控制策略恒流充电

图 7.12　恒流充电仿真波形图

　　恒流充电时,逆变器工作在 Buck 模式。从图 7.12(b) 中可以看出,蓄电池的充电电流 $i_{bat}$ 在 12 A 左右波动,该过程中蓄电池端电压 $u_{bat}$、荷电量 SoC 呈上升趋势。仿真结果表明,恒流充电控制方法正确、有效。

　　恒压充电时,逆变器工作在 Buck 模式。其中,母线侧接 720 V 直流电源,蓄电池 SoC＝80％,充电电压给定值为 402 V,其仿真波形如图 7.13 所示。从图中可以看出,蓄电池端电压在 402 V 左右波动,蓄电池充电电流 $i_b$ 略微下降,荷电量 SoC 略微上升。仿真结果表明,恒压充电控制方法正确、有效。

　　恒压放电时,逆变器工作在 Boost 模式。其中,蓄电池 SoC＝85％,母线电压参考值设为 720 V,0.5 s 时负载从 103.68 Ω 切换到 148 Ω,其仿真波形如图 7.14 所示。从图中可以看出,母线电压经过一定的超调后迅速稳定回 720 V,整个过程中蓄电池端电压 $u_{bat}$ 和 SoC 略微下降。仿真结果表明,恒压放电控制方法正确、有效。

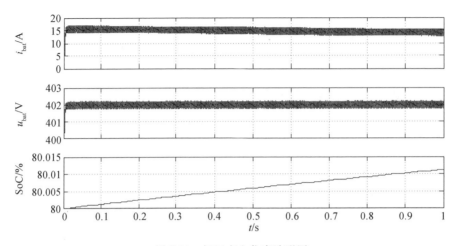

图 7.13　恒压充电仿真波形图

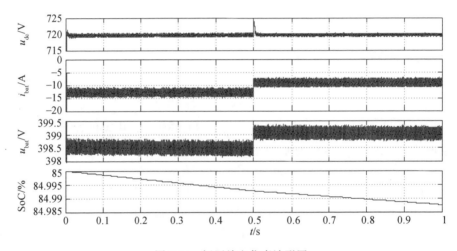

图 7.14　恒压放电仿真波形图

# 7.3　基于滑模观测器方法的锂离子电池荷电状态估算法

电池管理系统的基础是精确可靠的电池状态估计。动力电池的电量均衡，充放电电流的管理以及电动汽车输出动力的管理都是以电池状态估计为基础。

根据 7.2 节电池的一阶 Thevenin 等效电路模型，利用基于滑模观测器的方法设计电池 SoC 的估计算法。电池 SoC 估计算法的目的是根据电池端电压 $U_t$ 以及充放电电流 $I$ 两个测量的物理量通常能获得的最基本的测量数据估计出当前的 SoC 值。并且,SoC 估计算法需要满足以下特点。

（1）良好的实时性。

电池管理系统需要能根据 $U_t$ 与 $I$,实时估计出当前 SoC 值。

（2）高估计精度。

市面上主流的电池管理系统,平均 SoC 估计误差不高于 $5\%$。

（3）无累积误差。

这是为了适应汽车需要长时间行驶,误差不能总依赖外界纠正。

（4）自纠正能力。

SoC 估计不受初始误差的影响,这样能够极大地省去出厂参数标定的成本,以及提高意外状况下安全可靠性。

为了满足以上实际应用对于 SoC 估计算法的要求,基于滑模观测器 (Sliding − mode Observer, SMO) 的估计算法设计如下。

### 7.3.1　SoC 模型的建立

本章选择实用的一阶 RC 等效电路模型,如图 7.15 所示。

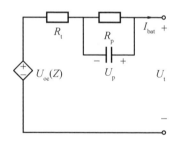

图 7.15　一阶 RC 等效电路模型

该电路模型由一个受控电压源反映电池的开路电压（Open Circuit Voltage, OCV) 特性,它在电路中由 $U_{oc}(Z)$ 表示,$U_{oc}(Z)$ 是电池的荷电状态 SoC 的函数,$Z$ 代表 SoC,在开路电压曲线的参数辨识环节中确定。$C_p$ 为极化电容,$R_p$ 为极化电阻,这两个元件系数由充放电电流 $I$ 与电池 SoC 共同影响。$R_t$ 为电池的欧姆内阻,端电压为 $U_t$,充放电电流为 $I$。

由基尔霍夫定律,端电压 $U_t$ 可以表示为

$$U_t = U_{oc}(Z) + IR_t + U_p + \Delta_{unknown} \tag{7.18}$$

SoC 基于电量的定义式可以表示为

$$Z(t) = Z(0) + \int_0^t \frac{I(\tau)}{C_{\text{capacity}}} d\tau = Z(0) + \int_0^t \frac{I(\tau)}{C_n} d\tau + \int_0^t \frac{I(\tau)}{C_{\text{nonlinear}}} d\tau \quad (7.19)$$

式中，$Z(t)$ 表示当前的 SoC；$C_n$ 表示电池的额定电容；$C_{\text{nonlinear}}$ 表示实际电容由老化改变引起的非线性误差，误差的最大限度可以确定。

SoC 的变化率可以表示为

$$\dot{Z} = \frac{I}{C_n} + \Delta f_2 \quad (7.20)$$

式中，$I$ 是当前的充放电电流，在充电时取正值，放电时取负值。

将式(7.18)代入式(7.20)得到

$$\begin{aligned} \dot{Z} &= \frac{1}{R_t C_n}[U_t - U_{oc}(Z) - U_p] + \Delta f_2 \\ &= a_2 U_t - a_2 U_{oc}(Z) - a_2 U_p + \Delta f_2 \end{aligned} \quad (7.21)$$

式中，$a_2 = \dfrac{1}{R_t C_n}$；$\Delta f_2$ 为真实电池容量误差所造成的不确定度。

阻容回路上的极化电压可以表示为

$$\dot{U}_p = -\frac{1}{R_p C_p} U_p + \frac{I}{C_p} + \frac{I}{\Delta C_p} = -a_1 U_p + b_2 I + \Delta f_3 \quad (7.22)$$

式中，参数 $a_1 = \dfrac{1}{R_p C_p}$；$b_2 = \dfrac{1}{C_p}$；$\Delta f_3$ 是极化电压的不确定度。

考虑阻容回路中 $C_p$ 的特性，当采样时间足够小时，端电压的变化率相对于电流的变化率几乎可以忽略，即 $\Delta U_t / \Delta I \approx 0$。结合式(7.19)～(7.22)可以得到 $U_t$ 的状态方程为

$$\begin{aligned} \dot{U}_t &= U_{oc}(\dot{Z}) + \frac{d}{dt}(IR_t) + U_p = \frac{I}{C_n} - \frac{U_p}{R_p C_p} + \frac{I}{C_p} \\ &= \frac{I}{C_n} - \frac{1}{R_p C_p}[U_t - U_{oc}(Z) - IR_t] + \frac{I}{C_p} \\ &= -a_1 U_t + a_1 U_{oc}(Z) + b_1 I + \Delta f_1 \end{aligned} \quad (7.23)$$

式中，$b_1 = \dfrac{1}{C_n} + \dfrac{1}{C_p} + \dfrac{R_t}{R_p C_p}$；$\Delta f_1$ 是端电压 $U_t$ 的不确定度。

综合以上推导可以得到电池系统的状态方程为

$$\dot{U}_t = -a_1 U_t + a_1 U_{oc}(Z) + b_1 I + \Delta f_1 \quad (7.24\,\text{a})$$

$$\dot{Z} = a_2 U_t - a_2 U_{oc}(Z) - a_2 U_p + \Delta f_2 \quad (7.24\,\text{b})$$

$$\dot{U}_p = -a_1 U_p + b_2 I + \Delta f_3 \quad (7.24\,\text{c})$$

系统输出为

$$y = U_t \tag{7.25}$$

参数表达式为

$$a_1 = \frac{1}{R_p C_p}, \quad b_1 = \frac{1}{C_n} + \frac{1}{C_p} + \frac{R_t}{R_p C_p}, \quad b_2 = \frac{1}{C_p}$$

## 7.3.2　线性滑模观测器估计 SoC

根据端电压 $U_t$ 的状态方程(7.24a),设计线性滑模观测器如下:

$$\dot{\hat{U}}_t = -a_1 \hat{U}_t + a_1 U_{oc}(\hat{Z}) + b_1 I + L_1 \mathrm{sgn}\,(U_t - \hat{U}_t) \tag{7.26}$$

式中,$\hat{U}_t$ 是端电压 $U_t$ 的估计值;$U_{oc}(\hat{Z})$ 是开路电压 $U_{oc}(Z)$ 的估计值;$L_1$ 是一个正常数的反馈增益。

定义 $e_y = U_t - \hat{U}_t$ 为端电压测量值与估计值之间的误差,可以得到

$$\dot{e}_y = -a_1 e_y + a_1 [U_{oc}(Z) - U_{oc}(\hat{Z})] + \Delta f_1 - L_1 \mathrm{sgn}\,(e_y) \tag{7.27}$$

式中

$$\mathrm{sgn}\,(e_y) = \begin{cases} +1, & e_y > 0 \\ -1, & e_y < 0 \end{cases}$$

设计 $U_y = 1/2 e_y^2$ 以便由 Lyapunov 函数证明该观测器的收敛性。当 $L_1$ 满足

$$L_1 > | \Delta f_1 + a_1 [U_{oc}(Z) - U_{oc}(\hat{Z})] | \tag{7.28}$$

式中,$U_{oc}$ 的范围为 $2.5 \sim 4.2$ V。同理 $U_{oc}(\hat{Z})$ 也有相同范围。而参数 $a_1$ 的值可以由下式计算:

$$a_1 = \frac{1}{R_p C_p} \tag{7.29}$$

该值会因为 $C_p$ 和 $R_p$ 的辨识稍有区别,但变化不会很大。因此,可以推导出增益

$$L_1 > | \Delta f_1 + a_1 [U_{oc}(Z) - U_{oc}(\hat{Z})] | \tag{7.30}$$

依上式取增益时,可知 $\dot{e}_y$ 总是与 $e_y$ 的符号相反,即 $U_y = e_y \dot{e}_y < 0$。取 Lyapunov 函数为 $U_y = 1/2 e_y^2$,由滑模收敛特性可知,在有限时间内误差函数将收敛到 $e_y = 0, \dot{e}_y = 0$。

在滑动模态时,$L_1 \mathrm{sgn}\,(e_y)$ 能够被其等效值 $[L_1 \mathrm{sgn}\,(e_y)]_{eq}$ 替代。$[L_1 \mathrm{sgn}\,(e_y)]_{eq}$ 由假设 $e_y = 0, \dot{e}_y = 0$ 推导出。在等效控制作用下系统一旦到达滑

模面,则 $e_y$ 和 $\dot{e}_y$ 将收敛至 0。不确定度 $\Delta f_1$ 被抵消。因此式(7.27)可以改写为

$$U_{oc}(Z) - U_{oc}(\hat{Z}) = \left[\frac{L_1}{a_1}\mathrm{sgn}\,(e_y)\right]_{eq} \tag{7.31}$$

同理可得荷电状态 $Z$ 的观测方程结构为

$$\dot{\hat{Z}} = a_2\hat{U}_t - a_2 U_{oc}(\hat{Z}) - a_2\hat{U}_p + L_2\mathrm{sgn}\,(Z-\hat{Z}) \tag{7.32}$$

式中,$\hat{Z}$ 是动力电池荷电状态 $Z$ 的估计值;$\hat{U}_p$ 是极化电压 $U_p$ 的估计值;$L_2$ 是正常数的反馈增益。

定义误差量 $e_Z = Z - \hat{Z}$,$e_p = U_p - \hat{U}_p$,可以得到

$$\dot{e}_Z = a_2 e_y - a_2[U_{oc}(Z) - U_{oc}(\hat{Z})] - a_2 e_p + \Delta f_2 - L_2\mathrm{sgn}\,(Z-\hat{Z}) \tag{7.33}$$

接下来论证观测器稳定性与增益的关系。由于 OCV 和 SoC 成单调函数关系,故可以简化为

$$U_{oc}(Z) - U_{oc}(\hat{Z}) \approx k(Z-\hat{Z}) \tag{7.34}$$

所以式(7.33)可变形为

$$\dot{e}_Z = a_2 e_y - a_2 k e_Z - a_2 e_p + \Delta f_2 - L_2\mathrm{sgn}\,(e_Z) \tag{7.35}$$

式中,$k$ 为 OCV 函数针对 $Z$ 的导数的平均值。

取 $L_2 > |\Delta f_2| + a_2 e_p$,$a_2 = 1/R_t C_n$。此时 $e_Z$ 与 $\dot{e}_Z$ 总是异号,此时取 Lyapunov 函数 $U_Z = 1/2 e_Z^2$,能够得到 $\dot{U}_Z = e_Z\dot{e}_Z < 0$,即观测器满足收敛条件,$e_Z$ 与 $\dot{e}_Z$ 能够在有限时间内收敛为 0。同理,由等效控制定律可得

$$e_p = \left[\frac{-L_2}{a_2}\mathrm{sgn}\,(e_Z)\right]_{eq} = \left(\frac{-L_2}{a_2}\mathrm{sgn}\,\left\{\left[\frac{L_1}{a_1 k}\mathrm{sgn}\,(e_y)\right]_{eq}\right\}\right)_{eq} \tag{7.36}$$

对于极化电压 $U_p$ 可以设计同样结构的观测器为

$$\dot{\hat{U}}_p = -a_1\hat{U}_p + b_2 I + L_3\mathrm{sgn}\,(U_p - \hat{U}_p) \tag{7.37}$$

误差函数为

$$\dot{e}_p = -a_1 e_p + \Delta f_3 - L_3\mathrm{sgn}\,(e_p) \tag{7.38}$$

与前两个观测器类似,设计 $L_3 > |\Delta f_3|$,此时取 Lyapunov 函数 $U_p = 1/2 e_p^2$,能够得到 $\dot{U}_p = e_p\dot{e}_p < 0$,即观测器满足收敛条件,$\dot{e}_p$ 和 $e_p$ 能够在有限时间内收敛为 0。最终得到 $U_p$ 的观测方程为

$$\dot{\hat{U}}_p = -a_1\hat{U}_p + b_2 I + L_3\mathrm{sgn}\left[\left(\frac{-L_2}{a_2}\mathrm{sgn}\,\left\{\left[\frac{L_1}{a_1 k}\mathrm{sgn}\,(e_y)\right]_{eq}\right\}\right)_{eq}\right] \tag{7.39}$$

### 7.3.3　FOTSM 观测器估计 SoC

(1) 端电压 TSM 观测器的设计。

由等效电路模型中端电压 $U_t$ 的状态方程式(7.24a)，设计滑模观测方程为

$$\dot{\hat{U}}_t = -a_1 \hat{U}_t + a_1 \hat{U}_{oc}(Z) + b_1 I + v_t \tag{7.40}$$

式中，$\hat{U}_t$ 为端电压的估计值；$\hat{U}_{oc}$ 为电池开路电压的估计值；$v_t$ 为滑模观测器控制量。

定义 $e_y = U_t - \hat{U}_t$ 为端电压测量值与估计值之间的误差，等式两边同时求导可以得到

$$\dot{e}_t = -a_1 e_t + a_1 (U_{oc} - \hat{U}_{oc}) - v_t \tag{7.41}$$

由 TSM 设计方法，选取滑模面

$$s_t = \dot{e}_t + \alpha_t e_t^{q_t/p_t} \tag{7.42}$$

式中，$\alpha_t > 0$ 为常数；$p_t$ 和 $q_t$ 是正奇数，满足 $1 < q_t/p_t < 2$。

设计 FOTSM 控制器为

$$v_t = v_{teq} + v_{tn} \tag{7.43 a}$$

$$v_{teq} = -a_1 e_t + \alpha_t e_t^{q_t/p_t} \tag{7.43 b}$$

$$\dot{v}_{tn} = k_t \operatorname{sgn} s_t \tag{7.43 c}$$

式中，$k_t = 2a_1 F_p + \eta_t$，$\eta_t > 0$。

将式(7.41)、式(7.43)代入式(7.42)得到

$$s_t = a_1 (U_{oc} - \hat{U}_{oc}) - v_{tn} \tag{7.44}$$

$$\dot{s}_t = a_1 (\dot{U}_{oc} - \dot{\hat{U}}_{oc}) - \dot{v}_{tn} = a_1 (\dot{U}_{oc} - \dot{\hat{U}}_{oc}) - k_t \operatorname{sgn} s_t \tag{7.45}$$

取 Lyapunov 函数 $U_t = 1/2 s_t^2$，求导得

$$\dot{U}_t = s_t \dot{s}_t \leqslant a_1 (\dot{U}_{oc} - \dot{\hat{U}}_{oc}) s_t - k_t |s_t| \leqslant -\eta_t |s_t| \leqslant 0 \tag{7.46}$$

满足滑模到达条件。当到达理想滑模面 $s_t = 0$ 时，有

$$e_{oc} = v_{tn}/a_1 \tag{7.47}$$

(2)SoC TSM 观测器的设计。

由等效电路模型中 $U_{oc}(Z)$ 的状态方程式(7.24b)，设计滑模观测方程为

$$\dot{\hat{Z}} = a_2 \hat{U}_t - a_2 U_{oc}(\hat{Z}) - a_2 \hat{U}_p + v_Z \tag{7.48}$$

式中，$\hat{Z}$ 为电池 SoC 的估计值；$I$ 为输入充放电电流；$v_Z$ 为滑模观测器控制量。

定义 $e_Z = Z - \hat{Z}$ 为端电压测量值与估计值之间的误差,等式两边同时求导可以得到

$$\dot{e}_Z = a_2 e_t - a_2 (U_{oc} - \hat{U}_{oc}) - v_Z \tag{7.49}$$

选取滑模面

$$s_Z = \dot{e}_Z + \alpha_Z e_Z^{q_Z/p_Z} \tag{7.50}$$

式中,$\alpha_Z > 0$ 为常数;$p_Z$ 和 $q_Z$ 是正奇数,满足 $1 < p_Z/q_Z < 2$。

设计滑模控制器为

$$v_Z = v_{zeq} + v_{zn} \tag{7.51 a}$$

$$v_{zeq} = -a_1 e_Z + \alpha_Z e_Z^{q_Z/p_Z} \tag{7.51 b}$$

$$\dot{v}_{zn} = k_Z \mathrm{sgn}\, s_Z \tag{7.51 c}$$

式中,$k_Z = 2a_1 F_p + \eta_Z$,$\eta_Z > 0$。此时

$$s_p = a_1 e_p - v_{pn} \tag{7.52}$$

$$\dot{s}_p = a_1 \dot{e}_p - \dot{v}_{pn} = a_1 \dot{e}_p - k_p \mathrm{sgn}\, s_p \tag{7.53}$$

取 Lyapunov 函数 $U_p = 1/2 s_p^2$,求导得

$$\dot{U}_p = s_p \dot{s}_p \leqslant a_1 \dot{e}_p s_p - k_p |s_p| \leqslant -\eta_p |s_p| \leqslant 0 \tag{7.54}$$

满足滑模到达条件。

(3)极化电压 TSM 观测器的设计。

由等效电路模型中极化电压 $U_p$ 的状态方程式(7.24c),设计滑模观测方程为

$$\dot{\hat{U}}_p = -a_1 \hat{U}_p + b_2 I + v_p \tag{7.55}$$

式中,$\hat{U}_p$ 为极化电压的估计值;$I$ 为输入充放电电流;$v_p$ 为滑模观测器控制量。

定义 $e_p = U_p - \hat{U}_p$ 为端电压测量值与估计值之间的误差,等式两边同时求导可以得到

$$\dot{e}_p = -a_1 e_p - v_p \tag{7.56}$$

由 TSM 设计方法,选取滑模面

$$s_p = \dot{e}_p + \alpha_p e_p^{q_p/p_p} \tag{7.57}$$

式中,$\alpha_p > 0$ 为常数;$p_p$ 和 $q_p$ 为正奇数,满足 $1 < p_p/q_p < 2$。

设计 FOTSM 控制器为

$$v_p = v_{peq} + v_{pn} \tag{7.58 a}$$

$$v_{peq} = -a_1 e_p + \alpha_p e_p^{q_p/p_p} \tag{7.58 b}$$

$$\dot{v}_{pn} = k_p \mathrm{sgn}\, s_p \tag{7.58 c}$$

式中，$k_p = F_p + \eta_z, \eta_z > 0$。此时

$$s_p = a_1 e_p - v_{pn} \tag{7.59}$$

$$\dot{s}_p = a_1 \dot{e}_p - \dot{v}_{pn} = a_1 \dot{e}_p - k_p \mathrm{sgn}\, s_p \tag{7.60}$$

取 Lyapunov 函数 $U_p = 1/2 s_p^2$，求导得

$$\dot{U}_p = s_p \dot{s}_p \leqslant a_1 \dot{e}_p s_p - k_p |s_p| \leqslant -\eta_p |s_p| \leqslant 0 \tag{7.61}$$

满足滑模到达条件。

## 7.4　电池 SoC 仿真

### 7.4.1　拟合曲线的验证

使用 Matlab 的 Polyfit 函数进行多项式拟合，并且计算拟合函数 $\hat{U}_{oc}(Z)$ 与测量的 $U_{oc}(Z)$ 之间的误差，结果如图 7.16 所示。

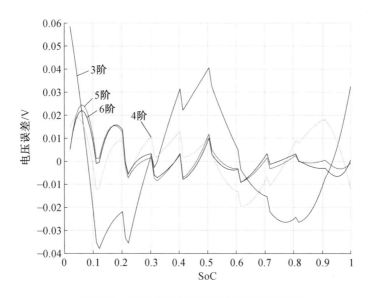

图 7.16　多项式拟合电池开路电压误差对比

由图 7.16 可知,5 阶多项式拟合结果要明显好于 3 阶、4 阶多项式拟合结果。而 6 阶多项式拟合增加了函数的复杂度,但精度并没有明显的提升,故选择 5 阶多项式拟合结果,如图 7.17 所示。其中拟合多项式为

$$\hat{U}_{oc}(Z) = 7.209Z^5 - 23.078Z^4 + 27.879Z^3 - 14.918Z^2 + 3.879Z + 3.193$$

$$(7.62)$$

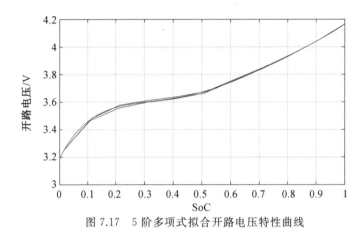

图 7.17　5 阶多项式拟合开路电压特性曲线

### 7.4.2　锂离子电池模型的验证

为了验证此前建立的电池模型的有效性和精度,需要进行电池模型的验证。为此,基于 Matlab2018a 搭建出锂电池的 Thevenin 等效电路模型。模型包括了电池 SoC 计算以及电路状态仿真两部分。其中 SoC 使用安时积分法计算,模型中模拟的电池开路电压用受控源表示,其输出即按照该 SoC 来进行查表计算。等效电路的输入为充放电电流,输出为端电压。

(1) 电池 HPPC 放电实验模型验证。

依照此前建模的 Thevenin 等效电路,将 HPPC 放电实验的电流作为输入量,将模型输出的端电压与实际测量的电池端电压相对比,其对比图如图 7.18 所示。模型的输出值与测量值之间的误差图如图 7.19 所示。由结果可知,稳态时,端电压估计误差在 ±0.01 V 以内;脉冲电流期间,误差增大,但小于 0.04 V。均方根误差为 0.011 V,平均误差为 0.006 V,估计误差小于 1%。

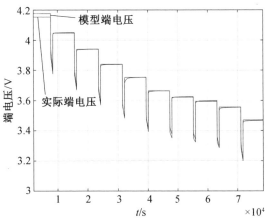

图 7.18    电池 HPPC 放电验证端电压对比图

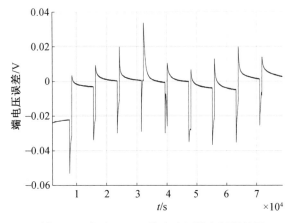

图 7.19    电池 HPPC 放电验证端电压误差图

（2）电池 HPPC 充电实验模型验证。

依照此前建模的 Thevenin 等效电路,将 HPPC 充电实验的电流作为输入量, 将模型输出的端电压与实际测量的电池端电压相对比,其对比图如图 7.20 所示。其模型输出值与测量值之间的误差图如图 7.21 所示。由结果可知,电池模型输出电压对比实际测量电压的误差在 ±0.02 V 以内,均方根误差为 0.013 V, 平均误差为 0.012 V,估计误差小于 1%。

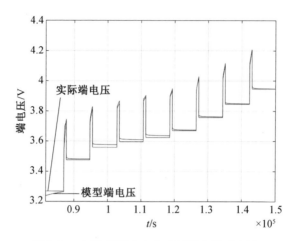

图 7.20　电池 HPPC 充电验证端电压对比图

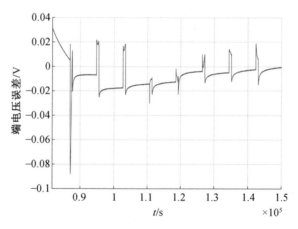

图 7.21　电池 HPPC 充电验证端电压误差图

（3）电池恒流充电、恒压充电实验模型验证。

依照此前建模的 Thevenin 等效电路,将恒流充电、恒压充电实验的电流作为输入量,将模型输出的端电压与实际测量的电池端电压相对比,其对比图如图 7.22 所示。模型的输出值与测量值之间的误差图如图 7.23 所示。由结果可知,稳态时,端电压估计误差较小;充放电期间,误差增大,但小于 0.04 V。均方根误差为 0.128 V,平均误差为 0.018 V,估计误差小于 1%。

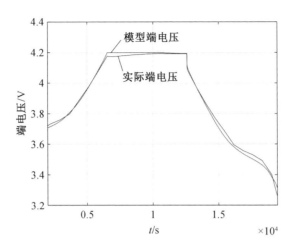

图 7.22　电池恒流充电、恒压充电端电压对比图

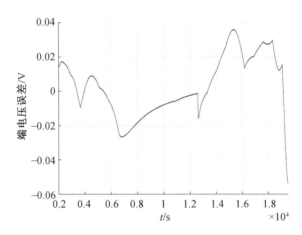

图 7.23　电池恒流充电、恒压充电端电压误差图

（4）电池动态应力工况测试（Dynamic Stress Test，DST）工况实验模型验证。

根据 DST 工况电池测试实验，对锂离子动力电池进行模型验证。将测量的实际电流作为输入量，作为此前建立的等效 Thevenin 电路的输入，然后将等效电路模型输出的端电压与锂电池实际的端电压数据进行比较，端电压的对比图如图 7.24 所示。模型端电压与实际端电压之间的误差图如图7.25 所示。由实验结果比较可以得到，模型端电压与实际端电压之间误差较小，为0.05 V 以内，不到1%，均方根误差为 0.107 V，平均误差为 0.041 V。

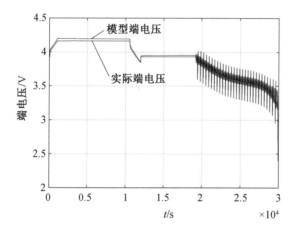

图 7.24　电池 DST 工况验证端电压对比图

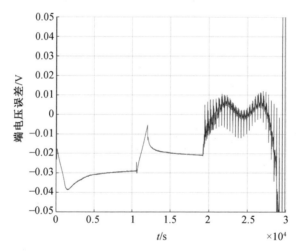

图 7.25　电池 DST 工况验证端电压误差图

（5）电池联邦城市动态应力工况测试（Federal Urban Dynamic Stress Test，FUDS）工况实验模型验证。

对锂离子动力电池进行模型验证。将测量的实际电流作为此前建立的等效 Thevenin 电路的输入，然后将等效电路模型输出的端电压与锂电池实际的端电压数据进行比较，端电压的对比图如图 7.26 所示。模型端电压与实际端电压之间的误差图如图 7.27 所示。由实验结果比较可以得到，模型端电压与实际端电压之间的误差为 0.05 V 以内，不到 1%，均方根误差为 0.107 V，平均误差为 0.038 V。

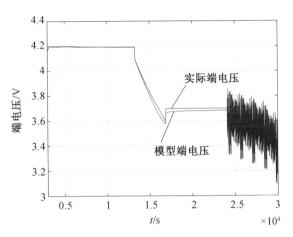

图 7.26　电池 FUDS 工况验证端电压对比图

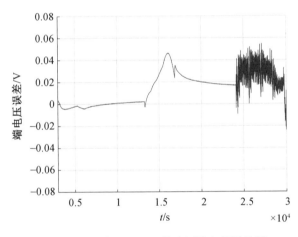

图 7.27　电池 FUDS 工况验证端电压误差图

从图 7.18～7.27 可以看出,端电压误差比较大的区域主要集中在 SoC 的 0～10% 与 90%～100% 区间,其原因主要是在电池快充满和电量快耗尽时,电池的极化效应都会比较显著。同时,开路电压特性曲线在这个区域变化也会比较明显。所以为了达到更高的精度要求,可以充分考虑这个特点,增加在两端的采样点,从而更精确地得出两端的电池模型。实际应用中,汽车动力锂电池主要在 10%～90%SoC 的区域工作,因此该模型的精度已经可以满足实际应用的需求。

### 7.4.3　滑模 SoC 估计算法的验证

本章分别设计了电池 SoC 的 LSM 观测器与 FOTSM 观测器。接下来要验证这两种算法的有效性及精度。为此,分别采用 DST 工况实验与 FUDS 工况实验来对 SoC 的观测进行验证。做法是以电池充放电电流 $I$ 作为输入,电池端电压 $U_t$ 作为输出,两者为已知量。由此观测出电池 SoC,并与 7.4.2 节中电池测试中测量出来的实际 SoC 进行比较,得出估计精度。

(1) 电池 DST 工况实验验证。

采用前面介绍的动力电池 DST 工况实验验证电池 SoC 估计算法的有效性。图 7.28 所示为 DST 工况实验 SoC 估计结果对比图。图 7.29 所示为 DST 工况实验 SoC 估计结果误差。

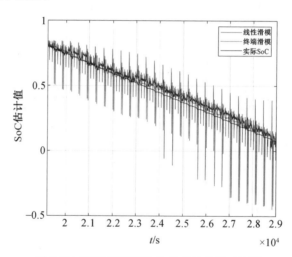

图 7.28　DST 工况实验 SoC 估计结果对比图

从图 7.28 与图 7.29 中可以看出,LSM 与 TSM 都可以以较高精度收敛到实际的 SoC 附近,观测器观测结果与实际值存在一定的漂移误差,而非在实际值上下波动,这是因为实际中观测器的值会收敛到所建立的一阶模型的参数值上,而模型本身与实际存在误差。进一步提高精度可以从更精确的建模和参数辨识入手。

(2) 电池 FUDS 工况实验验证。

采用 7.4.2 节介绍的动力电池 FUDS 工况实验验证电池 SoC 估计算法的有效性。图 7.30 所示为 FUDS 工况实验 SoC 估计结果对比图。图 7.31 所示为 FUDS 工况实验 SoC 估计结果误差。

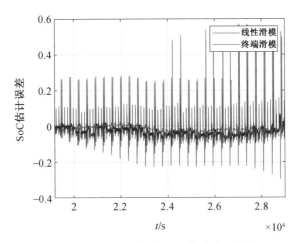

图 7.29　DST 工况实验 SoC 估计结果误差

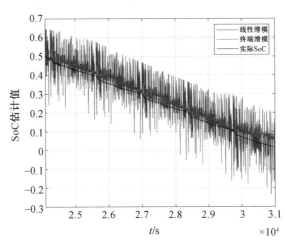

图 7.30　FUDS 工况实验 SoC 估计结果对比图

从图 7.30 与图 7.31 中可以看出,LSM 与 TSM 都可以以较高精度收敛到实际的 SoC 附近,观测器观测结果与实际值存在一定的漂移误差,而非在实际值上下波动,这是因为实际中观测器的值会收敛到所建立的一阶模型的参数值上,而模型本身与实际存在误差。进一步提高精度可以从更精确的建模和参数辨识入手。

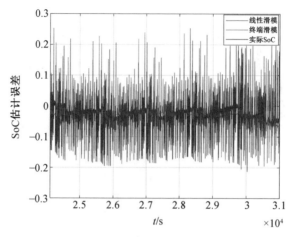

图 7.31　FUDS 工况实验 SoC 估计结果误差

# 本 章 小 结

　　本章分析了光伏发电系统的模型、储能系统的模型及常见的电池 SoC 状态辨识方法,基于目前的 SoC 估计方法的缺陷,提出了基于 FOTSM 观测器的动力电池 SoC 估计算法,且通过不同的标准汽车运行工况实验加以验证,并与常规的 LSM 估计算法加以比较。结果表明该算法具有良好的纠错性、较高的精度,以及一定的鲁棒性,能容忍一定程度的建模与参数辨识不精确而良好工作。

# 本章参考文献

[1] 陈清泉,孙逢春,祝嘉光. 现代电动汽车技术[M]. 北京:北京理工大学出版社,2002.

[2] 陈清泉,孙立清. 电动汽车的现状和发展趋势[J]. 科技导报,2005,23(4):24-28.

[3] 刘苗. 车载锂离子动力电池荷电状态与健康状态估计研究[D]. 济南:山东大学,2017.

[4] 赵晓兵. 锂离子电池荷电状态在线估计技术研究[D]. 南京:南京航空航天大学,2016.

[5] 孙培坤. 电动汽车动力电池健康状态估计方法研究[D]. 北京:北京理工大学, 2016.

[6] LOPES J A P, SOARES F J, ALMEIDA P M R. Integration of electric vehicles in the electric power system [J]. Proceedings of the IEEE, 2011, 99(1):168-183.

[7] KIM I S. A technique for estimating the state of health of lithium batteries through a dual-sliding-mode observer [J]. IEEE Transactions on Power Electronics, 2010, 25(4):1013-1022.

[8] THOMAS S, ANDREN F, KATHAN J, et al. A review of architectures and concepts for intelligence in future electric energy systems [J]. IEEE Transactions on Industrial Electronics, 2015, 62(4):2424-2438.

[9] DUAN Q, MA C Y, SHENG W X, et al. Reserch on power quality control in distribution grid based on energy router[C]// Proceedings of the 2014 International Conference on Power System Technology. Chengdu, China: IEEE, 2014: 2115-2121.

[10] GUERRA G, MARTINEZ-VELASCO J A. A solid state transformer model for power flow calculations [J]. International Journal of Electrical Power and Energy Systems, 2017 (89):40-51.

[11] PIPOLO S, BIFARETTI S, BONAIUTO V, et al. Reactive power control strategies for UNIFLEX-PM converter [C]// Conference of the IEEE Industrial Electronics Society. Florence, Italy: IEEE, 2016:3570-3575.

[12] GAO F, BOZHKO S, ASHER G, et al. An improved voltage compensation approach in a droop-controlled DC power system for the more electric aircraft [J]. IEEE Transactions on Power Electronics, 2016, 31(10):7369-7383.

# 第8章

# 微网逆变器虚拟同步发电机滑模控制

由于分布式发电相比传统的火电厂、水电厂、核电厂具有可靠性高、安装地点灵活、能源利用效率高等优点，因此成为当前电力系统研究的热点之一。作为电力系统发展趋势之一的分布式能源可为大电网提供有力补充和有效支撑。分布式能源可最大限度地利用分散的可再生资源，减少输配电网维护所需的投资，与大电网互为备用电源，提高了供电的可靠性。但随着分布式电源的大量接入，系统的运行特性会受到高渗透率的显著影响。而虚拟同步发电机（Virtual Synchronous Generator，VSG）的出现可为电网提供惯性和阻尼支持，使分布式能源并网技术成为各国的研究热点。

## 8.1　微网逆变器并联控制技术的发展现状

常见的逆变器并联控制方法可根据有无控制信号线分为有互联线并联控制方式和无互联线并联控制方式两大类。有互联线并联控制原理如下：各逆变器通过信号线可获得其他逆变器的运行信息，并通过运行信息来判断逆变器的工作情况，进行功率分配及环流抑制等。集中控制、主从控制和分散逻辑控制是最常见的有互联线并联控制方式。无互联线并联控制原理如下：系统中并联的逆变器利用并联逆变器的控制策略来实现环流抑制及负载之间的均分，各个模块只通过电缆连接。互联线的长度通常会限制系统中并联逆变器之间的距离，较长的互联线也比较容易引入噪声，互联线的信号传输过程若出现故障将导致整个电力系统崩溃。由于无互联线的逆变器并联技术具有不受距离限制等优点，从而成为研究的热点话题。

逆变器控制策略对微网系统稳定性和运行特性起着决定性的作用。逆变器并联技术的研究中，下垂控制和虚拟同步发电机控制由于无须互联线、成本较低、噪声小而得到广泛的应用。但线路阻抗差异对传统下垂控制的输出功率精度影响显著，容易导致环流。为了能更好地模拟同步发电机特性，有学者提出了虚拟同步发电机控制，该控制策略可使微网逆变器具有同步机大阻尼惯性等特点，减小电力电子变流器给电网带来的影响。在微网中对逆变器并联系统采用 VSG 控制，有利于逆变器之间的功率分配；由于转子方程引入了惯性 $J$ 和阻尼 $D$，因此微网逆变器并联系统的稳定性有了很大的提升，且提高了对负载扰动的抑制能力。

### 8.1.1 有互联线并联控制方式研究现状

(1) 集中控制方式。

集中控制的控制思路如下:传感器将电网中的信号传递到系统的核心控制器中,核心控制器根据传感器信号得到控制各逆变器运行的同步控制信号。核心控制器中存在一个晶振模块,当无电网信号时,由晶振产生同步控制信号控制多逆变器的运行。集中控制框图如图 8.1 所示。传感器得到总电流 $I$ 信号,各逆变器的参考电流值由中央集中单元控制器经计算得到。各逆变器自身的传感器得到各自的瞬时电流,与参考电流值相比较后对逆变器进行控制。集中控制过程较为简单,但多逆变系统在中央集中单元控制器出现故障时系统可维护性较差,控制系统的稳定性较低。

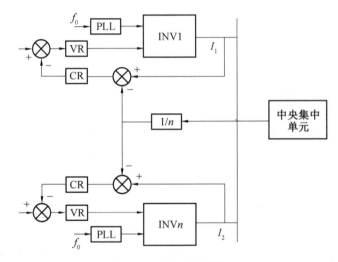

图 8.1 集中控制框图

(2) 主从控制方式。

为了防止核心控制器导致的稳定性问题,在集中控制思路的基础上将控制器分散到各逆变器,相关学者提出了主从控制方式,其控制原理如下:选定系统中某个逆变器为主机,其余的逆变器为从机,主从控制原理图如 8.2 所示。主逆变器为电压闭环控制的电压源型逆变器,从逆变器为电流闭环控制的电流源型逆变器。从逆变器将主逆变器的电流作为电流参考信号,跟踪主逆变器的输出电流值。当主机出现故障时,系统会将故障主机切除并根据特定的算法更换主机。此时,系统仍能在故障之后正常运行,相比集中控制可靠性更高。但在切换主机的过程中系统的运行性能难以得到保证,可靠性较低;且切换过程的控制方法复杂,信息传输对通信线路依赖性较高。

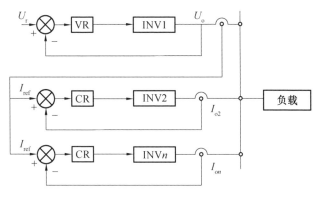

图 8.2　主从控制原理图

（3）分散逻辑控制法。

无论是集中控制还是主从控制,控制器出现故障都将影响并联系统的正常运行,且主从控制中的主机故障后,更换主机的过程中容易出现振荡等问题,因此提出了分散逻辑控制方式。分散逻辑控制的思路是使各逆变器具有平等的控制地位,具体思路如下:各个逆变器均可完成系统工作状态的检测,并根据自身的容量对输出电流及输出功率进行控制。当系统中任意一个模块出现故障后,系统可将其切除。分散逻辑控制法（图 8.3）的冗余性较好,有利于并联控制;但使每台逆变器获取整个系统的工作状态需要有大量的通信线路,系统依赖于通信的准确性,成本较高,布线复杂。

通信若出现故障将导致整个系统无法稳定运行。通信线路较长时容易引入干扰,有互联线的控制方式在稳定性及可靠性方面比无互联线的控制方法差;无互联线的并联系统无须通过互联线获取各逆变器之间的信息,功率均分的实现依赖逆变器内部的控制策略和运行特性。鉴于有互联线的并联控制方案存在以上缺点,无互联线方法成为未来电力系统发展的重要方向之一。

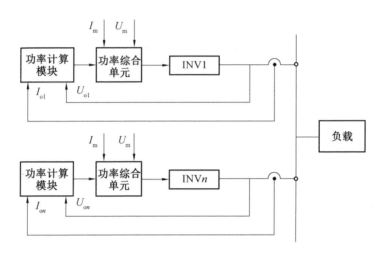

图 8.3　分散逻辑控制法

## 8.1.2　无互联线并联控制方式研究现状

集中控制、主从控制和分散逻辑控制的并联逆变器必须通过互联线采集各个逆变器的信息,然后对各逆变器的输出进行控制,但是互联线会严重制约逆变器之间的距离,建设成本较高,控制的准确度依赖于通信的可靠性,逆变器的通信发生故障将导致并联系统无法工作。为了解决互联线带来的不利影响,可以利用高准确度的光纤通信设备降低噪声干扰对系统的影响,提高系统运行的可靠性。然而,这些设备的研发周期较长,资金投入过高,引进先进设备会显著增加分布式发电系统的成本,同时也会给控制增加一定难度。因此,无互联线并联控制方式成了研究的热点。无互联线并联控制方式无须担心通信故障导致的系统崩溃,有效提高了分布式能源发电系统运行的可靠性,容易对系统进行扩容。由于无互联线并联控制具有以上优点,其在逆变器并联控制中的应用越来越普及。

无互联线并联控制中各逆变器采用相同的控制策略。如果各逆变器输出阻抗呈感性,通过分析并联运行系统的等效模型可知,有功功率与无功功率解耦,逆变器输出的有功功率只与其电压相位有关,无功功率只与输出电压的幅值有关。下垂特性控制可通过分别控制电压相位和幅值来控制有功功率和无功功率的大小,无须互联线便可实现多逆变器的并联运行控制,实现各逆变器之间功率的均衡。但下垂控制没有惯性支撑,对故障敏感,容易引起功率振荡等问题,和同步发电机的运行特性存在显著差异,不利于并联系统的控制,对大电网的稳定性和可靠性存在不利影响。虚拟同步发电机控制继承了下垂控制无须互联线的优点,通过转子方程引入惯性和阻尼环节,瞬态频率稳定性相比下垂控制有很大的提高,易于消除外部噪声,减小对故障的敏感性。

### 8.1.3　下垂控制

可再生能源分布式发电通常会构成多逆变器并联系统,由同步发电机的功率传输特性可知通过模拟其下垂特性便可实现逆变电源并联系统之间的无互联线并联控制策略。通过设计下垂控制器参数,可分别对独立解耦的逆变模块的有功功率和无功功率进行控制,有功功率及无功功率分配精度依赖于逆变器控制器参数的设计。逆变器并联系统简化模型如图 8.4 所示。两台逆变器的输出电压幅值分别为 $U_1$ 和 $U_2$,通过 $U_1$ 和 $U_2$ 可控制逆变器的无功功率;$\delta_1$ 和 $\delta_2$ 分别为逆变器 1 和逆变器 2 输出电压与电网电压的相位差,通过 $\delta_1$ 和 $\delta_2$ 可控制有功功率的输出。$U_{\text{grid}}$ 为电网电压,设电网电压输出相角为 $0°$。假设两台逆变器的等效输出阻抗分别为 $R_1 + \mathrm{j}X_1$ 及 $R_2 + \mathrm{j}X_2$;$R_L + \mathrm{j}X_L$ 为公共负载的阻抗。

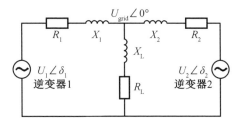

图 8.4　逆变器并联系统简化模型

当逆变器连接到交流母线时,其有功功率和无功功率的输出可以表示为

$$P_k = \frac{U_k U_{\text{grid}}(R_k \cos \delta_k + X_k \sin \delta_k) - R_k U_{\text{grid}}^2}{R_k^2 + X_k^2} \tag{8.1}$$

$$Q_k = \frac{U_k U_{\text{grid}}(X_k \cos \delta_k - R_k \sin \delta_k) - X_k U_{\text{grid}}^2}{R_k^2 + X_k^2} \tag{8.2}$$

式中,$k = 1,2$。

假设等效输出阻抗呈感性,分析有功功率及无功功率均分的条件,忽略线路电阻 $R_k$,可以得到有功功率及无功功率的表达式如下:

$$P_k = \frac{U_k U_{\text{grid}} \sin \delta_k}{X_k} \tag{8.3}$$

$$Q_k = \frac{U_k U_{\text{grid}} \cos \delta_k - U_{\text{grid}}^2}{X_k} \tag{8.4}$$

当 $\delta_k$ 很小时,$\sin \delta_k \approx \delta_k$,$\cos \delta_k \approx 1$,此时可以得到

$$P_k = \frac{U_k U_{\text{grid}} \delta_k}{X_k} \tag{8.5}$$

$$Q_k = \frac{U_k U_{\text{grid}} - U_{\text{grid}}^2}{X_k} \tag{8.6}$$

由式(8.5)和式(8.6)可知,在电网与逆变器之间的相位差 $\delta_k$ 足够小的情况下,感性电路($X_k \gg R_k$)中,相位差是决定逆变电源输出有功功率 $P$ 的大小的主要因素,电压幅值 $U$ 是决定无功功率 $Q$ 的大小的关键参数,即逆变电源输出的有功功率 $P$ 与相位差、无功功率 $Q$ 与电压幅值 $U$ 之间的关系是近似线性的。无功功率的大小可以直接通过输出的电压幅值进行控制,通过输出频率 $f$ 或角频率 $\omega$ 间接控制有功功率,则有

$$f = \frac{\omega}{2\pi} = \frac{1}{2\pi} \frac{\mathrm{d}\delta}{\mathrm{d}t} \tag{8.7}$$

频率 $f$ 有功下垂及电压 $U$ 无功下垂控制的控制方程为

$$f = f_0 - k_{\text{p}}(P - P_0) \tag{8.8}$$

$$U = U_0 - k_{\text{q}}(Q - Q_0) \tag{8.9}$$

式中,$k_{\text{p}}$ 为有功下垂系数;$k_{\text{q}}$ 为无功下垂系数;$f_0$ 为逆变器输出电压额定频率;$U_0$ 为输出电压的幅值;$P_0$ 为额定有功功率;$Q_0$ 为逆变器无功功率的额定值。

根据式(8.8)和式(8.9)可得到下垂控制曲线,如图 8.5 所示。

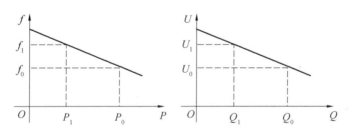

图 8.5　下垂控制曲线

对于线路阻抗呈感性的并联系统,根据 $P-f$ 下垂特性,当输出的有功功率超过额定值时,增大输出频率,可使有功功率减小;同理,当无功功率较大时,利用 $Q-U$ 下垂特性也可减少逆变器无功功率输出。

综上,根据下垂控制曲线可实现多逆变器并联的控制。下垂控制具有即插即用的优点,但和传统的同步发电机相比,其仍无法避免电力电子器件响应过快、外特性硬的缺点,缺少同步发电机的阻尼和旋转惯量及励磁暂态特性,使微网系统的频率稳定性较差,容易受到负载扰动的影响。传统电力系统的运行经

验是值得借鉴的,通过模拟阻尼和惯性特性可以减小逆变器接入时电力电子接口对大电网的影响,提高新能源分布式发电的可靠性和稳定性,因此基于 VSG 的多逆变器并联技术受到了越来越广泛的关注。

### 8.1.4　虚拟同步发电机控制

电力系统中产生电能的核心元件是同步发电机组,同步发电机由其励磁调节器及调速器进行控制,且具有大感性输出阻抗、下垂特性和大转动惯量等特点,便于调度运行;若多逆变器并联系统中的逆变器可以像同步发电机一样运行,则微网逆变器便可以像同步发电机组一样自主实现调频调压,接受大电网的调度管理。将励磁调节器及调速器的工作原理引入逆变器的控制器设计中,采用电力系统中的相关控制思路对并网逆变器进行控制,有利于解决电力电子变流器带来的弊端。

近年来,国内外学者研究出了不同类型的虚拟同步发电机(VSG),将其主要分为电流控制型虚拟同步机和电压控制型虚拟同步机两大类。以上两种不同的虚拟同步发电机控制应用于不同的情况,电流型适用于较低渗透率的电网环境,而电压型更加适用于弱电网环境。

## 8.2　虚拟同步发电机模型的建立

在整个电力系统网络中,同步发电机(Synchronous Generator,SG)凭借其能够维持电压与频率稳定的出色性能,成了发电的核心设备。而这种特性,正是能量路由器交流接口所缺乏的。为了使交流接口拥有同步发电机的外特性,可以在能量路由器的并网逆变器控制策略中引入同步发电机的数学模型。本章介绍了同步发电机的数学模型,并以此为根据设计网侧逆变器的控制策略,使得能量路由器的交流接口拥有同步发电机的优点,同时保证其灵活性。

### 8.2.1　同步发电机数学模型

同步发电机是电力系统的核心设备,若借鉴同步发电机来设计逆变系统的控制算法,第一步就是建立同步发电机的数学模型。为分析简便,选取极对数 $p=1$ 的理想同步发电机,其结构模型示意图如图 8.6 所示。

对于接下来推导的同步发电机模型,假设:转子、定子绕组对称;磁动势和磁通按正弦分布;不计饱和影响。同步发电机的电枢电阻远小于同步电抗,一般将

电枢电阻忽略不计,则有

$$\begin{cases} \psi_{af} = \psi_{fm}\cos\theta \\ \psi_{bf} = \psi_{fm}\cos(\theta - 120°) \\ \psi_{cf} = \psi_{fm}\cos(\theta + 120°) \end{cases} \tag{8.10}$$

式中,$\psi_{af}$、$\psi_{bf}$ 和 $\psi_{cf}$ 为转子绕组和定子绕组间的互感;$\psi_{fm}$ 为转子绕组之间的互感;$\theta$ 为转子角。

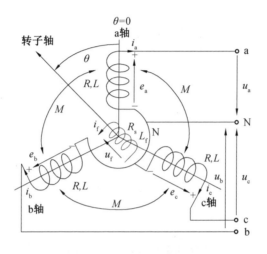

图 8.6  理想同步发电机结构模型示意图

由图 8.6 可知,定子三相磁链 $\phi_a$、$\phi_b$、$\phi_c$ 的表达式如下:

$$\begin{cases} \phi_a = Li_a - Mi_b - Mi_c + M_{af}i_f \\ \phi_b = Li_b - Mi_a - Mi_c + M_{bf}i_f \\ \phi_c = Li_c - Mi_a - Mi_b + M_{cf}i_f \end{cases} \tag{8.11}$$

式中,$L$ 为三相定子绕组的自感;$M$ 为三相定子绕组的互感;$i_a$、$i_b$、$i_c$ 为三相定子电流,且 $i_a + i_b + i_c = 0$;$i_f$ 为转子励磁电流。

整理式(8.11)可得

$$\begin{cases} \phi_a = (L+M)i_a + M_{af}i_f \\ \phi_b = (L+M)i_b + M_{bf}i_f \\ \phi_c = (L+M)i_c + M_{cf}i_f \end{cases} \tag{8.12}$$

根据电磁感应定律,可以得到发电机端三相电压表达式如下:

$$\begin{cases} u_a = -\dfrac{\mathrm{d}\phi_a}{\mathrm{d}t} = -(L+M)\dfrac{\mathrm{d}i_a}{\mathrm{d}t} - \dfrac{\mathrm{d}(M_{af}i_f)}{\mathrm{d}t} = -L\dfrac{\mathrm{d}i_a}{\mathrm{d}t} + e_a \\[3mm] u_b = -\dfrac{\mathrm{d}\phi_b}{\mathrm{d}t} = -(L+M)\dfrac{\mathrm{d}i_b}{\mathrm{d}t} - \dfrac{\mathrm{d}(M_{bf}i_f)}{\mathrm{d}t} = -L\dfrac{\mathrm{d}i_b}{\mathrm{d}t} + e_b \\[3mm] u_c = -\dfrac{\mathrm{d}\phi_c}{\mathrm{d}t} = -(L+M)\dfrac{\mathrm{d}i_c}{\mathrm{d}t} - \dfrac{\mathrm{d}(M_{cf}i_f)}{\mathrm{d}t} = -L\dfrac{\mathrm{d}i_c}{\mathrm{d}t} + e_c \end{cases} \tag{8.13}$$

式中，感应电动势 $e_a$、$e_b$、$e_c$ 的表达式如下：

$$\begin{cases} e_a = -\dfrac{\mathrm{d}(M_{af}i_f)}{\mathrm{d}t} = -\dfrac{\mathrm{d}M_{af}}{\mathrm{d}t}i_f - \dfrac{\mathrm{d}i_f}{\mathrm{d}t}M_{af} \\[3mm] e_b = -\dfrac{\mathrm{d}(M_{bf}i_f)}{\mathrm{d}t} = -\dfrac{\mathrm{d}M_{bf}}{\mathrm{d}t}i_f - \dfrac{\mathrm{d}i_f}{\mathrm{d}t}M_{bf} \\[3mm] e_c = -\dfrac{\mathrm{d}(M_{cf}i_f)}{\mathrm{d}t} = -\dfrac{\mathrm{d}M_{cf}}{\mathrm{d}t}i_f - \dfrac{\mathrm{d}i_f}{\mathrm{d}t}M_{cf} \end{cases} \tag{8.14}$$

可以看出，发电机端电压由电抗上的压降与感应电动势结合而成。

当同步发电机工作于稳定状态时，励磁电流的变化率为零，即 $\mathrm{d}i_f/\mathrm{d}t = 0$，将式 (8.11) 代入式 (8.14) 可得

$$\begin{cases} e_a = \omega M_f i_f \sin\theta \\ e_b = \omega M_f i_f \sin(\theta - 120°) \\ e_c = \omega M_f i_f \sin(\theta + 120°) \end{cases} \tag{8.15}$$

从式 (8.15) 可以看出，同步发电机感应电动势的大小与角频率和励磁电流存在联系。当同步发电机稳定运行时，$\omega$ 基本保持不变，此时可通过调节励磁电流来调节感应电动势的大小。

为了分析方便，对一些电气量做简化标注，即

$$\boldsymbol{e} = \begin{bmatrix} e_a \\ e_b \\ e_c \end{bmatrix} , \quad \boldsymbol{i} = \begin{bmatrix} i_a \\ i_b \\ i_c \end{bmatrix}$$

$$\cos\boldsymbol{\theta}_{abc} = \begin{bmatrix} \cos\theta \\ \cos(\theta - 2\pi/3) \\ \cos(\theta + 2\pi/3) \end{bmatrix}, \quad \sin\boldsymbol{\theta}_{abc} = \begin{bmatrix} \sin\theta \\ \sin(\theta - 2\pi/3) \\ \sin(\theta + 2\pi/3) \end{bmatrix}$$

将式 (8.14) 化简得到同步发电机的定子电压方程如下：

$$\boldsymbol{u} = -L\dfrac{\mathrm{d}\boldsymbol{i}}{\mathrm{d}t} + \boldsymbol{e} \tag{8.16}$$

同步发电机的机械方程为

$$J\theta'' = T_m - T_e - D\theta' \tag{8.17}$$

式中,$J$ 为转动惯量;$D$ 为阻尼系数;$T_m$、$T_e$ 分别为虚拟同步发电机的机械转矩与电磁转矩。

由式(8.16)与式(8.17)可以得到虚拟同步发电机的数学模型。

### 8.2.2 虚拟同步发电机数学模型

在实际应用中,通常采用简化后的同步发电机模型进行研究,以方便各类控制算法的设计。借鉴同步发电机二阶模型来设计 VSG 算法。VSG 算法主要包括转子运动方程和定子电压方程,即

$$\begin{cases} J\dfrac{\mathrm{d}(\omega - \omega_0)}{\mathrm{d}t} = \dfrac{P_m}{\omega} - \dfrac{P_e}{\omega} - D(\omega - \omega_0) \\ \dfrac{\mathrm{d}\theta}{\mathrm{d}t} = \omega \end{cases} \tag{8.18}$$

式中,$P_m$、$P_e$ 分别为虚拟同步发电机的机械功率与电磁功率;$\omega$ 为电气角速度;$\omega_0$ 为电网角速度;$D$ 为阻尼系数;$J$ 为转动惯量;$\theta$ 为转子角。

虚拟同步发电机的定子电压方程为

$$\dot{E} = \dot{U} + \dot{I}(r + \mathrm{j}X_d) \tag{8.19}$$

式中,$\dot{E}$ 为励磁电动势;$\dot{U}$ 为定子端电压;$\dot{I}$ 为电枢电流;$r$ 为定子电枢电阻(可忽略不计);$X_d$ 为同步电抗。

由式(8.19)可得定子端电压的表达式为

$$\dot{U} = \dot{E} - \dot{I}(r + \mathrm{j}X_d) \tag{8.20}$$

根据转子运动方程和定子电压方程,可得虚拟同步发电机算法框图如图 8.7 所示。

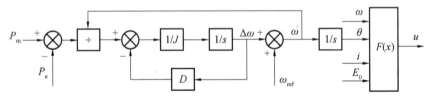

图 8.7　虚拟同步发电机算法框图

# 8.3　虚拟同步发电机控制器设计

同步发电机是一个综合系统,传统同步发电机的控制结构如图 8.8 所示。

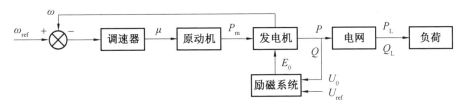

图 8.8　传统同步发电机控制结构

而借鉴同步发电机的 VSG 控制器具体控制结构如图 8.9 所示。其设计思想是将同步发电机的数学模型嵌入控制算法中,使其模拟出同步发电机的特性。

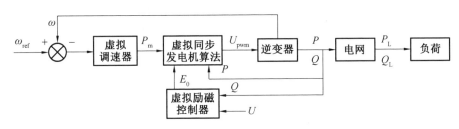

图 8.9　VSG 控制结构

通过对比可以看出,已对原动机部分进行了模拟,仍需对虚拟调速器以及虚拟励磁器进行控制设计。

## 8.3.1　虚拟调速器设计

频率是衡量系统电能质量的重要指标之一,频率的变化与用户、发电系统以及电力系统都息息相关。所以确保频率在可靠范围内偏移至关重要。

借鉴同步发电机的调速器设计虚拟调速器的控制器,同步发电机的静态调节方程为

$$(\omega_{ref} - \omega)K_\omega + (P_{ref} - P_e) = 0 \tag{8.21}$$

式中,$K_\omega$ 为同步发电机的频率调节系数。频率调节系数 $K_\omega$ 越大,功率出现偏差时系统稳态频率变化越小;频率调节系数 $K_\omega$ 越小,功率出现偏差时系统稳态频率变化越大。

由式(8.21)可得系统有功功率与系统频率之间的关系,从而得到虚拟调速器控制结构框图,如图 8.10 所示。由图可知,该虚拟调速器与同步发电机的静态方程拥有同样的特性。图中,$\omega_{ref}$ 为系统频率的给定值;$\omega$ 为控制算法的实时频率;$K_{\omega}$ 为频率调节系数;$P_{ref}$ 为系统有功功率给定值。

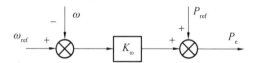

图 8.10　虚拟调速器控制结构框图

该虚拟调速器的数学模型如下:

$$\omega - \omega_{ref} = -\frac{1}{K_{\omega}}(P_m - P_{ref}) \tag{8.22}$$

可以得出,设计的虚拟调速器模块能够使 VSG 算法拥有下垂特性。得到与同步发电机相似的有功功率-频率的曲线,即可通过调节频率调节系数 $K_{\omega}$ 的大小来调节频率的稳态变化量。VSG 算法虚拟调速器功率-频率特性曲线(简称功频特性曲线)如图 8.11 所示,虚拟励磁调速器控制结构框图如图 8.12 所示。

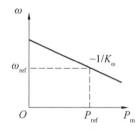

图 8.11　VSG 系统功率-频率特性曲线

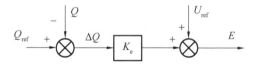

图 8.12　虚拟励磁调速器控制结构框图

### 8.3.2　虚拟励磁器设计

电压的幅值是评判系统电能质量的另一关键指标,而励磁调节器可通过调节励磁电流,起到稳定输出端电压幅值的作用。借鉴同步发电机的励磁调节方程,能够使所设计的虚拟励磁器具有无功功率-电压的下垂特性,设计的虚拟励磁器如图 8.12 所示。图中，$Q_{\text{ref}}$ 为无功功率的给定值，$Q$ 为输出侧实时无功功率，$U_{\text{ref}}$ 为输出电压的给定值，$K_e$ 为电压调节系数。由图 8.12 可知，虚拟励磁调节器的数学模型如下：

$$Q - Q_{\text{ref}} = -\frac{1}{K_e}(E - U_{\text{ref}}) \tag{8.23}$$

所设计的虚拟励磁器将使控制算法拥有与同步发电机类似的无功功率－电压下垂特性。电压调节系数 $K_e$ 越大，电压稳定变化幅值越大；电压调节系数 $K_e$ 越小，电压稳定变化幅值越小。可以通过调节电压调节系数 $K_e$ 的大小，来调节发电机端输出电压的幅值，使其在允许范围内偏移。

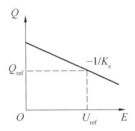

图 8.13　VSG 无功功率－电压特性曲线

## 8.4　虚拟同步发电机滑模控制设计

为了使虚拟同步发电机控制算法更加稳定，需要在控制算法本体后，增加电压电流环路控制。为了使输出电压稳定，需要对电压进行闭环控制。但单闭环控制无法满足系统对稳定性的要求，还需增加电流环，解决滤波器等设备带来的不稳定因素影响。为了使系统的鲁棒性更强，本节将采用滑模控制算法对控制环路进行设计。

采用 VSG 的滑模控制器整体控制框图如图 8.14 所示，由三相逆变器在 dq 轴下的数学模型，可将状态方程分为两部分，其中电压外环采用前馈解耦的 PI 控制，电流内环采用 FOTSM 控制。

针对电压外环，状态方程为

$$\begin{cases} \dfrac{\mathrm{d}u_{\text{od}}}{\mathrm{d}t} = \omega u_{\text{oq}} + \dfrac{1}{C_f}i_d - \dfrac{1}{C_f}i_{\text{od}} \\[3mm] \dfrac{\mathrm{d}u_{\text{oq}}}{\mathrm{d}t} = -\omega u_{\text{od}} + \dfrac{1}{C_f}i_q - \dfrac{1}{C_f}i_{\text{oq}} \end{cases} \tag{8.24}$$

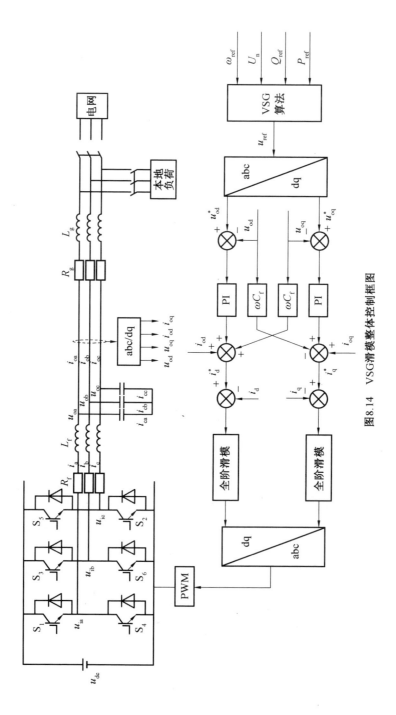

图 8.14 VSG 滑模整体控制框图

d、q 轴分别采用两个 PI 控制器,即

$$
\begin{cases}
i_d^* = i_{od} + (u_{od}^* - u_{od})\left(k_{p1} + \dfrac{k_{i1}}{s}\right) - \omega C_f u_{oq} \\[2mm]
i_q^* = i_{oq} + (u_{oq}^* - u_{oq})\left(k_{p2} + \dfrac{k_{i2}}{s}\right) + \omega C_f u_{od}
\end{cases}
\tag{8.25}
$$

式中,$u_{od}^*$、$u_{oq}^*$ 分别为 $u_{od}$、$u_{oq}$ 的参考值;$1/s$ 为积分项;$k_{p1}$、$k_{p2}$ 为两个调节器的比例系数;$k_{i1}$、$k_{i2}$ 为两个调节器的积分系数。

针对电流内环,状态方程为

$$
\begin{cases}
\dfrac{\mathrm{d}i_d}{\mathrm{d}t} = -\dfrac{1}{L_f}u_{od} - \dfrac{R_f}{L_f}i_d + \omega i_q + \dfrac{1}{L_f}u_{id} \\[2mm]
\dfrac{\mathrm{d}i_q}{\mathrm{d}t} = -\dfrac{1}{L_f}u_{oq} - \dfrac{R_f}{L_f}i_q - \omega i_d + \dfrac{1}{L_f}u_{iq}
\end{cases}
\tag{8.26}
$$

整理可得

$$
\begin{cases}
u_{id} = L_f \dfrac{\mathrm{d}i_d}{\mathrm{d}t} + R_f i_d - \omega L_f i_q + u_{od} \\[2mm]
u_{iq} = L_f \dfrac{\mathrm{d}i_q}{\mathrm{d}t} + R_f i_q + \omega L_f i_d + u_{oq}
\end{cases}
\tag{8.27}
$$

针对系统设计如下 FOTSM 面:

$$
\begin{cases}
s_1 = \dot{e}_1 + c_1 \, |e_1|^{\mu_1} \, \mathrm{sgn}\,(e_1) \\[2mm]
s_2 = \dot{e}_2 + c_2 \, |e_2|^{\mu_2} \, \mathrm{sgn}\,(e_2)
\end{cases}
\tag{8.28}
$$

式中,$e_1$、$e_2$ 分别为 dq 坐标系下的电流偏差,$e_1 = i_d - i_d^*$,$e_2 = i_q - i_q^*$;$i_d^*$、$i_q^*$ 为电流指令值;$c_1$、$c_2$ 为常数,均大于 0;$\mu_1,\mu_2 \in (0,1)$ 为常数。

若选取上述滑模面,并设计如下控制策略,则系统能够趋于稳定:

$$
u_{idq} = u_{eq} + u_n
\tag{8.29}
$$

$$
\begin{cases}
u_{deq} = L_f i_d^* + R_f i_d - \omega L_f i_q - L_f c_1 \, |e_1|^{\mu_1} \, \mathrm{sgn}\,(e_1) \\[2mm]
u_{qeq} = L_f i_q^* + u_{oq} + R_f i_q - \omega L_f i_d - L_f c_2 \, |e_2|^{\mu_2} \, \mathrm{sgn}\,(e_2)
\end{cases}
\tag{8.30}
$$

$$
\begin{cases}
\dot{u}_{dn} = -k \, \mathrm{sgn}\,(s_1) \\[2mm]
\dot{u}_{qn} = -k \, \mathrm{sgn}\,(s_2)
\end{cases}
\tag{8.31}
$$

式中,$k$ 为常数,且 $k > 0$。

具有良好控制性能的控制器必须使逆变器并网电流能够快速、准确地跟踪指令值。下面以 d 轴为例,证明本节所设计滑模控制器的稳定性。

取如下 Lyapunov 函数:

$$V = \frac{1}{2}s_1{}^2 \tag{8.32}$$

将电流的偏差值 $e_1$ 代入 d 轴滑模面的表达式中,可得

$$s_1 = \dot{e}_1 + c_1 \, |\, e_1 \,|^{\mu_1} \, \text{sgn} \, (e_1) = \dot{i}_d - \dot{i}_d^* + c_1 \, |\, e_1 \,|^{\mu_1} \, \text{sgn} \, (e_1) = \frac{1}{L_f}u_n \tag{8.33}$$

对式(8.33)求导,可得

$$\dot{s}_1 = \frac{1}{L_f}\dot{u}_n \tag{8.34}$$

对所选择的 Lyapunov 函数进行求导运算,结果如下:

$$\dot{V} = s_1 \dot{s}_1 = s_1 \frac{1}{L_f}\dot{u}_n = s_1 \frac{1}{L_f}[-k\,\text{sgn}\,(s_1)] = -\frac{k}{L_f}|\,s_1\,| < 0 \tag{8.35}$$

同理,q 轴的控制证明与之相同。因此,所选滑模面将在有限时间收敛到 0,所选误差也会在 $s = 0$ 后有限时间收敛到零,同时说明了所设计滑模控制器的稳定性。

# 8.5 仿真分析

## 8.5.1 孤岛模式仿真

首先,对能量路由器孤岛带负载情况进行仿真验证,此时直流母线由直流源代替,仿真参数见表8.1。

表 8.1 系统仿真参数表

| 参数 | 数值 | 参数 | 数值 |
|---|---|---|---|
| $U_{dc}/V$ | 750 | $J$ | 0.33 |
| $L_f/mH$ | 0.6 | $K_\omega$ | 1 000 |
| $R_f/\Omega$ | 0.2 | $K_e$ | 0.01 |
| $C_f/\mu F$ | 80 | $P_{ref}/kW$ | 30 |
| $L_g/mH$ | 1.1 | $Q_{ref}/kvar$ | 10 |
| $R_g/\Omega$ | 0.2 | $r_a/\Omega$ | 0.064 |
| $D$ | 10 | $L_a/mH$ | 0.32 |
| $P_{Load1}/kW$ | 30 | $P_{Load2}/kW$ | 35 |
| $Q_{Load1}/kvar$ | 10 | $Q_{Load2}/kvar$ | 10 |

表 8.1 中，$r_a$、$L_a$ 分别为虚拟电阻与虚拟电感；$P_{Load1}$、$Q_{Load1}$ 和 $P_{Load2}$、$Q_{Load2}$ 分别为变化前后的负荷有功功率和无功功率。其他参数与前面章节的逆变器模型中意义一致。

能量路由器独立给负载供电，初始状态下系统带 $P_{Load1} = 30\ kW$，$Q_{Load1} = 10\ kvar$ 的三相平衡负荷。0.5 s 时突加 $P = 5\ kW$ 的三相平衡负荷，0.7 s 时恢复初始值。

图 8.15(a)、(b) 所示分别为孤岛模式下系统输出三相电压、三相电流波形图。由图可知在负载变化前后过程中，电压并没有出现波动，幅值保持在 380 V，持续为负载提供三相平衡的电压。但系统输出电流由于功率发生变化，其幅值也相应发生变化，电流幅值随功率的增大而增大，并迅速进行调节而后进入新的稳定运行状态。图 8.15(c) 所示为负载变化情况下有功功率、无功功率波形图，可见系统输出的功率能够迅速地跟随负载变化而变化，在 0.5 s 时，逆变器输出有功功率跟随变为 35 kW，而后在 0.7 s 时恢复初始值，能够维持系统的稳定运行。

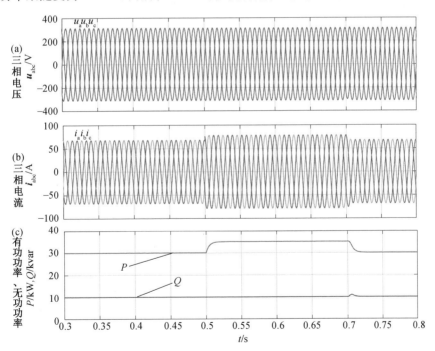

图 8.15　孤岛模式下逆变器仿真结果图

图 8.16 所示为 VSG 控制下系统频率波形图,由图可知,系统频率会随着系统负荷的有功功率变化而变化。其变化趋势由工频特性曲线决定,与系统所输出有功功率成反比。

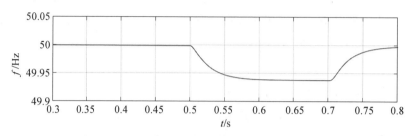

图 8.16  VSG 控制下系统频率波形图

接下来详细验证关键参数对系统动态性能与静态性能的影响。初始状态下系统带 $P_{\text{Load1}} = 30 \text{ kW}, Q_{\text{Load1}} = 10 \text{ kvar}$ 的三相平衡负荷;0.5 s 时突加 $P = 5 \text{ kW}$ 的三相平衡负荷。

首先分析转动惯量的影响,此时取阻尼系数 $D = 3$,频率调节系数 $K_\omega = 10\ 000$ 保持不变,比较转动惯量 $J$ 分别取 0.01、0.33 和 1 时系统频率的变化情况。转动惯量对频率特性的影响如图 8.17 所示。

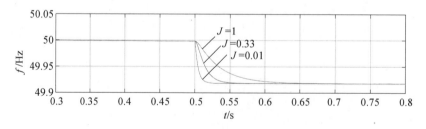

图 8.17  转动惯量对频率特性的影响

由图 8.17 所示仿真结果可以看出,转动惯量主要影响系统频率变化的动态特性,而不影响频率的稳态值。转动惯量与系统频率变化速度成反比,转动惯量越大,系统频率变化速度越大,反之亦然。

其次分析阻尼系数 $D$ 对系统频率特性的影响。此时保持 $J = 0.33, K_\omega = 10\ 000$ 不变,分别让阻尼系数 $D$ 取 1、10 和 20,观察系统频率变化情况。阻尼系数对频率特性的影响如图 8.18 所示。

由图 8.18 可知,阻尼系数越大,稳态时系统频率的变化量越小,但不影响频

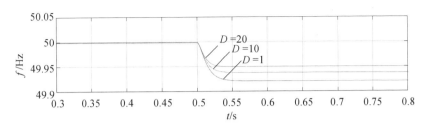

图 8.18　阻尼系数对频率特性的影响

率变化的动态性能,与理论分析一致。

最后分析频率调节系数 $K_\omega$ 对系统频率特性的影响。 此时取阻尼系数 $D=3$,转动惯量 $J=0.33$ 不变,分别比较 $K_\omega$ 取 5 000、10 000 和 20 000 时频率的变化情况。仿真结果如图 8.19 所示,可见频率调节系数 $K_\omega$ 越小,稳态时系统频率的变化量越小,但不影响频率变化的动态性能,与理论分析一致。

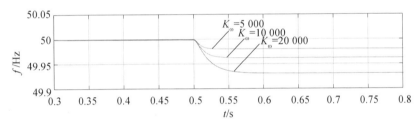

图 8.19　频率调节系数对频率特性的影响

综上所述,转动惯量影响频率的动态特性,阻尼系数和频率调节系数影响频率的稳态特性。 在对频率特性的影响方面,频率调节系数和阻尼系数效果相同。

### 8.5.2　并网模式仿真

接下来分析正常情况下并网仿真,仿真参数与表 8.1 中参数一致。 图 8.20(a)、(b) 所示分别为逆变器输出三相电压、三相电流波形图,可见交流侧三相电压、电流相位一致,可以实现单位功率因数并网。 从图 8.20(c) 中可以看出,系统输出有功功率、无功功率均能跟随有功功率、无功功率给定值,稳定地向系统输送功率。此时若想改变输出电能大小,只需改变系统有功功率与无功功率给定值。

图 8.21 所示为并网模式下系统频率波形图,由图可见,系统频率与电网频率一致,为 50 Hz。综上所述,VSG 控制可以实现友好并网,使能量路由器交流接

口稳定运行。

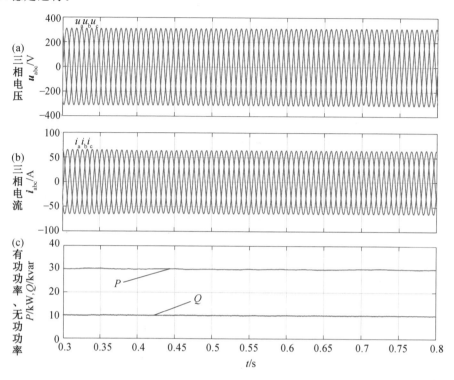

图 8.20　并网模式下逆变器仿真结果图

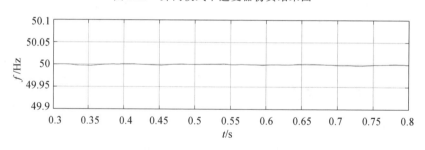

图 8.21　并网模式下系统频率波形图

### 8.5.3　VSG 控制与下垂控制策略仿真对比分析

（1）VSG 控制与下垂控制仿真对比分析。

下垂控制算法是网侧 DC/AC 逆变器常用的控制算法，它可以模拟电力系统的调频方式，为系统提供电压和频率的支撑。但由于其模拟的仅为发电机的调频特性,虽可以在系统孤岛运行的情况下使系统拥有稳定的频率和工频电压,但却无法模拟同步发电机的惯性与阻尼特性,因此易使系统变化较为突兀,不利于电力系统稳定运行。

本节所提的控制算法,加入了转动惯量 $J$ 与阻尼系数 $D$,同时也保留了下垂控制的电力系统调频特性,使得 VSG 控制算法下的逆变器设备具有同步发电机的全部外特性,能够让系统稳定运行。VSG 控制与下垂控制相比,在并网控制效果上大致相当,但在孤岛运行模式下,对频率的支撑效果更加明显。

能量路由器独立给负载供电,初始状态下系统带 $P_{Load1} = 30$ kW,$Q_{Load1} = 10$ kvar 的三相平衡负荷;0.5 s 时突加 $P = 5$ kW 的三相平衡负荷;0.7 s 时恢复初始值。

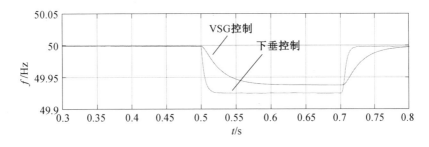

图 8.22　VSG 控制与下垂控制下的频率波形图

两种控制算法下的频率波形图如图 8.22 所示,由图可知,在负载变化情况下系统频率也会发生变化。下垂控制的系统频率调节速度快,但系统频率超调较大。而本书所提的 VSG 控制的系统频率变化波形较平缓,虽然调节时间长于下垂控制,但频率变化的超调较小,利于系统的安全稳定运行。这充分说明 VSG 控制引入的同步发电机的转动惯量 $J$、阻尼系数 $D$ 和频率调节系数 $K_\omega$ 提高了逆变器的运行稳定性。

(2)VSG 控制与 PI 电压、电流双环控制仿真对比分析。

在传统的 VSG 控制中,通常电压、电流双环路均采用 PI 控制器控制。本节对其控制环路进行改进,引入滑模控制算法,采用全阶滑模控制对其电流环路进行控制,大大增加了系统的鲁棒性,使系统能够更加稳定地运行。

图 8.23 与图 8.24 所示分别为在上述孤岛仿真条件下,PI 控制与滑模控制系统输出电压、电流的 THD 波形图。可以看出在加入了滑模控制后,系统电压、电

流的 THD 值明显下降,其中逆变器输出电压的 THD 值由原来的1.08% 降为
0.58%,输出电流的 THD值由 1.36% 降为 0.40%。因此,本书所提出的控制环路
算法,能够对系统的谐波产生抑制作用,增进了系统的鲁棒性能。

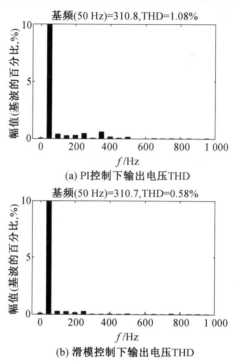

图 8.23  PI 控制与滑模控制下系统输出电压 THD

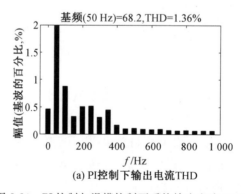

图 8.24  PI 控制与滑模控制下系统输出电流 THD

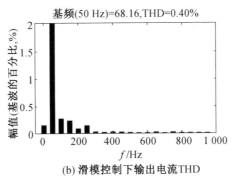

基频(50 Hz)=68.16,THD=0.40%

(b) 滑模控制下输出电流THD

续图 8.24

　　在并网模式下,人为引入外部扰动,使电网频率在 0.3 s 时变化为49.98 Hz。由前面章节中的功频特性分析可知,系统有功功率会发生波动,且会在一段时间后保持在另一稳定值,仿真结果如图 8.25 所示。由图可知,在仿真开始阶段,PI控制会产生一个巨大的超调功率,但在 0.06 s 时刻迅速趋于稳定;而滑模控制的初始超调幅值仅为 PI 控制环路的 1/5 左右,大大减弱了对系统的冲击。但滑模控制的稳定时间要慢于 PI 控制,在 0.13 s 时才能够达到稳定运行状态。在 0.3 s 时,系统产生功率波动。通过观察其暂态过程可知,PI 控制下的超调功率仍大于滑模控制下的超调功率,其幅值差大约为500 W,但此时两者的稳定时间基本一致。可以看出,所提出的滑模控制算法响应更为平缓,更有利于系统稳定运行。

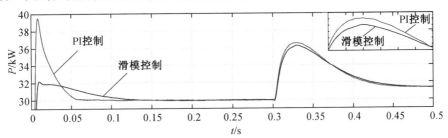

图 8.25　PI 控制与滑模控制下系统有功功率波形

# 本 章 小 结

　　本章首先研究了同步发电机的数学模型,从而建立同步发电机与 VSG 算法之间的联系,得到 VSG 控制算法的本体模型。接着对 VSG 算法的虚拟调速器和虚拟励磁器进行设计,使所提控制算法能够模拟 $P-f$、$Q-U$ 的下垂特性。随后对 VSG 算法的关键参数进行分析研究,阐明其对控制算法的静态以及动态特性的影响,设计了滑模控制下的 VSG 控制器。最后在 Matlab 仿真平台中,对所提算法进行仿真验证,并与下垂控制以及 PI 控制仿真结果进行对比分析。

# 本章参考文献

[1] 鲁宗相,王彩霞,闵勇,等. 微电网研究综述[J]. 电力系统自动化,2007(19):100-107.

[2] 王文静,王斯成. 我国分布式光伏发电的现状与展望[J]. 中国科学院院刊,2016,31(2):165-172.

[3] 杜偲偲. 国外分布式能源发展对我国的启示[J]. 中国工程科学,2015,17(3):84-87,112.

[4] 毛福斌. 微网逆变器的虚拟同步发电机控制策略研究[D]. 合肥:合肥工业大学,2016.

[5] 罗曼. 多虚拟同步发电机并联运行时的环流抑制和功率分配问题研究[D]. 成都:电子科技大学,2016.

[6] El-KHATTAM W, SALAMA M M A. Distributed generation technologies, definitions and benefits[J]. Electric Power Systems Research, 2004, 71(2): 119-128.

[7] PEPERMANS G, DRIESEN J, HASELDONCKX D, et al. Distributed generation: definition, benefits and issues [J].Energy Policy, 2005, 33(6):787-798.

[8] 杨盼盼. 光伏逆变器并联控制及谐波环流抑制方法的研究[D]. 合肥:安徽理工大学,2016.

[9] 凌文青. 光伏逆变器并联系统控制策略的研究[D]. 合肥:安徽理工大学,2016.

[10] 房玲. 基于下垂控制的三相逆变器并联技术研究[D]. 南京:南京航空航天大学,2014.

[11] 李聪. 基于下垂控制的微电网运行仿真及小信号稳定性分析[D]. 成都:西南交通大学,2013.

[12] 张兴,朱德斌,徐海珍. 分布式发电中的虚拟同步发电机技术[J]. 电源学

报,2012,(03):1-6.

[13] BEVRANI H, ISE T, MIURA Y. Virtual synchronous generators: a survey and new perspectives [J]. International Journal of Electrical Power&Energy Systems, 2014, 54:244-254.

[14] 徐湘楚. 基于虚拟同步发电机的光伏并网发电控制策略研究[D]. 北京:华北电力大学,2015.

[15] 颜湘武,王月茹,王星海. 逆变器并联功率解耦及鲁棒下垂控制方法研究[J]. 电力科学与技术学报,2016,31(1):11-16.

[16] D'ARCO S, SUUL J A, FOSSO O B. A virtual synchronous machine implementation for distributed control of power converters in smartgrids [J]. Electric Power Systems Research, 2015, 122(6): 180-197.

[17] 魏亚龙,张辉,宋琼,等. 一种改进的虚拟同步发电机功率控制策略[J].电气传动,2017,47(2):48-52.

[18] D'ARCO S, SUUL J A. Equivalence of virtual synchronous machine and frequency-droops for converter-based microgrids [J]. IEEE Transactions on Smart Grid, 2014,5(1): 394-395.

[19] 孟建辉. 分布式电源的虚拟同步发电机控制技术研究[D]. 北京:华北电力大学,2015.

[20] 吕志鹏,盛万兴,钟庆昌,等. 虚拟同步发电机及其在微电网中的应用[J].中国电机工程学报,2014,34(16):2591-2603.

# 第 9 章

# 能量路由器的能量管理控制策略

能量路由器(E-router)作为能源互联网的关键设备,需要达到分配以及平衡功率的目的,使整个电力系统更加安全稳定。若系统内功率无法平衡,将无法稳定母线电压,导致整个系统瘫痪。所以对于单个能量路由器的各发电模块,应尽量做到依靠内部功率调度来削峰填谷、平抑功率波动。因此,需要设计能量管理策略,协调各直流电源单元的功率分配,保证系统在天气环境波动的情况下能够正常稳定运行。本章提出能量路由器的能量管理控制策略,以光伏阵列作为基本发电单元,风力发电作为辅助单元,储能单元用来平衡功率;同时,分别对光伏发电系统以及风力发电系统的最大功率跟踪控制和给定功率控制方法进行研究。

# 9.1　能量路由器拓扑选择与接口逆变器设计

将基于电力电子变换技术的能量路由器及其组网形态和运行控制作为能源互联网运行的基础,决定了多种类能源接入背景下电力系统控制的柔韧性、灵活性和系统运行的整体稳定性、高效性。因此,E-router 的电路拓扑和协调控制方法有很重要的研究意义和应用价值。本章针对光伏、储能等多分布式能源接入和能量灵活流动的要求,选择了适用于本章的多端口能量路由器的拓扑结构。

## 9.1.1　多端口能量路由器拓扑选择

针对光伏、储能等多能源接入、能量多向流动的要求,选择基于多端口逆变器(Multi-Port Converter,MPC)的光储一体多端口能量路由器拓扑结构。其可以提供 4 个端口,分别为两个光伏接口、一个蓄电池接口、一个并网接口,拓扑结构如图 9.1 所示。

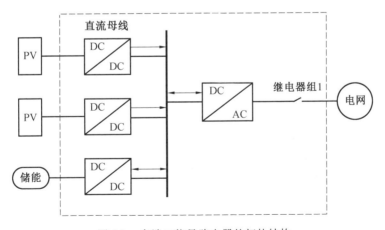

图 9.1　多端口能量路由器的拓扑结构

（1）光伏接口。

光伏接口为能量路由器为光伏阵列的接入提供的端口，该端口经升压逆变器连接到公用直流母线上，可以实现 MPPT 和恒压发电控制。

（2）蓄电池接口。

蓄电池接口为能量路由器为蓄电池的接入提供的端口，该端口经两重交错并联、双向升降压逆变器连接到公用母线上，可根据需要对蓄电池进行充放电控制，从而维持系统的功率平衡。

（3）并网接口。

并网接口为能量路由器为本地电网的接入提供的端口，该端口经继电器组 1 和双向 DC/AC 逆变器连接到直流母线上。利用双向 DC/AC 逆变器和继电器组 1 的配合，能量路由器既可以与电网连接实现能量交换，也可以根据需要与电网断开实现独立运行。

### 9.1.2　多端口能量路由器的参数选择

多端口能量路由器的系统参数见表 9.1。

表 9.1　多端口能量路由器的系统参数表

| 名称 | 参数 | 名称 | 参数 |
|---|---|---|---|
| 单路光伏最大功率 | 7.6 kW | 蓄电池电压范围 | 320 ～ 410 V |
| 光伏启动电压 | 300 V | 蓄电池额定电压 | 370 V |
| 母线额定电压 | 720 V | 蓄电池额定功率 | 5 kW |
| MPP 电压范围 | 300 ～ 720 V | 蓄电池最大充电电流 | 20 A |
| 光伏最大输入电流 | 20 A | 蓄电池最大放电电流 | 25 A |
| 电网额定电压 | 220 VAC（P－N） | 电网频率 | 50 Hz |
| 能量路由器额定功率 | 10 kV·A | 能量路由器额定电流 | 15.15 A |

### 9.1.3　光伏发电单元接口逆变器拓扑结构

光伏阵列是多端口能量路由器系统能量的重要来源，但是其输出电压、功率容易因光照、温度等环境因素的影响而发生波动，该输出特性决定了其不宜直接连接到直流母线上。为了解决上述问题，需要选择合适的光伏接口逆变器将其与直流母线相连，实现对输出功率的控制。本节选择了 Boost 电路作为光伏接口升压逆变器,其拓扑结构如图 9.2 所示,由于其工作原理较为简单,具体工作过程不做描述。

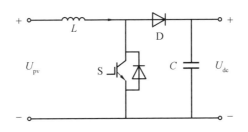

图 9.2　Boost 逆变器拓扑结构

## 9.1.4　蓄电池接口逆变器拓扑结构

光伏发电单元具有间歇性和随机性,所以需要配置储能单元来平抑系统的功率波动,稳定母线电压。若直接将蓄电池连接到母线上,将造成母线电压随其功率波动而波动,同时由于其充放电过程不可控,会对蓄电池造成危害。为解决以上问题,需要选择合适的接口逆变器来将光伏发电单元与直流母线相连。这里采用两重交错并联 Buck/Boost 逆变器,其拓扑结构如图 9.3 所示。

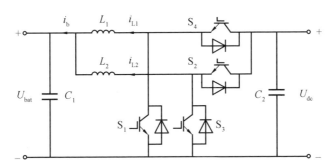

图 9.3　两重交错并联 Buck/Boost 逆变器拓扑结构

图 9.3 所示电路中两个电感大小一致,两路开关管相位相差 $180°$ 进行等占空比工作。当开关管 $S_1$、$S_3$ 工时,开关管 $S_2$、$S_4$ 封锁,逆变器工作在 Boost 模式,可以等效为交错并联 Boost 电路,此时蓄电池工作在放电模式;相反情况时,逆变器工作在 Buck 模式,等效为交错并联 Buck 电路,此时蓄电池工作在充电模式。

### 9.1.5 双向 DC/AC 逆变器拓扑结构

图 9.4 所示为双向 DC/AC 逆变器的拓扑结构,该电路由三个 T 型三电平模块组成三相双向 DC/AC 逆变器,将直流电逆变成交流电,再经过 LC 滤波器接入电网;也可以通过该逆变器将三相交流电整流成直流电,为蓄电池充电供电。

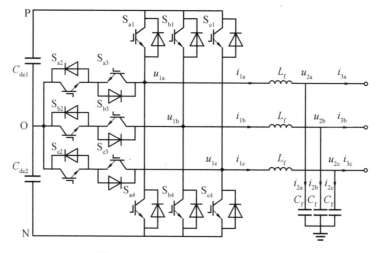

图 9.4　双向 DC/AC 逆变器拓扑结构

## 9.2　光伏发电及风力发电的分布式发电单元控制策略

由于本章的主要研究内容为能量路由器直流端口的能量管理策略,为了使各分布式电源能够按照控制策略所提出的工作模式运行,本节将对光伏发电系统以及风力发电系统的控制策略进行研究。

### 9.2.1 光伏发电系统自主控制

光伏发电系统控制框图如图 9.5 所示。光伏模块作为主要输出单元,通常会工作在 MPPT 模式,但同时也一定存在一些特殊的情况,要求光伏发电系统按照系统需要的指定功率输出能量,这就需要光伏发电系统能够根据不同的需求,运行在不同的工作模式下。系统通过开关信号确定光伏发电系统的发电模式。开关信号的产生原则将在下一节进行详细的介绍。

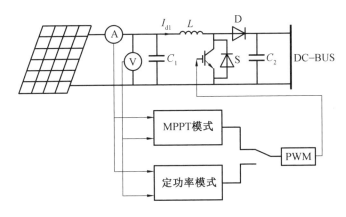

图 9.5　光伏发电系统控制框图

在光伏发电系统的 MPPT 追踪方法中,定电压法在控制上实现简单但控制精度较差;电导增量法则控制能力强、精度高,但控制算法较复杂,对控制系统要求高;扰动观测法在现在的光伏发电系统控制中较常使用,因为它的硬件要求特别简单,只需要两个精度不太高的传感器测量出阵列两端的电压和输出电流即可。

根据第 7 章光伏电池的特性曲线可知,对应不同的电池电压,有唯一对应的功率输出,且随光照和温度变化而变化。在实现最大功率追踪控制时,采用扰动观测法,通过判断功率的改变幅值,来逐渐调节找到对应的电池电压。扰动观测法的主要原理为:光照变化时,通过不断的扰动改变阵列两端的工作电压,使之达到实时光照辐射强度下的最大功率对应电压点。

根据系统的负载需求,光伏发电系统有时需工作在给定功率跟踪模式下。在这种情况下,光伏发电系统发出功率应跟随已知的负载功率。这里采用 PI 控制器对光伏发电系统的输出功率与其参考值之间的偏差进行调节。具体过程为将光伏电池阵列的实际输出功率与给定功率进行比较得到偏差信号,偏差信号经 PI 控制器后形成占空比信号,用于调节光伏电池的输出电压,进而实现光伏发电系统的给定功率追踪控制。占空比调整规律 $\alpha_k$ 为

$$\alpha_k = K_p(P_1 - P_{pv}^k) + \frac{K_i}{s}(P_1 - P_{pv}^k) \tag{9.1}$$

式中,$K_p$、$K_i$ 为 PI 控制的系数;$P_1$ 为负载功率;$P_{pv}$ 为光伏系统输出功率;$P_{pv}^k$ 为光伏系统的第 $k$ 次迭代生成的功率。

### 9.2.2　风力发电系统自主控制

风力发电具有清洁、绿色环保的特点,但同时也极具不稳定性,它的输出随着风速的改变而改变,若不对其输出端口逆变器进行控制,将会引起系统功率的巨大波动。本节针对风力发电系统输出端口控制器,设计了切换控制策略。风力发电系统总体控制框图如图 9.6 所示,其与光伏发电系统类似,同样通过开关信号来确定风力发电系统的工作模态。

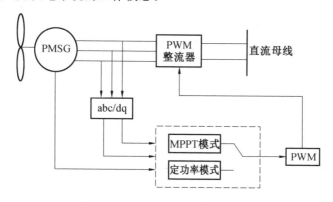

图 9.6　风力发电系统总体控制框图

由图 9.6 可知,风力发电系统作为光伏发电系统的辅助输出模块,通常工作在最大功率追踪模态,但当储能无法充电,而光伏发电系统又不足以满足直流负荷需求时,就需要风力发电系统按照指定的功率发电,补足负载所需要的剩余能量,这就要求风力发电系统在风速变化的外界环境下,既能输出最大功率,又能输出固定功率。

根据第 2 章的风能利用系数特性曲线可知,风能利用系数随着桨距角的增大而减小,而对于不同的桨距角 $\beta$,最佳叶尖速比 $\lambda$ 也不同,从而可得到最大的风能利用系数,捕获最大的风能。当风机运行在额定风速以下时,风力发电系统控制目标是使风机捕获最大的风能,让风能利用系数取得最大值。因而采取定桨距控制策略,即 $\beta=0$。此时最佳叶尖速比约为 8.1,对应最大风能利用系数约为 0.425。

风力发电系统不仅需要工作在 MPPT 模式下,有时根据需求需要工作在定功率模式下。为了控制环路设计简便,可以保持叶尖速比 $\lambda=8.1$ 不变。由于风速是持续变化的,为了得到恒定的功率,就需要得到持续变化的风能利用系数

$C_p$,可以通过调节桨距角来达到这一目的。

　　根据风机的控制(第 2 章),低于额定风速时采用 MPPT 控制,高于额定风速时采用变桨距控制,得到风力发电系统自主控制具体策略原理图如图 9.7 所示。

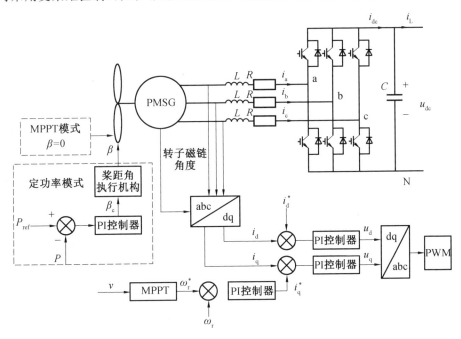

图 9.7　风力发电系统自主控制具体策略原理图

　　由图 9.7 可知,当风力发电系统处于 MPPT 模式下时,令 $\beta=0$。采用基于转子磁链定向,在两相旋转 dq 坐标系中,采用 $i_d=0$ 控制策略,构成电流内环;外环为转速环,在风速变化时,使发电机始终运行在最优转速 $\omega_{opt}$,捕获最大风能。转速外环控制器,控制永磁同步发电机在风速 $v$ 变化时,始终跟随最优转速,使叶尖速比保持在最优值 $\lambda_{opt}=8.1$,风能利用系数保持在最优值 $C_{pmax}=0.425$。通过 PI 控制器来实现 $i_d=0$ 的控制目标,从而得到定子电压 $u_d$。q 轴电流的给定值由最大功率追踪系统产生,使 q 轴电流实际值跟随电流给定值。经 PI 控制器得到定子电压 $u_q$。

　　当风力发电系统工作在定功率工作模式下时,为了得到恒定的功率,就需要获得持续变化的风能利用系数 $C_p$,可通过对桨距角的调节达到这一控制目标。图 9.7 所示为以风机给定功率 $P_{ref}$ 与实际的输出功率 $P$ 的偏差作为桨距角控制器输入参考信号搭建的模型。为了与 MPPT 模式切换更加便捷,定功率模式下的转速环与电流环不做变化,仍旧跟随最佳转速 $\omega_{opt}$,此时通过调节桨距角 $\beta$ 来确定风能利用系数 $C_p$,以此来达到输出给定功率的效果。

## 9.3 能量管理控制策略设计

能量管理系统通过对各发电单元的输出功率进行分配,来保证发电单元与负载之间的功率平衡。同时,为了保证储能单元的安全运行,需要实时对蓄电池的 SoC 进行监测。当蓄电池的 SoC 高达上限值时,禁止向蓄电池充电;当蓄电池的 SoC 低至下限值时,禁止蓄电池向外放电。在现有研究中储能系统的充电上限和放电下限根据考量不同,选择的数值也不同。本节中采用充电上限为 $SoC = 0.8$,放电下限为 $SoC = 0.2$。

图 9.8 所示为能量管理控制策略基本框图。基本思路为通过约束条件来判断开关信息,从而决定光伏发电系统以及风力发电系统的工作模态,按照需求输出相应的电能。最后由储能系统平抑功率波动,达到整个系统功率平衡的目的。其综合控制目标大致可概括如下。

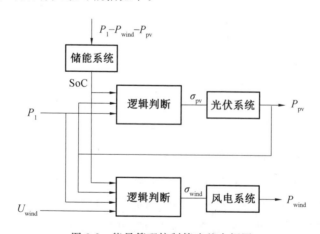

图 9.8　能量管理控制策略基本框图

（1）确保能量路由器系统的功率平衡与稳定运行,根据所设计的控制器与控制策略,完成能量的管理与调度。

（2）确保能量路由器系统在各工作模态下均可稳定运行,且各工作模态可快速平滑转换。

（3）确保可再生能源利用效率达到最高,合理利用储能系统对输出功率进行平抑。

（4）确保能量路由器系统各分布式发电模块均工作在最佳工作模式,使系统的输出具有高电能质量与可靠性。

对于图 9.8 所示的能量管理系统,功率平衡关系可表示为

$$P_1 = P_{\text{wind}} + P_{\text{pv}} + P_{\text{battery}} \tag{9.2}$$

式中,$P_1$ 为负载功率;$P_{\text{wind}}$ 为风力发电系统输出功率;$P_{\text{pv}}$ 为光伏系统输出功率;$P_{\text{battery}}$ 为蓄电池输出功率,充电时为负值,放电时为正值。

### 9.3.1　能量流动与工作模式分析

根据上一节所分析的控制方法可以看出,能量路由器系统在大方向上可基本分为 4 种运行状态。

（1）当分布式发电单元提供的最大输出功率无法满足直流侧负载需求时,由储能系统提供剩余的能量,此时可再生能源利用率达到最大。

（2）当分布式发电单元提供的最大功率输出可以满足直流侧负载需求时,可将多余的能量存入储能系统中,此时可再生能源利用率也达到最大。

（3）当分布式发电单元提供的最大输出功率无法满足直流侧负载需求时,储能系统也无法再输出能量,此时需要切断负荷,再按具体情况确定发电策略。

（4）当分布式发电单元提供的最大功率输出满足直流侧负载需求,但无法向储能系统充电时,分布式发电单元可工作在给定功率输出状态下。

可以看出储能系统在整个能量管理策略中,起到了平衡节点的作用。而整个能量路由器的控制系统核心,就是控制各分布式发电单元按照能量管理策略制定的工作模态工作,这在前面章节已做了详细介绍。工作模态在大方向上已进行了分类,接下来将详细介绍具体各模块的工作状态。

表 9.2 为能量路由器运行模式表。由表可以看出,能量路由器系统在离网运行时共有 6 种运行模式。

模式一:光伏发电系统与风力发电系统都保持在最大功率追踪模态,却仍无法满足负荷需求,且储能系统处于放电下限,此时选择切掉部分负载再判断。

模式二:储能系统处于充电上限以下,允许放电行为。此时分布式发电均处于最大功率追踪状态,却仍无法满足负载需求,储能系统投入放电。

模式三:储能系统处于充电上限以下,允许充电行为。负载需求的电能完全能够由光伏发电系统与风力发电系统满足,此时选择最大可能利用可再生能源,分布式发电模块处于最大功率追踪状态,储能系统投入充电状态。

模态四:储能系统处于充电上限,不允许充电行为。此时分布式发电系统无法满足负载需求,需要储能系统提供剩余能量。储能系统投入放电状态。

模态五:储能系统处于充电上限,不允许充电行为。此时分布式发电系统若工作于最大功率追踪状态,将出现产能过剩。由于储能系统处于截止状态,无法投入充电,此时选择光伏发电系统工作于最大功率追踪状态,由风力发电系统补齐剩余能量,工作于定功率工作模式,从而使系统功率达到平衡。

模态六:储能系统处于充电上限,不允许充电行为。此时单光伏发电系统就可以满足负荷需求。由于储能系统处于截止状态,无法投入充电,此时选择光伏发电系统输出功率与负载相同,同时风力发电系统选择停机。

表 9.2　能量路由器运行模式表

| 模态 | 蓄电池初始状态 | 系统状态 | 光伏输出 | 风电输出 | 储能状态 |
|------|------------|---------|---------|---------|---------|
| 模态一 | $SoC \leqslant 0.2$ | $P_1 > P_{pv} + P_{wind}$ | 切掉负载 | | |
| 模态二 | $0.2 < SoC < 0.8$ | $P_1 > P_{pv} + P_{wind}$ | $P_{pvmax}$ | $P_{windmax}$ | 放电 |
| 模态三 | $SoC < 0.8$ | $P_1 \leqslant P_{pv} + P_{wind}$ | $P_{pvmax}$ | $P_{windmax}$ | 充电 |
| 模态四 | $SoC \geqslant 0.8$ | $P_1 > P_{pv} + P_{wind}$ | $P_{pvmax}$ | $P_{windmax}$ | 放电 |
| 模态五 | $SoC \geqslant 0.8$ | $P_{pv} \leqslant P_1 \leqslant P_{pv} + P_{wind}$ | $P_{pvmax}$ | $P_1 - P_{pv}$ | 截止 |
| 模态六 | $SoC \geqslant 0.8$ | $P_1 < P_{pv}$ | $P_1$ | 停机 | 截止 |

以上分析的 6 种运行模式,均可以使能量路由器系统处于稳定运行状态,但由于分布式发电系统受外界天气环境影响较大,且系统的负荷需求值会随调度指令值改变,这些外在影响会对能量路由器系统产生干扰,使其在不同的工作模态间转换,这就需要实时监测各端口的电气量,针对变化及时对控制策略做出调整,将系统切换至更加合适的工作模式,维持系统的稳定。

### 9.3.2　光伏发电系统能量管理策略设计

相对于快速变化的风速来说,影响光伏发电系统输出功率的温度和光强变化较为平稳和缓慢,所以光伏发电系统的输出更加稳定。因此,本章所提的能量路由器的能量管理策略是以光伏发电系统作为主要发电单元的。根据负载的功率变化,光伏发电系统根据指令得到不同的开关信号,而后分别工作在最大功率追踪以及定功率追踪模式下。光伏发电系统控制框图如图 9.9 所示。图中,$P_1$、$P_{pv}$ 分别为负载需求和光伏发出有功功率;$SoC$ 为储能系统的荷电状态;$\sigma_{pv}$ 为光伏系统的开关信号,$P_{MPPT}$ 为光伏可输出的最大功率。由图可知,当储能系统

SoC 达到 0.8,即储能系统达到充电上限时,无法再向储能系统充电。此时若负载功率小于光伏发电系统输出功率,则令开关信号 $\sigma_{pv}=1$,光伏发电系统工作在给定功率跟踪模式下,输出与负载相同的功率,保证负载获得充足电能且不向储能系统储蓄电能,系统可正常运行;其他情况下,令开关信号 $\sigma_{pv}=0$,此时光伏发电系统工作在最大功率追踪模式下。其中,$\sigma_{pv}$ 为开关信号,由约束条件 $P_1 \leqslant P_{pv}$ 和 SoC $\geqslant 0.8$ 通过逻辑判断得到,用于确定光伏发电系统的功率跟踪模式。取值为 1 时为定功率追踪模式开关信号;取值为 0 时为 MPPT 追踪模式开关信号。

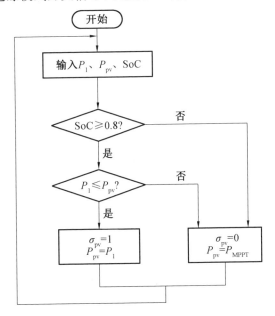

图 9.9　光伏发电系统控制框图

### 9.3.3　风力发电系统能量管理策略设计

光伏发电具有一定的随机性和间歇性,而风力发电系统正好与光伏发电系统具有互补特性,能够较好地平抑光伏发电系统输出的波动,再加上储能装置的作用,可以有效地改善分布式发电的输出特性,使输出功率更加平滑稳定。所以本章以风力发电系统为辅助模块,来协助光伏发电模块提供电能。根据负载与光伏输出功率的差值以及蓄电池的状态,决定风力发电系统的工作模式,具体控制框图如图 9.10 所示。图中,$P_1$、$P_{pv}$、$P_{wind}$ 分别为负载需求和光伏发电单元以及风力发电系统发出有功功率;SoC 为储能系统的荷电状态;$\sigma_{wind}$ 为风力发电系的开关信号；$P_{\text{MPPT}}$ 为风力发电系统可输出的最大功率。当储能系统 SoC 达到 0.8，即储能系统达到充电上限时，无法再向储能系统充电。若此时 $P_1 \leqslant P_{\text{pv}} + P_{\text{wind}}$，即负载需求的功率小于或等于此时光伏发电和风力发电系统可输出的最大功率，则令开关信号 $\sigma_{\text{wind}} = 1$，此时风力发电系统工作在跟踪给定功率模式下；其他情况下，令开关信号 $\sigma_{\text{wind}} = 0$，风力发电系统一律工作在最大功率跟踪模式下。其中，$\sigma_{\text{wind}}$ 为风力发电系统的开关信号，由约束条件 $P_1 \leqslant P_{\text{pv}} + P_{\text{wind}}$ 和 $\text{SoC} \geqslant 0.8$ 通过逻辑判断得到，取值为 1 时为定功率追踪开关信号；取值为 0 时为最大功率追踪模式开关信号。

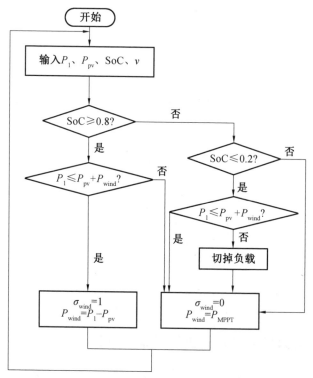

图 9.10　风力发电系统控制框图

## 9.4　仿真分析

为了验证本章所提控制方法的有效性,在 Matlab 仿真平台中搭建仿真模型,一一验证所提能量管理算法的正确性与可行性。

### 9.4.1　光伏发电系统自主控制仿真验证

首先对光伏发电系统的控制算法进行仿真分析,验证光伏发电系统的最大功率追踪、给定功率追踪以及两种模式的切换控制。图 9.11 所示为模拟光伏发电系统外界光照与温度曲线,以此随机的光照和温度作为光伏发电系统的输入,通过扰动观测控制算法,实现光伏发电系统的最大功率追踪目的。输出的最大功率如图 9.12(a) 所示。由图可知,光伏发电系统可以根据外界环境的变化,追踪输出的最大功率。图 9.12(b) 所示为光伏发电系统的给定功率,可以看出在 2 s 时功率给定值由 5 kW 变化为 7 kW,而后在 3 s 时降至 3 kW。通过调整光伏发电系统的给定功率,来验证所提定功率追踪方法的有效性。

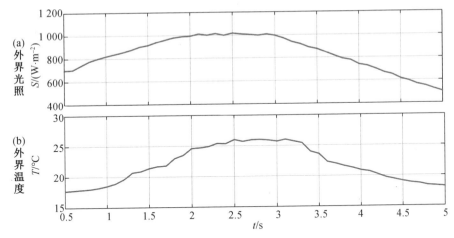

图 9.11　模拟光伏发电系统外界光照与温度曲线

图 9.13(a) 所示为光伏发电系统开关切换信号,图 9.13(b) 所示为开关切换后的光伏发电系统输出功率。从图中可以看出,在 0.5 ~ 1.5 s 以及 4 ~ 5 s 时间段内,光伏发电系统工作在最大功率追踪模式下,输出功率与图 9.12 所示功率一致;而在 1.5 ~ 4 s 时间段内,光伏发电系统工作于给定功率追踪模式,通过与图 9.12 对比可知,此时的光伏发电系统能够准确快速地跟随给定功率,仿真验证了

所提光伏发电系统切换控制的有效性。

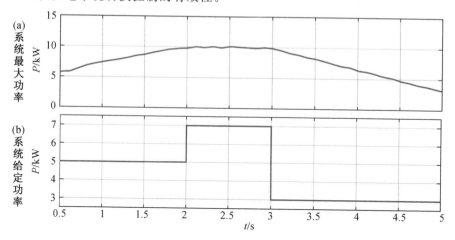

图 9.12　光伏发电系统最大功率与给定功率曲线

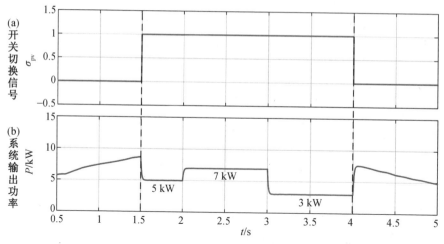

图 9.13　光伏发电系统开关切换信号与输出功率曲线

### 9.4.2　风力发电系统自主控制仿真验证

接下来对风力发电系统的控制算法进行仿真分析,验证风力发电系统最大风能追踪、变桨距定功率追踪以及两种模式的切换控制。

图 9.14 所示为风力发电系统输入的风速曲线,这是从风场中取出的随机风速,可以较好地模拟现实风速,并以此为输入,对风力发电系统进行 MPPT 控制。图 9.15 所示为风力发电系统的性能参数,由图可见,风力发电系统的风机叶

尖速比可以保持在最佳叶尖速比 $\lambda_{\mathrm{opt}}=8.1$,同时风能利用系数也可以保持在 $C_{\mathrm{p}}=0.425$,充分说明了所提风力发电系统最大风能追踪控制算法的有效性。

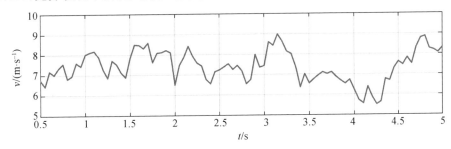

图 9.14　风力发电系统输入随机风速

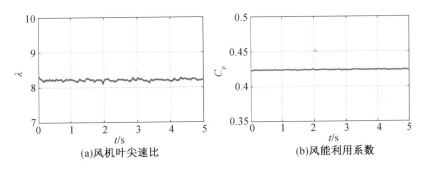

(a)风机叶尖速比　　　　　　　(b)风能利用系数

图 9.15　风力发电系统性能参数

　　图 9.16(a) 所示为风力发电系统输出的最大功率波形,风机输出功率能够根据风速变化而变化,能够捕获最大风能。图 9.16(b) 所示为风力发电系统输出的给定功率波形,可以看出在 2 s 时功率给定值由 3 kW 变化为 4 kW,而后在 3 s 时降至 2 kW。通过调整风力发电系统的给定功率,验证了所提定功率追踪方法的有效性。

　　开关切换信号以及开关切换后的风力发电系统输出功率曲线如图 9.17 所示。从图中可以看出,在 0.5～1.5 s 以及 4～5 s 时间段内,风力发电系统工作在最大功率追踪模式下,输出功率与图 9.16(a) 所示功率一致;而在1.5～4 s 时间段内,光伏发电系统工作于给定功率追踪模式,通过与图 9.16(b) 对比可知,此时的风力发电系统能够准确快速地跟随给定功率,仿真验证了所提风力发电系统切换控制的有效性。

　　图 9.18 所示为同样开关切换信号下风力发电系统的桨距角变化曲线,由图可知,在 0.5～1.5 s 以及 4～5 s 处于 MPPT 模式下时,为 $\beta=0$ 的定桨距控制;而在 1.5～4 s 时间段内,风力发电系统处于变桨距控制下,桨距角 $\beta$ 随风速的变化

而变化,达到输出给定功率的效果,但由于风速的变化无法预测,输出功率仍旧
会存在一定的波动。

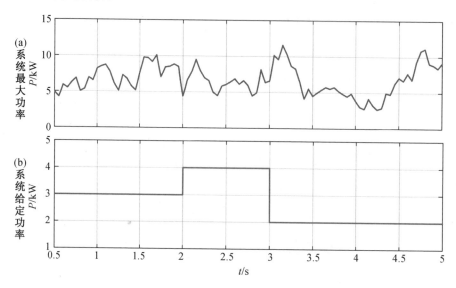

图 9.16　风力发电系统输出最大功率与给定功率波形

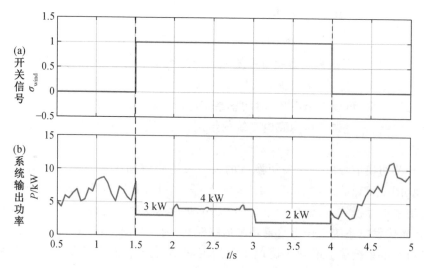

图 9.17　风力发电系统开关切换信号与输出功率曲线

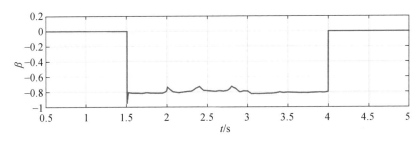

图 9.18　风力发电系统桨距角变化曲线

### 9.4.3　能量管理策略仿真验证

为了验证所提能量管理策略的正确性,图 9.19 中给出了负载需求功率。根据用户的需求,调度会提供给发电系统实时的给定值,根据负载给定值的变化,验证各发电单元是否遵循所设计的能量管理系统规则,发出指定数值的有功功率。

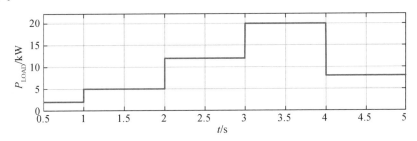

图 9.19　负载需求功率

图 9.20 所示为光伏发电系统、风力发电系统、蓄电池输出功率波形图;图 9.21 所示为蓄电池模块 SoC 变化波形图。

由图 9.20 可知,在 $0.5 \sim 1$ s 间,系统运行于模态三。负载需求功率为 2 kW,此时蓄电池 SoC 小于 $80\%$,允许系统向蓄电池进行充电。根据所设计的能量管理规则,光伏发电系统及风力发电系统均进行最大功率发电,相应的蓄电池 SoC 逐渐升高,直至 $0.63$ s 时,蓄电池 SoC 达到 $80\%$,系统停止向蓄电池充电,蓄电池 SoC 保持恒定,而此时光伏发电系统切换为恒功率模式,发出功率变为 2 kW,风力发电系统基本不出力,系统运行于模态六。

在 $1 \sim 2$ s 间,系统运行于模态六。系统需求功率为 5 kW,仍旧小于光伏最大功率追踪值,此时光伏发电系统保持恒功率控制,输出功率为 5 kW;风力发电系统输出功率约保持 0 kW,蓄电池模块此时既不充电也不放电,由图 9.21 可以看出蓄电池模块输出功率也为 0 kW,SoC 大概保持在 $80\%$,符合能量管理

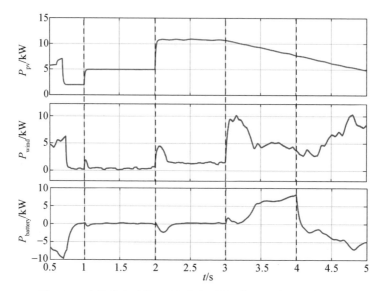

图 9.20　光伏发电系统、风力发电系统、蓄电池输出功率波形图

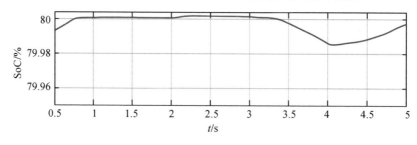

图 9.21　蓄电池模块 SoC 变化波形图

规则。

　　在 $2 \sim 3$ s 间,系统运行于模态五。系统需求功率变化为 $12$ kW,此时光伏发电系统已经无法满足负荷的需求,光伏模块切换为最大功率追踪模式,出力达到最大;此时负载剩余功率需求由风力发电系统提供,风力发电系统输出功率为负载功率与光伏模块输出功率的差值;蓄电池模块此时既不充电也不放电,蓄电池模块输出功率仍旧为 $0$ kW,SoC 大概保持在 $80\%$,符合能量管理规则。

　　在 $3 \sim 4$ s 间,系统运行于模态四。系统需求功率变化为 $20$ kW,此时光伏发电系统与风力发电系统无法满足负荷的需求,二者同时切换为最大功率追踪模式,将出力达到最大;负载剩余需求由蓄电池提供,由图 9.21 可以看出,蓄电池输出功率为正值,此时保持放电模式,相应的蓄电池 SoC 持续下降,系统功率保持平衡,符合能量管理规则。

在 4～5 s 间,系统运行于模态三。系统需求功率变化为 8 kW,此时蓄电池 SoC 小于 80％,光伏发电系统与风力发电系统保持最大功率追踪模式,蓄电池允许充电,发电模块输出功率一部分为负载提供能量,一部分充电进入蓄电池模块;由图 9.20 可以看出,蓄电池输出功率为负值,此时保持充电模式,相应的蓄电池 SoC 持续升高,系统功率保持平衡,符合能量管理规则。

## 本 章 小 结

本章针对多种类能源接入及功率分配需求,选择了多端口能量路由器主拓扑结构并简要说明各接口功能。首先,根据能量路由器技术参数指标和光伏、储能与电网间能量传输特点,分别设计了光伏接口、蓄电池接口以及电网接口逆变器的硬件参数;其次,设计了光伏发电系统以及风力发电系统的自主发电控制策略,使各发电单元能够遵循需求指令值,发出定量的电能,并且设计了能量路由器系统直流侧各分布式电源的能量管理策略,通过逻辑判断确定各发电单元工作状态以及出力大小,实现功率的平衡流动;最后,在 Matlab/Simulink 仿真软件中搭建仿真模型,对各发电模式的切换以及所提能量管理策略进行验证,仿真验证了所提方法的正确性和有效性。

## 本章参考文献

[1] 宗升,何湘宁,吴建德,等. 基于电力电子变换的电能路由器研究现状与发展[J]. 中国电机工程学报,2015,35(18):4559-4570.

[2] 王雨婷. 面向能源互联网的多端口双向能量路由器研究[D].北京:北京交通大学,2016.

[3] 盛万兴,刘海涛,曾正,等. 一种基于虚拟电机控制的能量路由器[J]. 中国电机工程学报,2015,35(14):3541-3550.

[4] 查亚兵,张涛. 关于能源互联网的认识与思考[J]. 国防科技,2012(5):1-6.

[5] SHEN Z, LIU Z M, BARAN M. Power management strategies for the green hub[C]//Proceedings of the 2012 IEEE Power and Energy Society General Meeting. San Diego, CA: IEEE, 2012:1-4.

[6] 刘振亚. 全球能源互联网[M]. 北京:中国电力出版社,2015.

［7］杨喆明. 基于电力电子变压器的能量路由器拓扑与控制策略研究［D］. 北京：华北电力大学，2017.

［8］ZHAO T，WANG G，BHATTACHARYA S，et al. Voltage and power balance control for a cascaded H-bridge converter-based solid-state transformer ［J］. IEEE Transactions on Power Electronics，2013，28(4)：1523-1532.

［9］WU D，TANG F，DRAGICEVIC T，et al. Coordinated control based on bus-signaling and virtual inertia for islanded DC microgrids ［J］. IEEE Transactions on Smart Grid，2015，6(6)：2627-2638.

［10］朱晓荣，蔡杰，王毅，等. 风储直流微网虚拟惯性控制技术［J］. 中国电机工程学报，2016，36(1)：49-58.

［11］王毅，张丽荣，李和明，等. 风电直流微网的电压分层协调控制［J］. 中国电机工程学报，2013，33(4)：16-24.

［12］LI Y，HAN J，CAO Y，et al. A modular multilevel converter type solid state transformer with internal model control method ［J］. International Journal of Electrical Power and Energy Systems，2017 (85)：153-163.

［13］赵争鸣，冯高辉，袁立强，等. 电能路由器的发展及其关键技术［J］. 中国电机工程学报，2017，37(13)：3823-3834.

［14］艾欣，谭骞，吕志鹏，等. VSG 结合无源型能量路由器及其在微网中的应用［J］. 华北电力大学学报（自然科学版），2018，45(3)：1-9.

［15］LAKUM A，MAHAJAN V. Optimal placement and sizing of multiple active power filters in radial distribution system using grey wolf optimizer in presence of nonlinear distributed generation ［J］. Electric Power Systems Research，2019 (173)：281-290.

# 名词索引

**B**

Bang－Bang 控制 1.2

饱和函数 1.2

比例谐振 5.2

边界层 1.2

逆变器 3.1

变桨距 2.1

变结构控制 1.2

变速恒频风力发电机 2.1

**C**

储能单元 7.2

磁动势 2.2

磁路饱和 2.2

磁滞损耗 2.2

**D**

单位功率因数 3.1

到达模态 1.2

电磁功率 2.2

电磁转矩 2.2

电压源型 2.2

定桨距 2.1

定子磁链 2.2

定子绕组 2.2

抖振 1.2

短路电流 7.1

短路故障 4.1

断路故障 4.1

**E**

额定风速 2.1

## F

反向饱和电流 7.1

非奇异 1.2

风力发电机 2.1

风能利用系数 2.1

符号函数 1.2

## G

光伏电池 7.1

光照强度 7.1

## H

荷电状态 7.2

互感 2.2

滑动模态 1.2

滑模面 1.2

## J

机械转矩 2.1

鉴相器 4.4

桨距角 2.1

静止坐标系 2.2

## K

开路电压 7.1

空气动力学 2.1

空气密度 2.1

## L

Lyapunov 函数 2.2

锂离子电池 7.4

## M

脉宽调制 2.2

## N

能量路由器 9.1

## Q

奇异 1.2

气动功率 2.1

切入风速 2.1

趋近率 1.2

## W

微网 8.1

涡流损耗 2.2

无功功率 6.3

无源控制 4.5

## S

三相短路 4.2

双馈风力发电机 2.2

锁相环 4.4

## T

Taylor 函数 2.3

## X

下垂控制 8.1

线性滑模 1.2

陷波器 4.4

相序分离 4.4

谐波 5.1

虚拟同步发电机 8.1
旋转坐标系 2.2

# Y

叶尖速比 2.1
永磁直驱风力发电机 2.2
有功功率 6.3
有限时间收敛 1.2

# Z

指数渐近收敛 1.2

终端滑模 1.2
转矩恒定 2.1
转速恒定 2.1
转子绕组 2.2
自感 2.2
最大风能追踪 2.1